ハードウェア・セレクション

スマホ/タブレットやパソコンで
いろいろ動かしたいなら

Bluetooth 無線で ワイヤレスI/O

超低消費電力の
最新規格 BLEも！

トランジスタ技術編集部 編

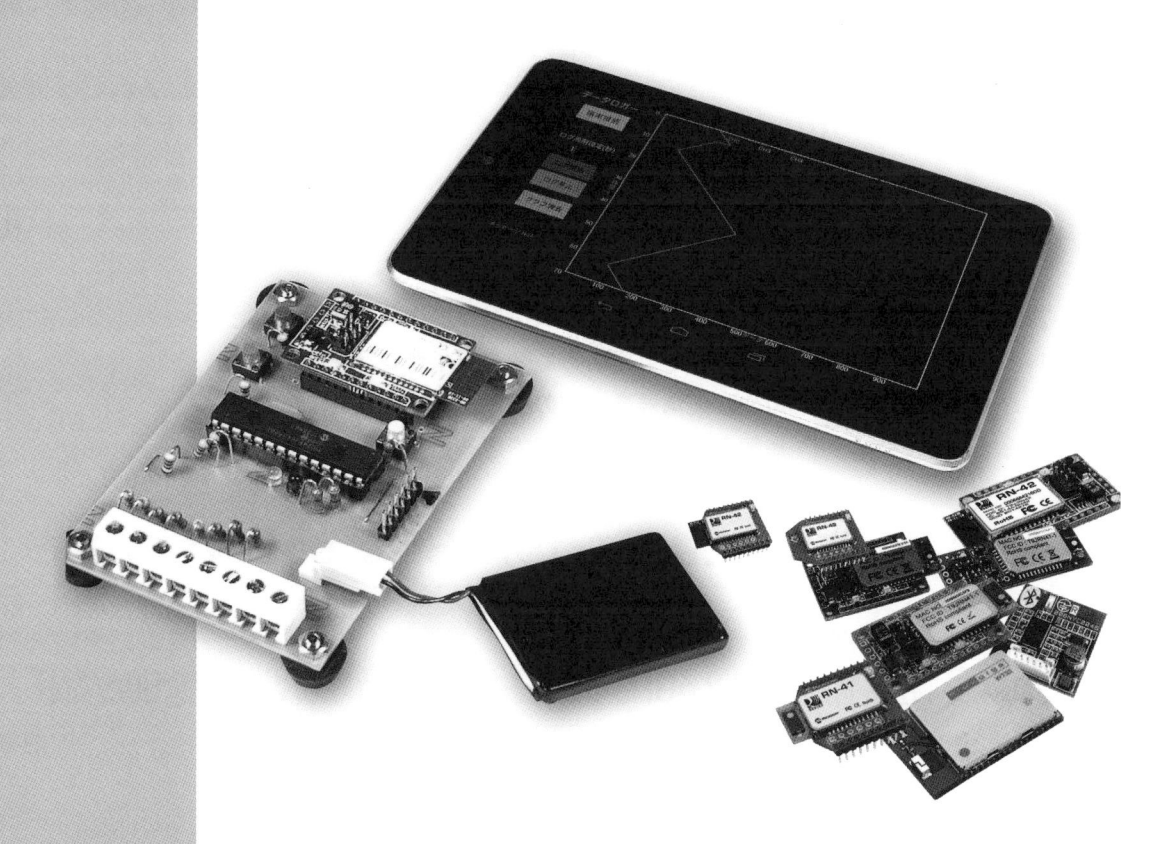

CQ出版社

CONTENTS

【付属CD-ROMコンテンツ】
◎動かすノウハウがぎっしり！製作物のプログラム ･････････････････････････････ 7

イントロダクション
誰でもカンタン！みなワイヤレスの時代がきた!! ･････ 8
これからはつなぐなら Bluetooth ･････ 9
編集部

Appendix 1
電子工作用からプロ用までよりどりみどり
Bluetooth モジュール写真館 ･････ 10
田中 邦夫, 紅林 薫

1	USB ドングル・タイプ ･･ 10
2	専用IC タイプ ･･･ 11
3	開発キット ･･･ 11
4	USB-シリアル変換タイプ ･･･ 12

Appendix 2
20 ドル以下も続々と…XBee の端子互換タイプも
電波法 OK！1 個から買える Bluetooth モジュール ･････ 14
武田 洋一

第 1 部 ｜ Bluetooth の基礎知識

第 1 章
切れにくく邪魔もしない！安全・安心・安定の 3 拍子そろった
Bluetooth 五つのミッション ･････ 19
紅林 薫

1-1	ミッション①	数 m 先を無線で確実に制御する ･････････････････････････ 19
1-2	ミッション②	音声などのストリーム信号が途切れず遅延が小さい ･････ 22
1-3	ミッション③	電池動作を可能にして完全ワイヤレス化する ･･･････････ 24
1-4	ミッション④	声や音楽信号を一定のクオリティで伝える ･････････････ 25
1-5	ミッション⑤	複数のスレーブを制御できること ･････････････････････ 26

Appendix 3
海外では当たり前！
完成度も実績も十分！Bluetooth の生い立ち ･････ 28
紅林 薫

Appendix 4
画像を送れる高速規格やコイン電池で 1 年もつ超低消費電力規格まで
何が違うの 2.4GHz 帯無線？Bluetooth 4.0/Wi-Fi/ZigBee/ANT ･････ 30
田中 邦夫

CONTENTS

第 2 章 コイン電池で長時間動作！ サッと起きてパッと寝る
Bluetooth 4.0 の LE モード　31
田中 邦夫 / 道蔦 聡美

- 2-1　LE モードの特徴　31
- 2-2　4.0 LE モードのデータ構造　33
- 2-3　相手のメモリに直接データを放り込む…Attribute プロトコルでシンプル通信　35

Appendix 5　応用製品同士が確実につながる
Bluetooth のプロファイル　37
紅林 薫

Appendix 6　コマンド / イベント / データ…フォーマットを決めておけばスッキリ！
パソコン-Bluetooth モジュール間でやりとりする HCI パケット　41
紅林 薫

Appendix 7　パケット・データとストリーム信号は別々にやりとり！
マスタとスレーブが使う二つの通信チャネル ACL リンクと SCO リンク　43
紅林 薫

コラム　情報満載！ Bluetooth 開発に役立つウェブサイト　後閑 哲也　44

第 2 部　1 日体験コース　オールインワン・モジュールで超高速開発

第 3 章　1 個から買えるモジュールでパソコンやタブレットと通信
30 ドル・キットではじめる Bluetooth 無線　45
後閑 哲也

- 3-1　すぐに動かせるスタータ・キットで実験　46
- 3-2　RN-42 モジュールの制御コマンド　48
- 3-3　タブレットとパソコンを Bluetooth 無線でつなぐ　50
- **コラム**　Bluetooth モジュール RN シリーズ　54

第 4 章　シリアル制御だけ！ 回路もソフトウェアも超シンプル！
タブレットとつながる！ カンタン I/O 実験ボード　57
後閑 哲也

- 4-1　全部入りだから超カンタン！ マイコンの I/O を L/H できる実験ボード　57
- 4-2　実験 1…タブレットでワイヤレス I/O　58
- 4-3　実験 2…パソコンでワイヤレス I/O！　59
- 4-4　I/O 実験ボードの作り方　60

第 5 章 サッと出してピッ！大画面ディスプレイでまるで高級測定器
回路や部品の性能チェックに！ポータブル周波数特性アナライザ　65
後閑 哲也

5-1	こんな装置	65
5-2	アナログ信号処理基板	68
5-3	PICマイコンのファームウェア	72
5-4	タブレットのアプリケーション・プログラムを作る	80
5-5	Bluetooth通信の制御	81
5-6	アプリケーション本体の詳細	85
5-7	校正	92
コラム1	つないだらダメ！PICマイコンのMCLRピンとBluetoothスタータ・キットのリセット・ピン	71
コラム2	Bluetooth端末には分かりやすい名前を設定する	95

第 3 部　Bluetooth モジュール活用事例

第 6 章 PICマイコンでセンサのデータを集めてBluetoothで送信！
Myパソコンでデータ収集！ワイヤレス百葉箱　97
後閑 哲也

6-1	こんな装置	97
6-2	ハードウェア	100
6-3	PICマイコンのファームウェア	103
6-4	パソコンのアプリケーション・ソフトウェア	110
コラム	Bluetoothの実験に向いているのはスマートフォン？タブレット？それともパソコン？	115

第 7 章 4チャネル入力，15サンプル/秒，分解能62.5μV
タブレットで大画面表示！ポータブル・データ・ロガー　117
後閑 哲也

7-1	こんな装置	117
7-2	ハードウェア	119
7-3	PICマイコンのファームウェア	124
7-4	タブレットのアプリケーション	129
7-5	動作テスト	135

第8章 タブレットで再生＆操作！MP3オーディオ・ステーション
Bluetooth，SDカード，ラインの3入力！スタンドアロンでも使える … 137

後閑 哲也

- 8-1　MP3オーディオ・ステーションのシステム構成 … 137
- 8-2　ハードウェア①：メイン・ボード … 141
- 8-3　ハードウェア②：Bluetoothモジュール評価ボード「RN-52-EK」 … 143
- 8-4　ハードウェア③：MP3デコーダ・ボード … 145
- 8-5　ソフトウェア①：PICマイコンのファームウェア … 148
- 8-6　ソフトウェア②：タブレットのアプリケーション … 153
- 8-7　動作確認 … 155

第9章 Myスマホとつなぐ！Bluetoothコードレスホン実験ボード
充電機能付きだから持ち運びもできる … 159

大野 俊治

- 9-1　ハードウェア … 159
- 9-2　まずは，パソコンでお試し　初めてのワイヤレス通信 … 164
- 9-3　ARMマイコンを使って制御する … 169

第4部　Bluetoothドングル活用事例

第10章 BLE4.0対応！I/Oアダプタ基板＆ファームウェア
低消費電力＆短時間接続！ … 177

辻見 裕史

- 10-1　こんなふうに使える … 177
- 10-2　回路とキーパーツ … 177
- 10-3　動かしてみる … 180
- ■手順1：パソコンにBluetoothプロトコル・スタックをインストール … 180
- ■手順2：パソコンとI/Oアダプタを無線で接続する … 181
- ■手順3：パソコンとI/Oアダプタの間でデータ通信する … 182
- 10-4　PICマイコンのファームウェアの構成と改造 … 183
- 10-5　パソコン用アプリケーション・ソフトの構成と改造 … 185
- コラム1　ドングルを動かすにはUSBホスト機能付きマイコンが必要 … 179
- コラム2　実験！確かにBluetooth LEモードは低消費＆短時間接続 … 182
- コラム3　HOGPに準拠するI/Oアダプタのベンダ IDとプロダクト ID … 183
- コラム4　何が違うの？モジュールとドングル … 186
- コラム5　PICマイコン以外でUSBドングルを動かすなら　田中邦夫 … 188

第11章 PICでオリジナル・アダプタ作りに挑戦！
Bluetoothドングルを制御するマイコン・プログラムの全容　189
辻見 裕史

- 11-1 自作のBluetooth機器を作るには ······189
- 11-2 PICマイコンに書き込んだプロトコル・スタックとプロファイルの関係 ······190
- 11-3 ① HCIプロトコル ······190
- 11-4 ② L2CAPによる通信回線の多重化 ······193
- 11-5 ③ SMプロトコル…マスタとスレーブ間の認証接続 ······194
  - ■SMプロトコルの役割…ペアリング ······194
  - ■認証接続作業の第1相…ペアリング情報の交換 ······195
  - ■認証接続作業の第2相…短期鍵を作る ······195
  - ■認証接続作業の第3相…長期鍵，Rand，EDIVを作る ······198
  - ■SMプロトコルにおけるデータ・パケットの実例 ······199
- 11-6 ④ ATTプロトコル ······200
- 11-7 ⑤ GATTプロファイル ······200
  - ■GATTプロファイルの役割 ······200
- 11-8 マスタとスレーブ間でやりとりされる実際のデータ・パケット ······204
- コラム　Bluetooth LEドングルの低消費電力動作と短時間接続の理由を考察 ······192
  - ■PICマイコンのファームウェアにみる実際のGATTデータベース ······201

Appendix 8　パソコンとI/Oアダプタがやりとりするデータが見える
手作りシリアル通信チェッカ　207
辻見 裕史

第12章 専用ケーブルより安価！到達距離60mで混信にも強い
BluetoothドングルとPICで作るワイヤレスGPIB　209
辻見 裕史

- 12-1 動かしてみる ······210
- 12-2 GPIB機器を無線化するための5ステップ ······211
  - ■ステップ1…通信の手順や規格を理解する ······211
  - ■ステップ2…基板の製作 ······211
  - ■ステップ3…パソコンにB-GPIBを接続する ······213
  - ■ステップ4…使用する機器に合わせてパソコン上のアプリケーション・ソフトを改造する ······213
  - ■ステップ5…PICマイコン用ファームウェアのインストール ······215

索引 ······219

【付属 CD-ROM のコンテンツ】
動かすノウハウがぎっしり！ 製作物のプログラム

　付属 CD-ROM には，本書で解説されている製作記事（表1）のプログラムが収録されています．自作機器に Bluetooth 機能を追加する際などに，参考にしてください．

　図1に示すように，CD-ROM 内は "章番号 + Sample Program" の名前が付いたフォルダに分かれています．各フォルダの中には，次の二つのファイルが格納されています．

・zip ファイル

・readme.txt

　readme.txt には，ソフトウェアを動かすために必要なハードウェアや，ソフトウェア開発環境などが明記されています．zip ファイルを展開する前にご一読ください．

　zip ファイルには，プログラム一式が圧縮されています．パソコン上の適当な場所に zip ファイルをコピーして解凍してください．

表1　付属CD-ROMにプログラムが収録されている記事

【第2部　1日体験コース オールインワン・モジュールで超高速開発】	
第4章	タブレットとつながる！ カンタンI/O実験ボード
第5章	回路や部品の性能チェックに！ ポータブル周波数特性アナライザ
【第3部　Bluetoothモジュール活用事例】	
第6章	Myパソコンでデータ収集！ ワイヤレス百葉箱
第7章	タブレットで大画面表示！ ポータブル・データ・ロガー
第8章	タブレットで再生＆操作！ MP3オーディオ・ステーション
第9章	Myスマホとつなぐ！ Bluetoothコードレスホン実験ボード
【第4部　Bluetoothドングル活用事例】	
第10章	BLE4.0対応！ I/Oアダプタ基板＆ファームウェア
第11章	Bluetoothドングルを制御するマイコン・プログラムの全容
第12章	BluetoothドングルとPICで作るワイヤレスGPIB

図1　付属CD-ROMのフォルダ構成

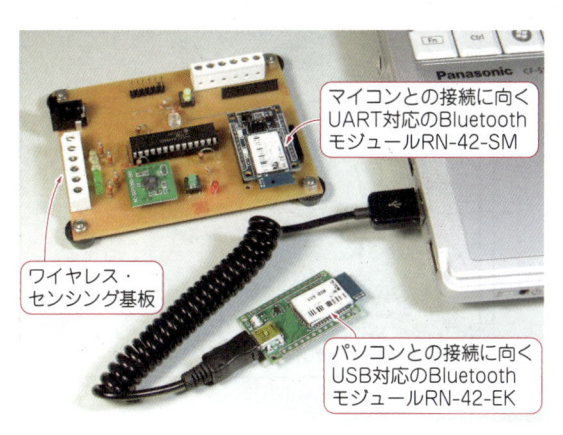

```
CD-ROM
├─04_Sample Program          ← 第4章のプログラム
│  ├─PIC.zip
│  └─readme.txt
├─05_Sample Program          ← 第5章のプログラム
│  ├─PIC_Tablet.zip
│  └─readme.txt
├─06_Sample Program          ← 第6章のプログラム
│  ├─PC_PIC.zip
│  └─readme.txt
├─07_Sample Program          ← 第7章のプログラム
│  ├─PIC_Tablet.zip
│  └─readme.txt
├─08_Sample Program          ← 第8章のプログラム
│  ├─BTBook_workspace.zip
│  └─Readme.txt
├─09_Sample Program          ← 第9章のプログラム
│  ├─BlueHANDLPC.zip
│  └─readme.txt
├─10_Sample Program          ← 第10章と第11章のプログラム
│  ├─HOGP_HOGP2010_LOG_PIC.zip
│  └─readme.txt
├─12_Sample Program          ← 第12章のプログラム
│  ├─B-GPIB_GpibHP3478A_TestDll.zip
│  └─readme.txt
├─autorun.ico
├─Autorun.inf
├─html
└─index.html
```

写真1　第6章 Bluetoothワイヤレス百葉箱

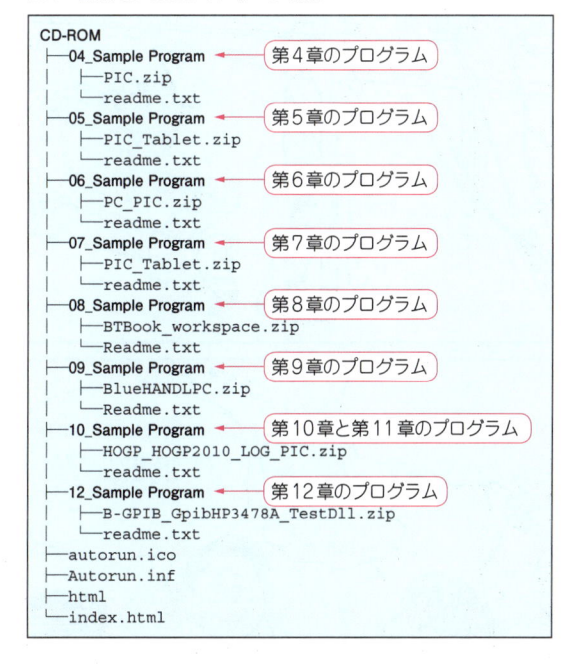

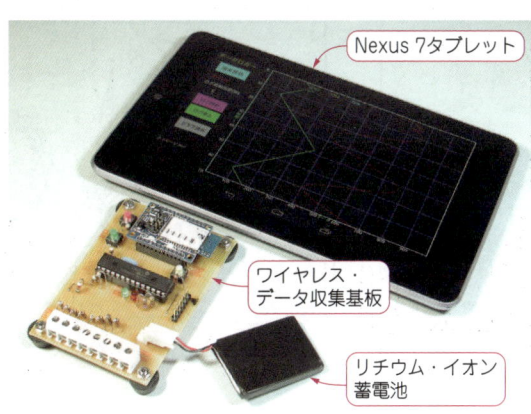

写真2　第7章 Bluetoothポータブル・データ・ロガー

イントロダクション

誰でもカンタン！
みなワイヤレスの時代がきた!!

電源も信号も数m先はもう,ケーブル不要

編集部

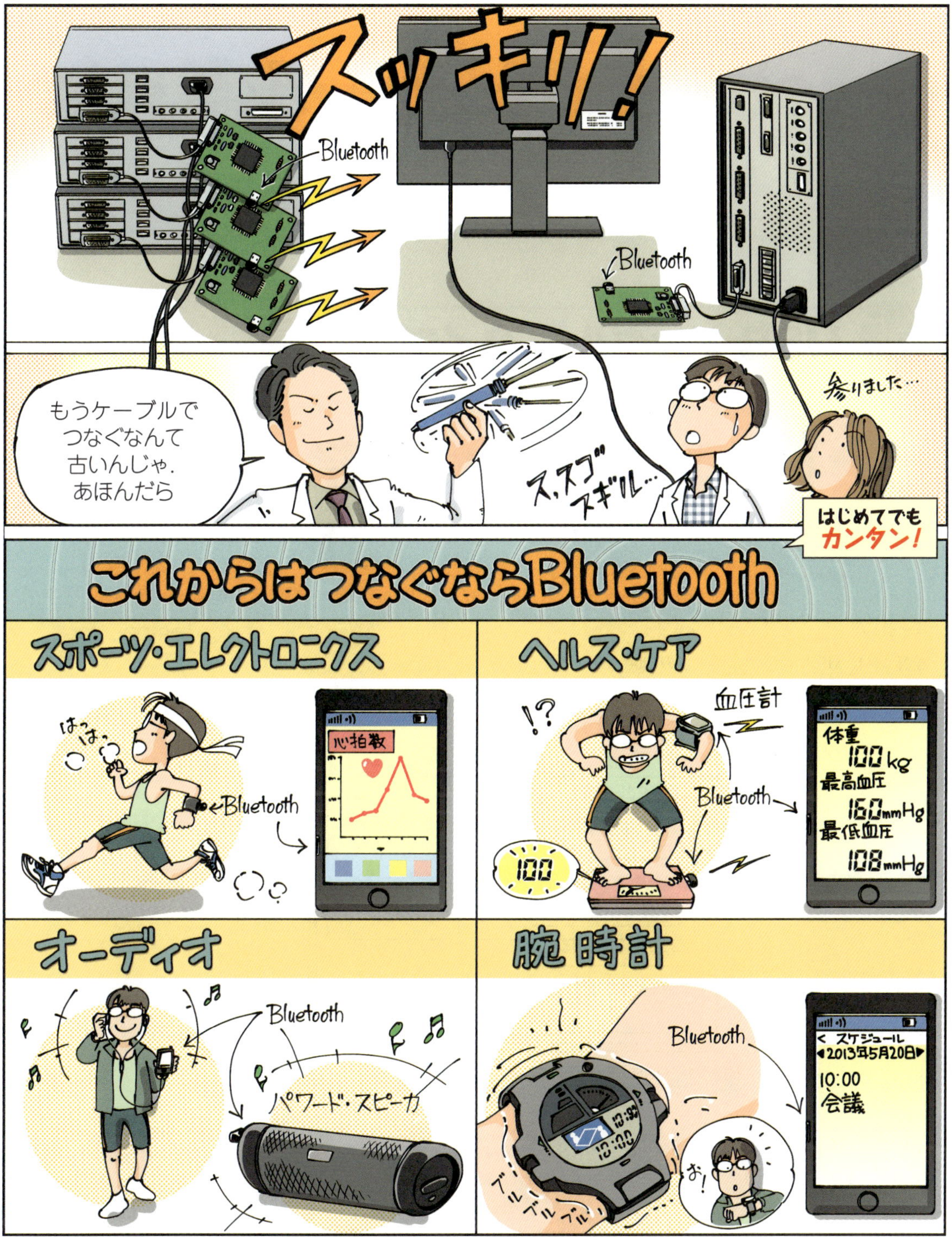
スッキリ！
Bluetooth
Bluetooth
もうケーブルで
つなぐなんて
古いんじゃ．
あほんだら
ス，スゴ
スギル…
参りました…
はじめてでも
カンタン！
これからはつなぐならBluetooth
スポーツ・エレクトロニクス
はっ
はっ
Bluetooth
心拍数
ヘルス・ケア
!?
血圧計
Bluetooth
100
体重
100kg
最高血圧
160mmHg
最低血圧
108mmHg
オーディオ
Bluetooth
パワード・スピーカ
腕時計
Bluetooth
ブルブルブル
お！
< スケジュール
◀2013年5月20日▶
10:00
会議

Appendix 1

電子工作用からプロ用までよりどりみどり

Bluetoothモジュール写真館

田中 邦夫, 紅林 薫

1 USBドングル・タイプ

電気店で約1,000円！
オリジナル・アプリの開発も

(**a**) PTM-UBT6（プリンストンテクノロジー，3.0 + EDR，クラス1）

(**b**) BT-Micro3E2X（プラネックス，2.0 + EDR，クラス2）

(**c**) BSBT4D09BK（バッファロー，4.0 + EDR/LE）

(**d**) PTM-UBT7（プリンストンテクノロジー，4.0 + EDR/LE）

写真A1-1　USBドングル・タイプのBluetoothトランシーバ

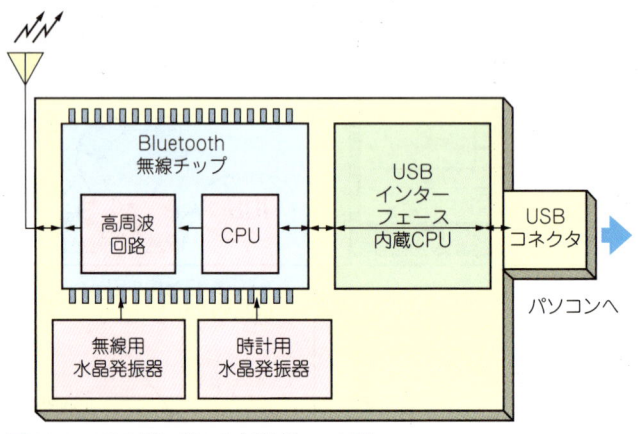

図A1-1　USBドングルの内部ブロック図

[説明]
　数百〜千数百円で入手できます．これを使いこなせば，オリジナルのアプリケーションを安価に組み上げることができます．USBコネクタに接続して使用するためUSBホスト機能をもつマイコンを搭載し，マイコン上でアプリケーション・プログラムを動かします．パソコン接続を前提に作られており，HIDやA2DPなど周辺機器を制御するプロファイルが実装されています．＋HSモードを備えるドングルは，無線LANの機能ももっています．

〈田中 邦夫〉

Appendix 1　Bluetoothモジュール写真館

❷ 専用ICタイプ　複数のスレーブを制御する本格派向き

[説明]
　無線チップ内部のマイコンにファームウェアを書き込めるタイプです．
　シリアル通信に要する時間が短いため，高い処理効率を実現できます．マイコンでBluetoothの通信制御も行うため，ファームウェアでオリジナルの機能を作り込むことができ拡張性が高い方法です．
　SoCメーカから提供されるBluetoothライブラリを利用して開発します．
〈田中 邦夫〉

写真A1-2　WCU-51822u（ケイツー電子工業，4.0LEシングル・モード，NordicのnRF51822を搭載）

❸ 開発キット　全部そろっていてすぐに体験できる

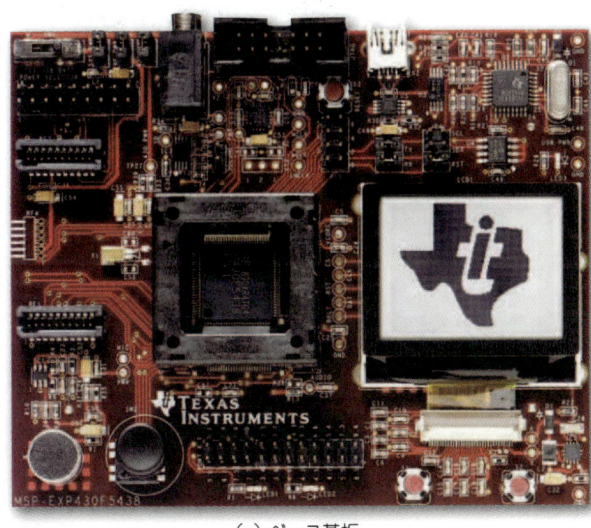

（a）ベース基板

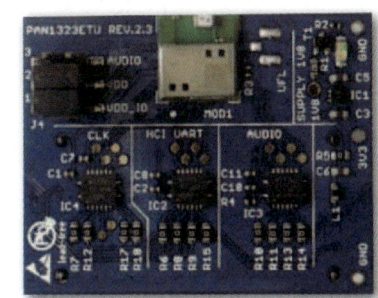

（b）無線基板

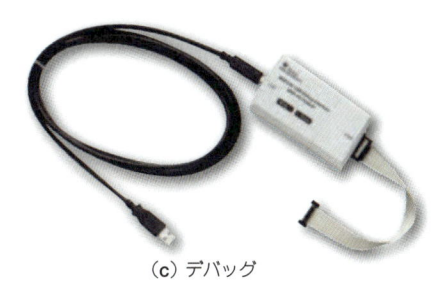

（c）デバッグ

写真A1-3[(1)]　PAN1323ETU（パナソニック，4.0＋EDR/＋LE，無線基板部にはCC256xとアンテナを搭載，ベース基板にはMSP430F5438を搭載）

[説明]
　写真A1-3に示すのは，Bluetooth開発キットの一例です．さまざまなデモ・ソフトウェアの実験ができます．Bluetooth＋EDRとLEモードを搭載したデュアル・モード仕様の無線モジュール基板と，MSP430マイコンや液晶ディスプレイを搭載した制御基板が組み合わせられています．BluetoothスタックはMSP430に実装するので思いどおりのきめ細かい制御ができます．デバイス・メーカからライブラリが用意されています．
〈田中 邦夫〉

④ USB-シリアル変換タイプ　1日で無線化完了！

開発キットが充実

2.1＋EDR，クラス2，電源3.3V，高密度コネクタ，SPP/DUN/HCI，技適取得済み，UART（9600～921600bps），ZEAL-S01（クラス1），発売元：エイディシーテクノロジー（日本）

(a) ZEAL-C02

日本語マニュアルあり

2.0，クラス2，電源3.0V，コネクタ付き基板，SPP/HCI，技適（TELEC）取得済み，UART（2400～921600bps），販売元：RoboTech srl（イタリア），マイクロテクニカの系列サイトで購入すると日本語マニュアルをダウンロードできる

(b) RBT-001

RS-232-Cシリアル・インターフェース対応

2.1＋EDR，クラス2，電源3.0～3.6V，SPP/DUN/HCI，技適（TELEC）取得済み，UART（1200～921600bps），メーカ：マイクロチップ・テクノロジー，販売元：Roving Networks（米国）

(c) WRL-09358

XBeeとピン・コンパチ

2.1＋EDR，クラス1，電源3.0～3.6V，XBeeとピン・コンパチ，SPP/HID/DUN/HCI，UART（1200～921600bps），販売元：Roving Networks（米国），SparkFunサイトなどで入手できる

(d) RN-42-SM

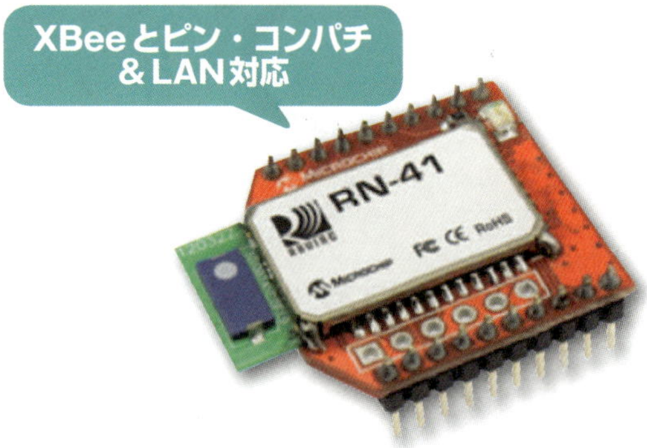

XBeeとピン・コンパチ＆LAN対応

2.1＋EDR，クラス1，電源3.3～6V，SPP/DUN/LAN/HCI，BluetoothモジュールRN-41を搭載，UART（2400～115200bps），販売元：SparkFun Electronics（米国）

(e) RN41XV

Arduinoにも対応

2.0＋EDR，クラス2，SPP/A2DP/AVRCP/HFP/HFP-AG/OPP/HCI，UART/USB，UART（1200～3Mbps），販売元：Bluegiga（フィンランド），Arduino Bluetoothに搭載されている

(f) WT-32

写真A1-4　USB-シリアル変換タイプのいろいろ

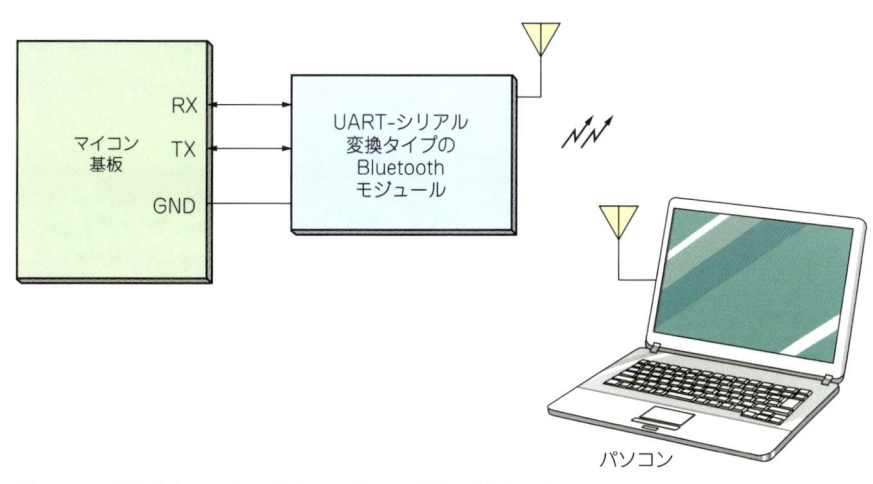

図A1-2 つなぐだけ！マイコン基板のワイヤレス制御はもうカンタン

[説明]
　ホスト・マイコンからシリアル通信によるコマンドで制御します．Bluetoothの通信プロトコルは考える必要がないため，簡単なデータ通信に使用するのに向いています．ATコマンドを内蔵したタイプもあります．ホスト側のCPUが必要です．SPPモードで接続してワイヤレスのRS-232-C（COM）ポートとして使用するのが一般的です．

〈紅林 薫〉

◆引用文献◆
(1) PAN1323ETU DESIGN GUIDE，パナソニック．
http://www.panasonic.com/industrial/includes/pdf/PAN1323ETUDesignGuide.pdf

Appendix 2

20ドル以下も続々と…XBeeの端子互換タイプも
電波法OK! 1個から買えるBluetoothモジュール

武田 洋一

表A2-1 電波法OK! 市販されているBluetoothモジュール（2014年7月調べ）

型 名	メーカ名	対応規格	Bluetooth プロファイル	クラス
ZEAL-C02	エイディシーテクノロジー	2.1+EDR	SPP, DUN (DTのみ)	2
ZEAL-S01			SPP, DUN	1
WCA-009	個人（大野俊治氏）	2.1+EDR	iWRAPファームウェアにより次のプロファイルをサポート SPP, HDP, DUN, OPP, FTP, HID, A2DP, AVRCP, HFP, HSP, PBAP, MAP, DI, AppleiAP, BluegigaBGIO, OTA	2
RBT-001	マイクロテクニカ	2.0	GAP, SDAP, SPP	2
VS-BT001	ヴィストン	2.0	SPP, GAP, SDAP	2
BlueMaster	浅草ギ研	2.0+EDR	SPP	2
ROBOBA003	MooSoft	2.1+EDR	SPP, DUN, GAP	2
ROBOBA004				
ROBOBA005				
ROBOBA006				
ZIG-100B	ベストテクノロジー	不明	不明	不明
BTX022D		2.0+EDR	SPP, DUN	2
BTX047B		2.1+EDR	SPP, DUN (DTのみ)	
KBT-1	近藤科学工業	―	SPP	2
ParaniESD1000	インターソリューションマーケティング	2.0+EDR	SPP	1
ParaniESD100V2				
ParaniESD110V2				
ParaniESD200		1.2 (AFH)	SDP, L2CAP	2
RN-42	マイクロチップ・テクノロジー	2.1+EDR	SPP, HCI, GAP, SDP, L2CAP, DUN	2
RN41XV			SPP, HID, GAP, SDP, RFCOMM, L2CAP	1
RN42XV				2
FB155BC	ジャングル	2.1	SPP, GAP	2

(a) Ver1.2/2.0/2.1＋EDRに対応したオールインワン・モジュール

Appendix 2　電波法OK！ 1個から買えるBluetoothモジュール

　表A2-1は，市販されているBluetoothモジュールです（2014年7月調べ）．

　表A2-1(a)は，無線ICに加えてプロトコル・スタックを内蔵している制御ICも搭載したオールインワン・タイプのモジュールです．

　表A2-1(b)は，Ver4.0 Low Energyに対応したモジュールです．

　表A2-1(c)は，USBドングル・タイプのBluetoothトランシーバです．パソコンとの接続を前提に作られています．

　表A2-1(d)は，無線ICだけでプロトコル・スタックを搭載していないモジュールで，USBドングルと組み合わせて使います．

インターフェース		電源電圧	参考価格	備　考
方式	速　度			
UART	1200～921600bps（11段階）	3.3V	15,000円（税別）	ZEAL-S01の後継モデル
			16,500円（税別）	量産時にはZEAL-S02を使用のこと
UART, USB, GPIO	オーディオ・インターフェース（PCM, SPDIF, I^2S）を内蔵	3.3V	9,800円（税込）	BlueGiga製WT32-A-AI4モジュールを搭載．WT32に関するデータシートやサポートはBluegiga社から入手．DSPコアを内蔵しオーディオ・コーデックでエコー・キャンセルやノイズ・リダクションをサポート
UART	2400～921600bps（11段階）	3.0V	4,950円（税込）	デアゴスティーニ・ジャパンが発刊した「週刊マイロボット」の付録品と同じ
UART	2400～921600bps（11段階）	3.3～5.0V	8,000円（税込）	ロボット制御，データ表示用ソフトを公開．基本的には同社ロボットのオプション
UART	1200～460800bps（10段階，初期値：115200ps）	3.3V	12,000円（税別）	出荷時の通信設定が460800bpsのものは型番「Blue Master/460K」（同価格）
UART, SPI	1200～460800bps（10段階，初期値：115200ps）	5～15V	8,925円（税込）	SMK製BT-304C，RS-232-Cコネクタ（メス），レベル変換回路，電源回路を搭載
		3.3V	6,300円（税込）	SMK製BT-304C搭載
		3.3V	6,300円（税込）	SMK製BT-304C搭載．Xbee互換のピン接続に変換
		2.7～3.6V	5,985円（税込）	SMK製BT304C搭載．信号線を引き出しただけのシンプルな基板
UART	3600～921600bps	3.3V	4,000円（税込）	商品番号はBTX025
	1200～921600bps	3.3V	16,000円（税込）	エイディシーテクノロジーのZEAL-C02にRS-232-Cレベル信号変換アダプタを装着．Dサブ9ピン・メス・コネクタ付き
			8,500円（税別）	ZEAL-C02を必要最低限の端子のみをピン・ヘッダに変換．3.3V動作のマイコンなどに接続用
-	115200bpsまで	6～12V	12,000円（税別）	自社のロボットに特化している
UART	921600bpsまで	3.3V	9,800（税別）	SENA Technologies社の製品．アンテナはオプション
			9,800円（税別）	SENA Technologies社の製品．チップ・アンテナ内蔵
			11,800円（税別）	SENA Technologies社の製品．外付けアンテナ
	1200～230000bps		9,800円（税別）	SENA Technologies社の製品．チップ・アンテナ内蔵
UART	1200～921000bps	3.3V	$15.95	秋月電子通商で変換基板を付けたオリジナル品を販売している（AE-RN-42）
			$28.95	チップ・アンテナ搭載タイプと外部アンテナ・タイプがある．ディジインターナショナル社のXbeeと外形とピンがコンパチブル
			$19.95	チップ・アンテナ搭載タイプと外部アンテナ・タイプがある．ディジインターナショナル社のXbeeと外形とピンがコンパチブル
UART	1200～230000bps	3.3V	4,800円（税込）	Arduinoに接続するスケッチあり

型名	メーカ名	Blluetooth 対応規格	Blluetooth プロファイル
BL600シリーズ	Laird	4.0LE（シングル・モード）	BloodPressure, HeartRate, HealthThermometer, Proximity&FindMeCustomServices
HRM1017BLEモジュール	ホシデン		GATT層までQDID取得済
BLE112	BlueGiga		GAP, GATT, L2CAP, SMP
BLE113	BlueGiga		GAP, GATT, L2CAP, SMP
BLESerial	浅草ギ研		−

(b) Ver4.0 Low Energyに対応したモジュール

型名	メーカ名	Blluetooth 対応規格	Blluetooth プロファイル
BSHSBD08BK	バッファロー	4.0 + EDR/LE	A2DP, AVRCP, BIP, DUN, FAX, FTP, GAP, GAVDP, GOEP, HCRP, HFP, HSP, HID, OPP, PAN, SDAP, SPP, SYNC, BPP, PXP, FMP
BLED112	BlueGiga	4.0 (Bluetooth Smart)	GAP, GATT, L2CAP, SMP
MM-BTUD43	サンワサプライ	4.0 + LE/EDR. 3.0/2.1/2.0/1.2 機器とも接続可能	A2DP, APT-XStereo, AVRCP, BIP, BPP, DUN, FTP, GAP, GATT, GAVDP, HCRP, HFP, HSP, HDP, HID, HOGP, OBEX, OPP, PAN, PBAP, SPP, SYNCH, SYNCML, VDP, (BLE) PXP, FMP, SCPP, HID
MM-BTUD44	サンワサプライ	4.0 + LE/EDR. 3.0/2.1/2.0/1.2 機器とも接続可能	A2DP, APT-XStereo, AVRCP, BIP, BPP, DUN, FTP, GAP, GATT, GAVDP, HCRP, HFP, HSP, HDP, HID, HOGP, OBEX, OPP, PAN, PBAP, SPP, SYNCH, SYNCML, VDP, (BLE) PXP, FMP, SCPP, HID (BLE) PXP, FMP, SCPP, HID
BT-Micro4	プラネックス	4.0 + LE/EDR. 3.0/2.1機器とも接続可能	A2DP, AVRCP, BIP, BPP, DUN, FAX, FTP, GAP, GAVDP, GOEP, HCRP, HFP, HSP, HID, OPP, PAN, PBAP, SDAP, SPP, SYNC, PXP, FMP, GATT
BT-Micro4-H	プラネックス	4.0 + LE/EDR. 3.0 + EDRとも互換性あり. 2.0/1.2/1.1機器とも接続可能	A2DP, AVRCP, BIP, DUN, FAX, FTP, GAP, GAVDP, GOEP, HFP, HCRP, HSP, HID, OPP, PAN, SDAP, SPP, HDP, PXP, TIP, FMP ※Ver4.0には，PXP/TIP/FMPプロファイルのみ対応
LBT-UAN04C1BK	ロジテック	4.0 + LE/EDR, Dualmode	HID, A2DP (SBC, aptX), AVRCP, SPP, DUN, HF, HS, HCRP, FTP, OPP, BPP, BIP, PAN, VDP, Synchronisation, SyncML, HOGP(BluetoothLowEnergybasedHID), ProximityProfile
LBT-UAN04C2BK	ロジテック	4.0 + LE/EDR, Dualmode	HID, A2DP (SBC, aptX), AVRCP, SPP, DUN, HF, HS, HCRP, FTP, OPP, BPP, BIP, PAN, VDP, Synchronisation, SyncML, HOGP(BluetoothLowEnergybasedHID), ProximityProfile
GH-BHDA42	グリーンハウス	4.0 + LE/EDR. 2.1や3.0機器とも接続可能	HID, A2DP, AVRCP, SPP, DUN, HFP, HSP, HCRP, FTP, OPP, BPP, BIP, PAN, VDP, SYNCH, SYNCML, HOGP, PXP

(c) パソコンと接続して使うUSBドングル

型名	メーカ名	仕様
SBDBT	ランニングエレクトロニクス	PIC24FJ64GB004を搭載し，USBホスト・コネクタに市販のBluetoothアダプタを接続することにより，Bluetooth通信モジュールとして利用できる．SPPサーバ・ファームウェアを内蔵．プロトコル・スタックにはbtstackを使用
SBXBT		
SBRBT-S		
SBRBT-R		

(d) USBドングルと接続して使うモジュール

Appendix 2 電波法OK！ 1個から買えるBluetoothモジュール

	インターフェース	電源電圧	参考価格	備考
	UART，1200〜115200bps	1.8〜3.6V（内蔵LDO時）	1,500円くらい	smartBASICでプログラミング可能．GPIO，SPI，I^2C，ADCが利用可能
	SPI，UART，I^2C．ピン・アサインはモジュール用ソフトウェアでGPIO端子から指定可能	1.8〜3.6V（標準3.3V）	1,620円(税込)	ホシデン製評価キット，mbed用アダプタ・ボードもあり．GPIO×31端子，ADC×8端子
	UART，SPI．A-Dコンバータ，OPアンプ，アナログ・コンパレータ，GPIOなど搭載	2.0〜3.6V	2,700円(税別)	開発キットあり．CC2540使用
	UART，SPI．12ビットA-Dコンバータ，I^2C，PWM，GPIO	2.0〜3.6V	3,200円(税別)	開発キットあり．BLE112より30%省電力
	UART，9600bps，8-N-1-N	5V	4,200円(税込)	

	クラス	インターフェース	参考価格	備考
	−	USB 2.0	2,390円(税抜)	MacOSでも使える
	−	USB(仮想COMポート)	3,680円	PCからはCOMポートに見える
	1	USB 1.1/2.0	オープン価格	対応OS：Windows 8，7，Vista SP2，XPSP3
	2	USB 1.1/2.0	オープン価格	対応OS：Windows 8，7，Vista SP2，XPSP3
	−	USB 1.1/2.0	2,400円(税抜)	IEEE 802.11Co-existenceをサポート．対応OS：Windows 8.1，8，7，Vista SP2，XPSP3
	−	USB 1.1/2.0	オープン価格	ヘルスケアコンティニュアHDPに対応．対応OS：Windows 8，Win7SP1，Vista SP2，XPSP3
	1	USB 1.1/2.0	オープン価格	対応OS：Windows 7，Vista，XP．8.1は動作保障なし
	2	USB 1.1/2.0	オープン価格	対応OS：Windows 7，Vista，XP．8.1は動作保障なし
	2	USB	−	対応OS：Windows 8，7，Vista，XPSP2

注：Windows OSによって対応できないプロファイルがある

	電圧	参考価格	備考
	3.3V	3,066円(税込)	USB-BluetoothドングルをつけるとBluetoothアダプタになる．5V版もあり
			SBDBTのXBee版
	5V	5,122円(税込)	Dサブ9ピン・オス・コネクタ付き
			Dサブ9ピン・メス・コネクタ付き

第1章

第1部 Bluetoothの基礎知識

切れにくく邪魔もしない！安全・安心・安定の3拍子そろった

Bluetooth 五つのミッション

紅林 薫

　Bluetoothは，1994年にヨーロッパで産声をあげました．日本ではさまざまな経緯から，あまり光が当たりませんでしたが，実績十分の無線規格です．Bluetooth機器は，全世界で相互接続が保証されています．認証機関BQTF（Bluetooth Qualification Test Facility）が，**図1-1**に示すような申請された個々の機器について，プロファイルごとに接続試験を行い，認証マークである**図1-2**のBluetoothロゴを与えています．

　Bluetoothは，パソコンのUSBケーブルをなくすことを目的にして生まれた，数mまでの近距離で無線通信をする規格です．一般に，パソコンとマウスやキーボード，ヘッドセットなどをつなぐときはUSBを利用することが多くなりますが，パソコンの周辺はたいてい**図1-3**のようにケーブルでいっぱいになります．こんなときは，パソコンにBluetoothアダプタを1個取り付けて，マウスやキーボードをBluetooth対応のものに取り換えれば，完全なケーブルレスのパソコン環境を実現できます．

　パソコン側のBluetoothアダプタをマスタ，マウスやキーボードをスレーブと呼び，マスタは同時に最大7台のスレーブと通信ができます．

　本章では，このBluetoothのミッションを見ていきます．

1-1　ミッション①　数m先を無線で確実に制御する

● 雑音の多い場所でも安心して使える

　従来，データを収集するときは，パソコンを利用するのが一般的でしたが，最近はスマホやタブレットを使いたいという要望が増えています．しかし，これらにはI/O端子が用意されていません．

図1-2 Bluetoothのロゴ・マーク

（a）スマートフォン　　（b）ヘッドセット　　（c）バーコード読み取り器　　（d）血圧計
図1-1　Bluetooth機器のいろいろ…かなりのポータブル機器に付いてきた

第1部 Bluetoothの基礎知識

図1-3 パソコン周辺はケーブルでいっぱい

　こんなときにBluetoothを利用すれば，無線によるI/O制御を実現できます．
　Bluetoothは，音声のようなストリーム信号が途切れないように，1秒間に1600回も周波数チャネルを変更します．このしくみを周波数ホッピング（FH：Frequency Hopping）といいます（**図1-4**）．どのチャネルへ移動するかは，マスタがランダムに決定し，スレーブはこれに追従して一斉にホップします（**図1-5**）．多くの無線通信（無線LANなど）は，いったん周波数チャネルを選択したら，通信が終わるまで周波数を変えることはありません．
　Bluetooth 1.2以降になると，周波数チャネルを変更する前に，同じ2.4GHz帯を使う無線LANが周

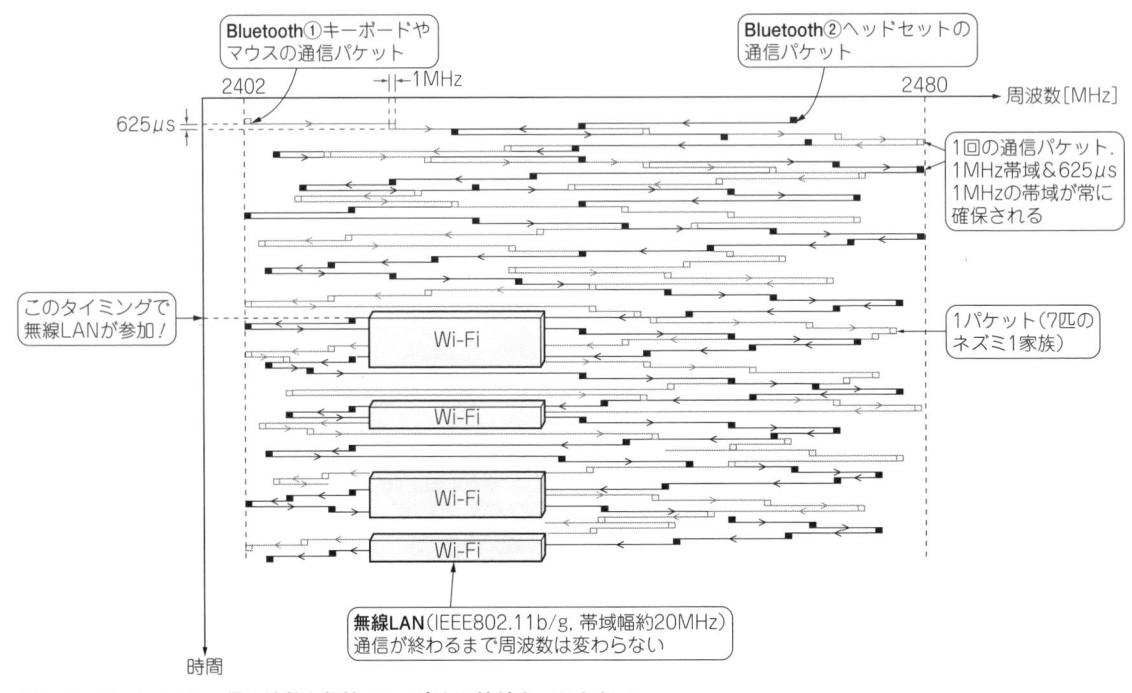

図1-4 Bluetoothは通信周波数を頻繁に切り変えて接続を切らさない

20

第1章 Bluetooth 五つのミッション

図1-5 Bluetoothは空いているチャネルを探し続けるので安定した通信をキープできる

表1-1 Bluetoothの到達距離
Class 2機器同士の通信は数m

バージョン	到達距離	出力	備考
Class 1	100m	100mW	外部アンテナを推奨
Class 2	10m	2.5mW	内蔵チップ・アンテナ多い
Class 3	1m	1mW	市販製品はほとんどない

波数チャネルを利用していないかどうかを検出し，それを回避するためのAFH（Adaptive Frequency Hopping）というしくみが導入されました（後述）．その結果，既設の無線LAN機器の動作に影響を与えず，工場などたくさんの機械が稼働してノイズの多い環境でも安定して使え，迷惑もかけないようになりました．

● 到達距離は 1m ～ 100m

　Bluetooth機器は，送信出力と到達距離から三つのクラス（Class 1，Class 2，Class 3）に分けられています（**表1-1**）．

　実際には，Class 1とClass 2の機器がほとんどで，Class 3対応の機器は見たことがありません．受信感度の悪いチップ・アンテナを搭載しているにもかかわらず，Class 1のBluetoothモジュールを採用しているというだけで，"Class 1"と表記している製品もあります．これらは，100m先まで届くことはありません．

▶アンテナが重要

　距離を稼いだり，屋内でも確実に通信したい場合は，**写真1-1**（a）に示すような外部アンテナを使います．2.4GHz帯の無線LAN用に販売されているものでも，仕様が一致するものはBluetoothで

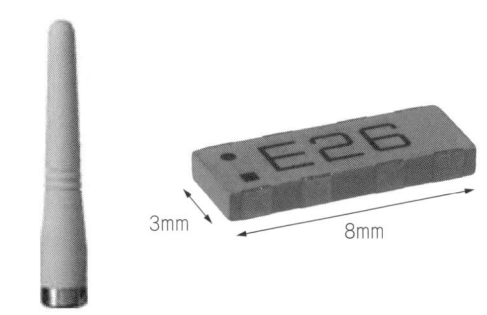

（a）アクセス・ポイント用アンテナ（モノポール，λ/2，H2401SG，第一電波工業）　（b）チップ・アンテナ（基板実装用，8×3mm，太陽誘電）

写真1-1 Bluetooth用のアンテナ

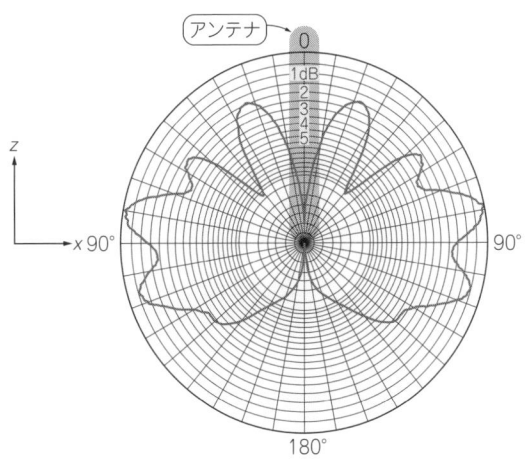

図1-6 アクセス・ポイント用アンテナの指向性（第一電波工業，λ/2，H2401SG）

も使えます．

　数十m四方もあるオフィスなどでは，λ/2（半波長）などの外部アンテナを持つClass 1機器（ゲー

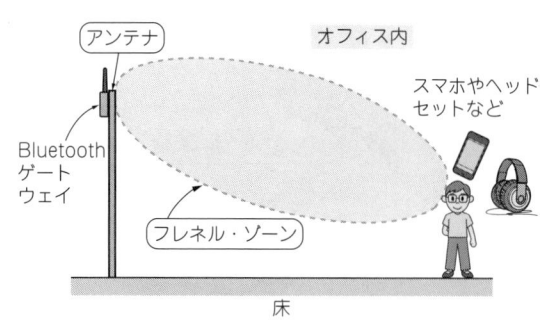

図1-7 外部アンテナを設置するときはフレネル・ゾーンを確保する

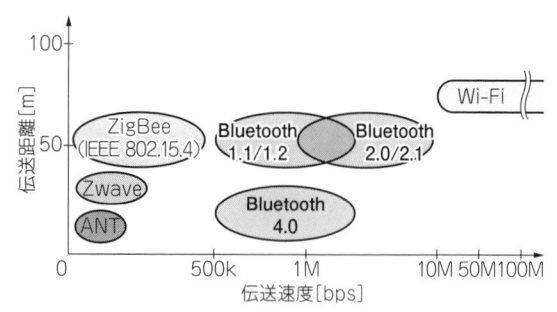

図1-8 近距離無線の速度と距離

トウェイなど)とチップ・アンテナ[写真1-1(b)]を内蔵するClass 2機器(スマホなど)の通信は良好ですが，チップ・アンテナを内蔵するClass 2機器同士の通信距離は数m以内です．

アンテナには，必ず電波の方向性(指向性)があります．図1-6は，写真1-1(a)のアンテナを垂直に立てて，垂直に切った断面の電波の放射特性です．Bluetooth機器を設計するときは，アンテナのデータシートを参考にして筐体設計や設置方法の検討が必要です．棒状のアクセス・ポイント・アンテナ同士を，直交する位置関係で設置しないなどの配慮も必要です．

外部アンテナを設置するときは，フレネル・ゾーンを確保します(図1-7)．フレネル・ゾーンとは，送信機から発射された電波を受信機に電力損失なく到達させるために必要な空間のことです．フレネル・ゾーンを確保するためには，壁や地面から離すことや，狭い隙間を通さないなどの配慮が必要です．コンクリートや金属，水分を多く含む物体(人体など)は電波を通しにくいからです．オフィスで，見通しの悪い位置関係にあるアンテナ同士でも反射のおかげで通信に成功することがありますが，襖や障子が多い日本の家屋は反射伝搬が少ないので配慮が必要です．

＊　　＊　　＊

図1-8に，無線LAN(Wi-Fi)，Bluetooth，ZigBeeといった近距離ディジタル無線規格の通信速度と到達距離の比較を示します．これらは，PAN(Personal Area Network)と呼ばれるものです．

1-2 ミッション② 音声などのストリーム信号が途切れず遅延が小さい

● ストリーム信号向き！周波数チャネルを常に確保している

パソコンに挿されたBluetoothアダプタ(マスタ)が，Bluetooth対応のマウスとヘッドセット，そしてスマホ(スレーブ)とつながってネットワークを構成しているとします．マスタは，チャネル(通信周波数)を625μsごとにランダムに切り換え，3台のスレーブも同時にチャネルを切り換えてマスタに追従します．このときマスタは，次のような動作をします

(1) 625μsおきに，2402M～2480MHzの間に1MHz間隔で存在する79個のチャネルをランダムに選択する
(2) 近くのWi-Fi機器などが出すキャリアがないかを検出し，キャリアがない周波数を選ぶ(ホップする)．スレーブもマスタに合わせてその周波数にホップする

この動作のおかげで，Bluetoothは通信チャネルを常に確保できます．マスタとスレーブが通信しているときも通信していないときも，マスタはスレーブと一緒に625μsおきに周波数チャネルを変更(ホップ)します．

帯域幅が20MHzと広い無線LANは，1回の通信が終わると帯域を開放し，CSMA/CA (Carrier Sense Multiple Access/Collision Avoidance，搬送波感知多重アクセス/衝突回避)方式で複数のセッションが，例えば0.1秒ごとに同じ帯域を共有することもよく見られます．

Bluetoothは連続して帯域を確保できるので，通

話や音楽ストリームが途切れることがほとんどありません．無線通信の経路上にバッファを設ければ，ストリームの速度が不安定でもデータが途切れることはありませんが，通話のようにリアルタイム性が重視される音声ストリームでは，バッファは遅延につながるため好ましくなく，Bluetoothのように常に帯域を確保していることが重要です．

● 大勢の人々が，同じ場所で，高秘匿で

　周波数ホッピングのおかげで，数十人（理論的には79人まで）が同時に自分専用の帯域を確保できます．しかし，Bluetoothは2.4GHz帯のほぼ全域でホッピングするので，同じ2.4GHzを利用するWi-Fi（無線LAN）などはその被害者になりそうで心配です．

　そこで，Wi-Fiを検出したらその帯域を避けてホッピングするAFH（Adaptive Frequency Hopping）と呼ばれるしくみがBluetooth 1.2からサポートされ，2.4GHz帯の他の無線に影響を与えない配慮もなされています．さらに，利用する周波数チャネルが固定していないので，通信傍受自体が困難で高い秘匿性を持っています．**図1-9**に示すのは，Bluetooth無線チップが出す電波をスペクトラム・アナライザで観測したところです．

● 同じ2.4GHzを利用しているWi-Fi，ZigBeeとの共存

　図1-10（a）に示すように，Wi-Fiは2.4GHz帯で約20MHzの帯域を使って通信します．干渉を起こさずに同時に使えるのは，実質3チャネルです．Wi-FiのIEEE 802.11gは，1～13までの通信チャ

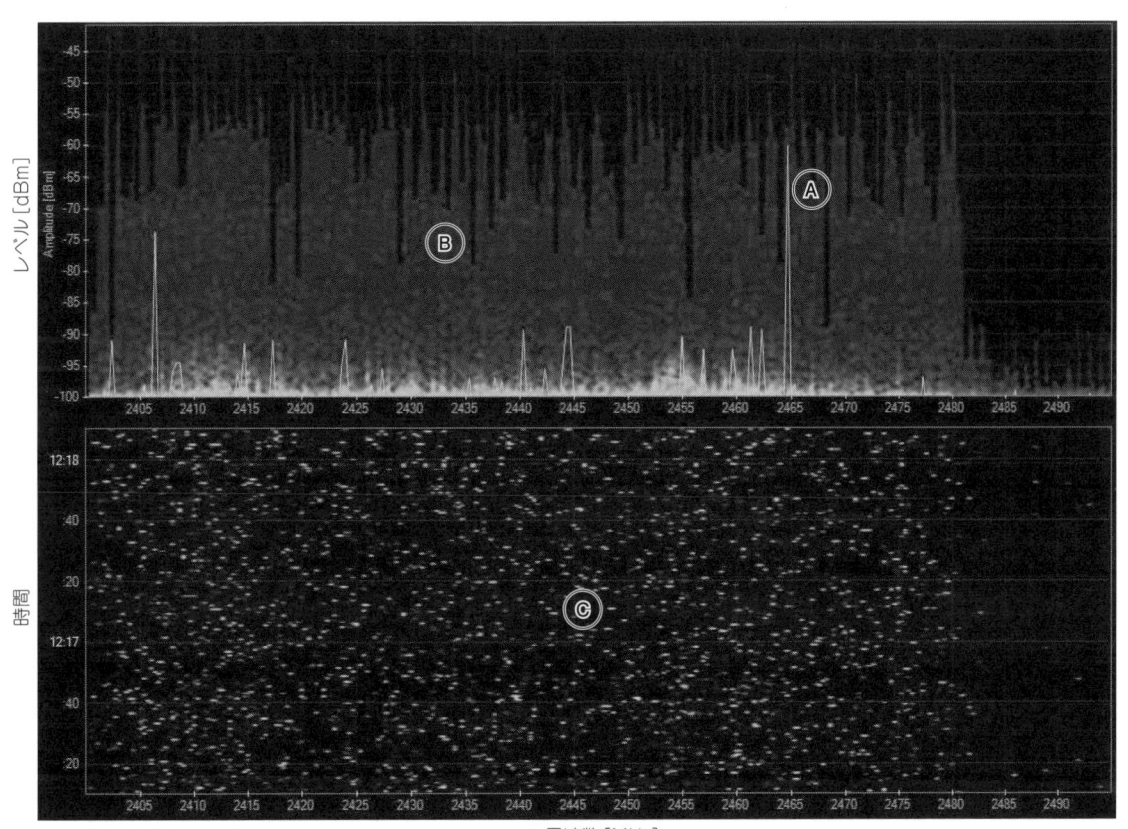

図1-9　Bluetoothが周波数ホッピングをしているところをとらえた
Ⓐ部は瞬時のスペクトラム表示（縦軸：レベル，横軸：周波数），Ⓑ部はそのピークホールド表示（縦軸：レベル，横軸：周波数），Ⓒ部はピークホールド値の時間変化（縦軸：時間，横軸：周波数）

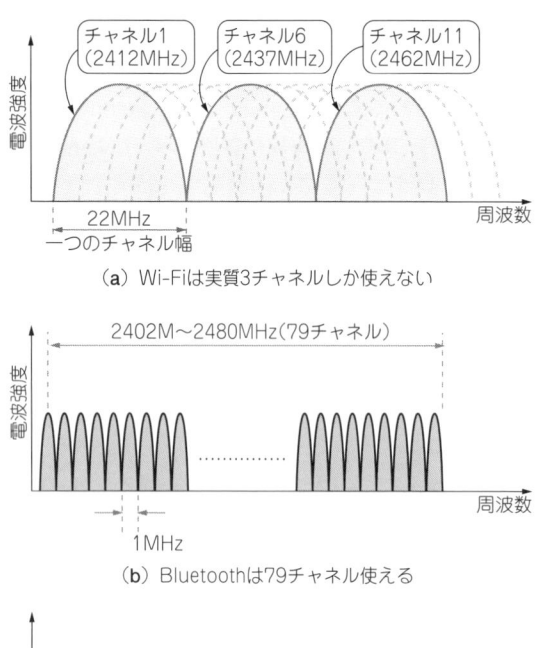

1-3 ミッション③　電池動作を可能にして完全ワイヤレス化する

● 電池動作で電源ケーブルもなくしたい

　Bluetoothの帯域幅はWi-Fiの1/20以下で，通信速度もEDR（Enhanced Data Rate）モード時で2M～3Mbps（Wi-Fiは数十Mbps）しかありませんが，その代わり消費電力は1桁小さくなっています．

　コール・センタでは，ワイヤレス・ヘッドセットのおかげでオペレータの行動範囲が著しく拡大しました．これには，ワイヤレス動作と電池駆動が必須です．スマホにBluetoothが標準搭載されつつある理由は，BluetoothがWi-Fiより1桁以上少ない電力で動作するからです．もちろん，スピーカなど離れた所にある装置をBluetoothで制御する場合は，信号線は無線で，電源はACで供給します．

● 課題…ずっと使うにしてはもたない

　現在のBluetooth機器の多くは，電池動作で数カ月もつほど低消費電力ではありません．Class 2モジュールで通信時に30mA程度，待機時に0.3mA程度です．2000mAhの単3電池で，BluetoothモジュールWML-C46（ミツミ電機）を使い続けると，単純計算で67時間（＝2000mAh/30mA），つまり3日も持ちません．コイン形リチウム電池CR2032は，容量が200mAh程度なのでBluetooth 1.x/2.xの機器に使用するには容量不足です．実際，ワイヤレス・マウスなどには1次電池が，ヘッドセットなどには2次電池が使用されています．

● コイン電池で1年もつ？ Bluetooth 4.0規格誕生

　最新規格のBluetooth 4.0はLow Energy機能（LEモード）を持ち，コイン電池の使用を考えて作られました（第2章参照）．これは，健康機器のデータや安否/所在確認用のタグなど，コイン電池で数か月から1年以上もつことを狙っています．ただし，音声などのストリーム・データを通信することはできません．

● 小出力なので健康被害を心配する声が少ない

　Bluetoothは，電波のパワー（空中線電力）が小

図1-10　各種通信規格のチャネルと周波数帯域

(a) Wi-Fiは実質3チャネルしか使えない
チャネル1（2412MHz），チャネル6（2437MHz），チャネル11（2462MHz）
22MHz　一つのチャネル幅

(b) Bluetoothは79チャネル使える
2402M～2480MHz（79チャネル）　1MHz

(c) ZigBeeは16チャネル使える
2400M～2483.5MHz　5MHz　2MHz
チャネル11（2405MHz），チャネル26（2480MHz）

ネルのいずれかを選択して通信します．開始時にチャネル1を選択したら，中心周波数2.412GHz固定で通信し続けます．

　図1-10（b）に示すように，Bluetoothは79チャネルとチャネル数が最も多く，Wi-Fiのように，近接チャネルがオーバーラップすることがありません．他の無線機器が使っていない周波数チャネルを選んで通信します．

　図1-10（c）に示すように，ZigBeeは11～26チャネルの計16チャネルが，近接チャネルとオーバーラップしないように割り当てられています．ネットワーク全体で一つの周波数チャネルを利用して通信します．Wi-Fiのように，アクセス・ポイントごとに異なるチャネルを選択するわけではありません．

表1-2 Bluetoothの実効通信速度

Bluetooth 2.0＋EDRは，Bluetooth 2.0にEDRと呼ばれる動作モードが追加された規格を意味する．「Bluetooth 2.0＋EDR対応モジュール」は，Bluetooth 2.0通常モードとBluetooth 2.0 EDRモードの両方で動作できる．Bluetooth 4.0モジュールはLEモードでしか動作しないので，Bluetooth 4.0＋LEとは書かない

規格	非対称型通信時 下り[bps]	非対称型通信時 上り[bps]	対称型通信時 [bps]	変調方式
1.1/1.2	723.2	57.6	432.6	GFSK
2.0	723.2	57.6	432.6	GFSK
2.0＋EDR 2.1＋EDR	2178.1	177.1	1306.9	GFSK＋DQPSK＋8DPSK
3.0	723.2	57.6	432.6	GFSK
3.0＋EDR	2178.1	177.1	1306.9	GFSK＋DQPSK＋8DPSK
3.0＋HS	—	—	24.0M	OFDM
4.0	—	—	1.0M	GFSK

注：各変調方式の通信速度は，GFSK：1Mbps，DQPSK：2Mbps，8DPSK：3Mbps

さいため患者の心拍モニタに使われています（**表1-1**参照）．

800MHzや1.5GHzを利用する携帯電話の空中線電力は800mWもあります．2GHzの携帯電話でも200mWです．Wi-Fiの空中線電力も，使用帯域幅が20MHz以上と大きいため，同じく200mW程度です．日本の医療機関でよく使われているPHSは10mW以下です．

Bluetoothの最初の規格1.0から，HSP（ヘッドセット・プロファイル，Headset Profile）やHFP（ハンズフリー・プロファイル，Handsfree Talk Profile）がサポートされていることから，Bluetooth SIGの主要メンバであるエリクソンやノキアは，携帯電話が出す電波から人体を守ることを強く意識していたのでしょう．

1-4 ミッション④ 声や音楽信号を一定のクオリティで伝える

● 転送速度 2Mbps が必要な理由

表1-2に，Bluetoothの通信速度の実効値を示します．1.0規格の通信速度は1Mbps，2.1＋EDRでは最大3Mbpsなどと言われますが，これは実効値ではありません．

3.0＋HSは，BluetoothモジュールがサポートするWi-Fi技術を導入した高速モードです．Wi-Fiを使う人が多く，3.0のHSモードは筆者のまわりではあまり使われていません．

4.0は，iPhone4Sなどに搭載されています．LE（Low Energy）モードを備えたモジュールと，

図1-11 Bluetoothのパケット構造
（a）ベーシック・レート・パケット：GFSK方式，アクセス・コード｜ヘッダ｜ペイロード（可変長）
（b）EDRパケット：ペイロード以降をDQPSK/8DPSKで変調することで，通信速度が約3倍になった．GFSK方式｜DQPSK/8DPSK方式，アクセス・コード｜ヘッダ｜ガード｜同期｜ペイロード（可変長）

2.0/2.1規格対応のモジュールとは互換性がありません．通信速度を落として，コイン電池で使うことを狙った規格で，音声などのストリーム信号の通信には向いていません．iPhone4Sなど，携帯電話やアダプタ製品で"4.x"と書いてある製品は，サポートする下位バージョン（2.1＋EDRなど）も併記されています．

IP電話やISDNの通信速度は，上りと下りで合計128kbpsです．これはBluetooth 1.1/1.2ですでにクリアしています．高品質の音声，例えば分解能16ビット，サンプリング周波数44kHzのPCMオーディオ信号は88Kバイト/sで，往復では176Kバイト/sです．Bluetoothは，音声通信に最適なSCO（Synchronous Connection Oriented）リンク（2.1＋EDR）で1Mbps以上の通信速度を実現しているので，PCMオーディオ信号を十分転送できます．

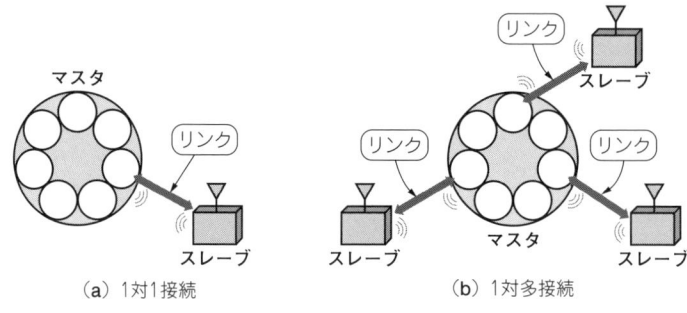

図1-12 Bluetoothの基本ネットワーク…ピコネット
マスタは7個のスレーブとつながることができる

● 帯域1MHzのまま変調方式を改良

表1-2に示したとおり，変調方式のビット・レートは，次のようになります．

　GFSK：1Mbps
　DQPSK：2Mbps
　8DPSK：3Mbps

Bluetooth 1.1/1.2/2.0/2.1では，通信パケットはまるごとGFSK（Gaussian Frequency Shift Keying）方式で変調されます．GFSKは，日本語では2値周波数変調といいます．データ・レートは1Mbpsです．

Bluetooth 2.0/2.1/3.0 + EDR（Enhanced Data Rate）では，パケットのアクセス・コードとヘッダは，GFSK（1Mbps）で変調しますが，5μsのガード・インターバルを挟んで，ペイロード以降をDQPSK（2Mbps），または8DPSK（3Mbps）で変調します（図1-11）．周波数帯域幅を広げることなく，通信速度を約3倍に引き上げることに成功しています．

SCOリンクも，2.1 + EDRでeSCOとして進化し，SCOリンクで，1Mbps以上の通信速度を実現しています．EDRが実装されていない場合，ACL（Asynchronous Connection）パケットの下り（マスタ→スレーブ）の最大実効速度は723.2kbpsです．EDRが実装されている場合は，2178.1kbpsです．

1-5 ミッション⑤ 複数のスレーブを制御できること

Bluetoothのマスタは，同時に複数のスレーブ機器と通信できます．この考え方は，USB（Universal Serial Bus）によく似ています．USBには，オンデマンドで動くバルク転送と一定の転送レートを常に保証するアイソクロナス転送があります．これは，BluetoothにACLリンクとSCOリンクがあるのに似ています．Bluetoothは，USBと同じくホストと周辺機器との通信を意識しているのです．

● Bluetoothネットワークの基本形「ピコネット」

USBはその名のとおりバスですが，Bluetoothは機器間の無線ネットワークをピコネット（piconet）で定義しています．図1-12に示すのは，Bluetoothで構成できる基本ネットワーク「ピコネット（piconet）」です．

マスタは一つのピコネットに必ず一つ存在し，ピコネット内の1～7台までのスレーブを制御します．通信速度は，ピコネット内でのマスタと個々のスレーブ間の全パケットの合計ビット数/時間です．

図1-12（a）は1対1の場合で，どちらがマスタでもかまいません．図1-12（b）は，1対多（最大7）のピコネットです．パソコンをマスタとし，マウス，スマホ，ヘッドセットがスレーブ機器です．マスタが周波数ホッピングを行うと，ピコネット内のすべてのスレーブがこれに追従します．

マスタが新しい装置（スレーブ）をピコネットに参加させる方法には2通りあります．
（1）スレーブ側がマスタに接続して役割を確認し，スレーブとして振る舞うことを伝えて確立する
（2）マスタから相手機器に接続し，相手機器にスレーブとして振る舞うよう要求する

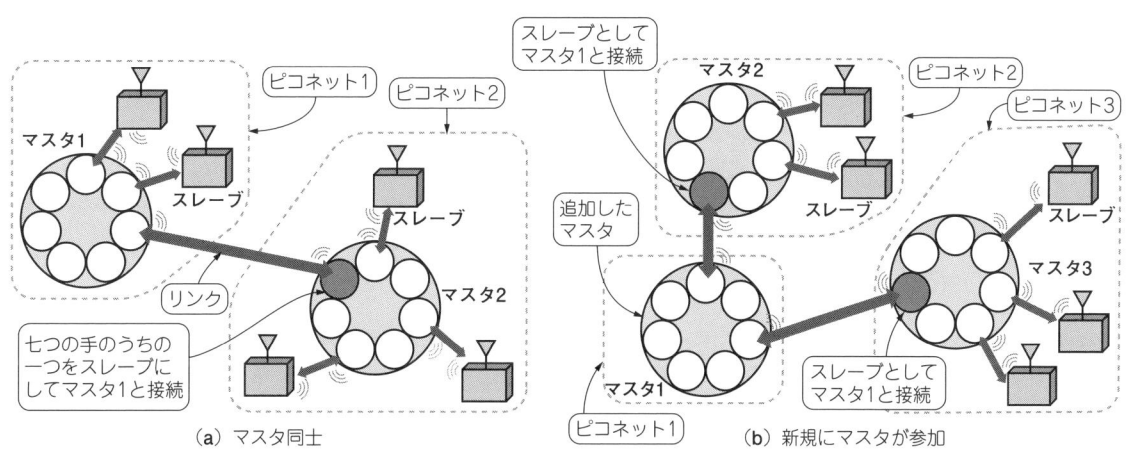

図1-13　ちょっと複雑なネットワーク構成もやろうと思えばできる…スキャタ・ネット

● やろうと思えばピコネット同士をつなぐことも…「スキャタ・ネット」

　Bluetoothチップの老舗CSR社のコア・モジュールを使った経験に基づいて説明します．

　図1-13(a)はスキャタ・ネットです．二つのピコネットのマスタ同士が直接接続するものです．マスタ2は1本の手をスレーブ・レベルに落として，マスタ1に直接接続しています．

　図1-13(b)は，二つのピコネットの間にもう一つのマスタを追加し，既存の二つのマスタは，それぞれ1本の手をスレーブに落とし追加された1台のマスタに接続しています．

　Bluetooth 2.0/2.1＋EDRのコア・モジュールのマスタは，7台のスレーブと接続できますが，7本の手のうち1本を隣りのマスタに差し出して接続を要求できます．

　マスタ同士が直結するので，1台のスレーブを介在させて片方のマスタに接続し，通信した後に切断して，もう片方のマスタに接続し直すというやり方よりも優れています．

　　　　＊　　　＊　　　＊

　Bluetoothは，マウスやキーボードなど周辺機器を接続する発想で作られたので，Wi-FiやZigBeeのように，メッシュ型のアドホック機能を用意していません．アドホックとは，パソコンやスマホなどがアクセス・ポイントを介さず，ローカルにデータをやりとりする機能です．

　単純なピコネット間の結合や中継をしたいという要望があり，CSR社は図1-13に示すスキャタ・ネットを用意したのではと推測します．Bluetoothの規格では，二つのピコネットを接続するスキャタ・ネット通信に関するこれ以上の記載がないので，独自にアプリケーションを開発しなければなりません．同じ2.4GHz帯のZigBeeのように，アドホック機能について，スタックなどのレベルでサポートされているわけではありません．

参考文献
(1) 宮津 和弘；Bluetooth技術解説ガイド（テクノロジー解体新書），リックテレコム．

くればやし・かおる

Appendix 3

第1部　Bluetoothの基礎知識

海外では当たり前！
完成度も実績も十分！Bluetoothの生い立ち

紅林 薫

● 1998年誕生…欧州では当時から生活必需品

　Bluetoothは，1998年に発足したBluetooth SIG（Bluetooth Special Interested Group）によって規格化されました．

　発足当初から，規格策定に関わった企業の多くは，ノキアやエリクソンなどの欧州勢でした．英国のCSR社が，いち早くSoC（System on Chip）を開発して，携帯電話やパソコンの開発メーカに供給しました．現在このSoCはCSRコアなどと呼ばれています．

　当初から欧米では，携帯電話は遠くにある基地局に届くように強いマイクロ波を出すので，耳に押し付けたまま長時間話すのは体に悪いと考える人が少なくありませんでした．そこで，電波の弱いBluetoothがヘッドセットなどの近距離の無線通話装置で利用され始めました．Bluetoothヘッドセットは，車の運転時以外でも健康上の理由から今もよく利用されています．

図A3-1　スマホ黒船の渡来でBluetooth鎖国は終わった

Bluetoothは，医療機関でも利用が始まりました．Nonin Medical社の心拍計は，Bluetoothを搭載したリストバンド型で，今ではICU内で重篤な患者の命綱です．

● 2000年ごろ…海外ではオーディオやPDAで
　2000年前後，携帯情報端末PDA（Personal Digital Assistant）が登場します．
　欧米では，PDAと機器をBluetooth無線でデータ・リンクするさまざまなアプリケーションが開発されました．残念ながら，日本ではPDA自体があまり普及しなかったため，Bluetoothが広まるきっかけにはなりませんでした．
　2005年，英国ではBritish Telecomが，韓国ではKorea Telecomが，固定回線とモバイル回線をBluetoothで接続するサービス（FMC：Fixed Mobile Convergence）を始めました．外出中は携帯電話を利用し，帰宅したら携帯電話のBluetooth機能を起動して，家庭内ゲート装置経由で回線に接続して通話するものです．これなら自宅からの通話料が安くなります．
　このようにBluetoothは音声ストリームの伝送の実績が多く，当初から，IP電話やISDNと同じ通信速度（64kbps）で，3回線利用できるように設計されています．音声ストリームに必要な連続性を重視して，帯域が1MHzと狭くても，その帯域が常に確保されるアーキテクチャです．

● 2000年以降…スマホ黒船の渡来で利用が始まったばかり
　2000年以降，ノキアなどの携帯電話メーカは，基本ソフトウェアにSymbianOSを採用し，オープン・アーキテクチャとして携帯アプリケーションの開発を促進してきました．そして，マイク入力，スピーカ出力，Bluetoothのプログラム・インターフェースまでも完全に開示してきました．

　一方，日本の携帯キャリアと開発メーカの多くは，携帯アプリケーションを開発するために必要なBluetoothプログラム・インターフェースの開示に積極的ではありませんでした．かつて，インターネットの国内普及が電話会社の政治的圧力で遅れた？ように，日本の携帯電話業界は，Bluetoothのインターフェースを開示することに明らかに消極的でした．
　状況は，スマホの登場で一変しました．Android携帯とiPhoneの誕生で，Bluetoothは完全なオープン・アーキテクチャになりました．スマホ黒船の渡来によってBluetooth鎖国があっさり破られてしまったのです（図A1-1）．
　最近，スマホが爆発的に普及して，携帯電話でインターネットに接続する人が増え，パケット使用量が急増しました．この対応に追われて，携帯キャリア各社は屋内ではむしろ無線LANやBluetoothを使うことを奨励しているようです．
　近年，多くの分野でパソコンに代わって，タブレットが活躍しています．
　タブレットでは，その携帯性を生かすため，外部機器とのインターフェースはUSBケーブル接続ではなく，無線LANやBluetoothを使います．Bluetoothは，無線LANほど速くはありませんが，同時に複数の周辺機器と通信でき，工場内や店舗内など電波ノイズの多い環境でも安定して動作できます．
　タブレットにおいてBluetoothは，パソコンにおいてのUSBのような役割を果たしています．
　日本では，多くの製品に標準で無線LANが搭載されるようになりましたが，Bluetooth製品に関してはアクセス・ポイント製品すらあまり売られていない状況ですから，本格的な普及はまだまだこれからでしょう．

くればやし・かおる

Appendix 4

第1部　Bluetoothの基礎知識

画像を送れる高速規格やコイン電池で1年もつ超低消費電力規格まで

何が違うの2.4GHz帯無線？
Bluetooth 4.0/Wi-Fi/ZigBee/ANT

田中 邦夫

　表A4-1は，2.4GHz帯を利用する無線通信規格のスペック比較表です．

　転送レートの速い規格ほど，広い通信帯域が必要ですが，同時に使用できるチャネル数は減ります．消費電力も同じで，同時に動く無線回路が多いと消費電力は増えます．

　無線LAN（Wi-Fi）は，画像など大きいデータを転送できる高速通信規格です．BluetoothもHSという規格で24Mbpsにまで高速化しています．HSは，無線LAN機能を間借りするもので，一般的なBluetoothとは違います．

　低消費電力向けの規格は，Bluetooth 4.0 LE（Low Energy），ZigBee，ANTです．

　ZigBeeは，センサ・ネットワークなどのデータ収集に向いているプロトコルで，さまざまな形のネットワークを構成できます．ただし，転送レートは250kbpsと少し遅めです．携帯端末にはほとんど導入されていません．

　携帯端末からの操作に向いているのは，ANTとBluetooth 4.0 LEです．ANTは日本国内ではなじみがありませんが，スポーツ/健康機器や自転車などに多く採用されているプロトコルです．データ構造がシンプルで，消費電力も抑えられているだけでなく，さまざまな形態のネットワークを構成できます．他に比べてライセンス料が安いのも魅力です．

　Bluetooth 4.0 LEは，ANTに似ています．Bluetooth 4.0 LEのほうが，ソフトウェア構成が複雑ですが，既存のBluetooth（クラシック規格）と比べると，サイズの小さいデータを短時間で転送できます．ANTと同様，コイン電池が1年間ももつようなアプリケーションが作れます．

たなか・くにお

表A4-1　よりどりみどり！2.4GHz帯の近距離無線の比較

規格名	周波数[GHz]	電波形式	チャネル幅[MHz]	転送レート[bps]	接続数	消費電力	ライセンス取得にかかる費用	採用端末数	1対1	スター型(ピコネット)	クラスタ・ツリー	メッシュ
Wi-Fi（IEEE 802.11）	2.4	DSSS, OFDM	20	1M～54M	―	×	―	◎	◎	◎	×	×
Bluetooth（EDRモード）	2.4	GFSK, PSK	1	1M～3M	7	△	×	◎	◎	◎	×(△)	×
Bluetooth 4.0（LEモード）	2.4	GFSK, AFH	2	1M	2^{31}	◎	△	△	◯	◯	×	×
ZigBee	2.4	DSSS	5	250k	2^{16}	◯	△	×	◯	◯	◯	◯
ANT	2.4	GFSK	1	1M	2^{32}	◎	◯注1	△	◯	◯	◯	◯

注1：デバイスの単価にも反映される

第2章

第1部 Bluetoothの基礎知識

コイン電池で長時間動作！サッと起きてパッと寝る

Bluetooth 4.0のLEモード

田中 邦夫/道蔦 聡美

　Bluetooth 4.0規格で用意されたLE（Low Energy）モードは，これまでの規格1.0〜3.0（以下，クラシック規格）とは出所も違うまったくの新しい機能です．コイン電池1個で長時間動作できるよう，超低消費電力化したものです（**表2-1**）．

　表2-2に示すのはBluetooth規格の遍歴です．バージョンが上がるたびに，通信速度の向上や低消費電力化が計られています．4.0とクラシック規格は互換性がありません．

　通信速度は，Bluetooth 3.0 + HS（High Speed）で最大24Mbpsに向上しています．消費電力を抑えるSniff SubratingはBluetooth 2.1で追加されましたが，Bluetoothは1回の通信に時間がかかるので，ZigBeeなど他の無線通信より消費電力が多め

でした．そこで，根本的に通信プロトコルを変えて，もっと低消費電力化を図るために生まれたのが，Bluetooth 4.0規格のLEモードです．

2-1 LEモードの特徴

● 使いどころ

　クラシック規格は，ヘッドセットやヘッドホンなど常に通信している割合が高く，通信に若干の遅延があっても問題にならない使い方が前提でした．一方，LEモードは通信頻度が低く，スリープが長いセンサ類（温度や脈拍）と組み合わせると力を発揮します．

　通信速度は，従来のBluetooth + EDR（3Mbps）

表2-1 従来のBluetooth規格（クラシック規格）とは互換性なし！ Bluetooth 4.0

項　目	クラシック規格	Bluetooth 4.0（LEモード）	項　目	クラシック規格	Bluetooth 4.0（LEモード）
無線周波数チャネル数	79	40	スキャン周期	11.25ms/1.25s	1.25ms/1.25s
電波形式	GFSK（1M〜3Mbps）	GFSK（1Mbps）	接続までの時間	11.25ms/1.25s	1.25ms/1.25s
出力	+20dBm（クラス1），+4dBm（クラス2）	+10dBm	スキャン+接続までの時間	22.5ms/1.25s	1.25ms/1.25s
パケット・フォーマット	6	2	LMP PDUs	75	14
Ackパケット送信時間	126μs	80μs	接続時間	20ms	2.5ms
8バイト（オクテット）送信時間	214μs	144μs	LMPネゴシエーション時間	5m〜50ms	ネゴシエーションなし
最大パケット・サイズ	1021バイト（オクテット）	27バイト（オクテット）	L2CPA接続時間	5m〜50ms	固定チャネルの場合，ネゴシエーションなし
最大スループット	2178.1kbps	305kbps	アプリケーション・データ転送時間	30m〜120ms	3ms
1Mバイト転送時間	2.9〜18.2s	13.9s	ホッピング時間	1.25ms	瞬時
CRCビット長	16	24	L2CAPオーバーヘッド	4〜12バイト（オクテット）	4バイト（オクテット）
暗号化	Safer+	AES-128	L2CAPコマンド	17	1
認証方法	1回	パケットごと			
Ack形式	即時	ウィンドウ内			
トポロジ	フレキシブル	スター形			

表2-2 Bluetooth規格の変遷
バージョンが上がるたびに通信速度が上がり低消費電力化されている

規格バージョン	策定日	内容
1.1	2001年2月22日	普及バージョン．2002年3月，IEEE Standard 802.15.1として採択された
1.2	2003年11月5日	無線LAN (11g/b) との干渉対策のためAFH (Adaptive Frequency Hopping, 周波数ホッピング) 機能を導入
2.0	2004年10月15日	EDR (Enhanced Data Rate) を導入して通信速度を最大3Mbpsに向上
2.1	2007年7月26日	ペアリング（相互認証）のしくみが簡略化され (Secure Simple Pairing)．Sniff Subrating機能（省電力モード）が追加された
3.0	2009年8月21日	HS (High Speed) が追加された．無線LANを利用して通信速度を最大24Mbpsに向上させた．電力管理機能を強化して省電力化
4.0	2010年7月30日	Bluetooth Low Energy（低消費電力）モードが追加された．通信速度は1Mbps

に比べてLEモードは1Mbpsと遅いですが，遅延が短く，前者が100ms以上なのに対して数ms以内です．素早く通信して，それ以外は極力スリープ状態になるので，消費電力が小さく電池のもちがよいです．まさにデータ長の短いパケット通信に向いています．

● コンセプト
▶動作時と待機時に消費する電流が小さい
消費電流は，ピークで15mA以下，平均で$1\mu A$以下です．通信プロトコルがシンプルで，使用するメモリ量が減っています．データのパケット長

も短く，ピーク電流が小さいです．
▶受信時間が短い
図2-1に示すように，初対面のデバイス同士が接続（ペアリング）するときに，スキャンする周波数チャネル（アドバタイジング・チャネル）が79から3に減り，短時間でつながるようになりました．接続時間が短いので，パッと起きてサッと寝ることができます（図2-2）．

● Bluetooth 4.0とクラシック規格との接続性
▶オプション表示
基本的に，上位のバージョンは下位の仕様を含んでいますが，EDRモードやHSモードなどはオプションです．表示に＋EDRや＋HSと書かれていないとその機能は入っていません．
例えば，ホスト側に「v3.0 + HS」，接続する側に「v3.0 + EDR」と書かれている場合，HSでの通信はできません．ホスト側にも「v3.0 + EDR」の表示があればEDRでの通信ができます．同じv4.0やv3.0でもオプションを確認しないと期待通りの通信ができません．
バージョンだけでは特性が分からないため，その他の表示や仕様書を確認する必要があります．例えば，v4.0 + EDR/LEと書かれていれば，EDRとLEの両方に対応しています．LEモードのデバイスと通信するためにはv4.0 + LEが表示されていないといけません．
▶ロゴ表示
LEモードだけ搭載したシングル・モードBluetoothモジュールと，クラシック・モードと

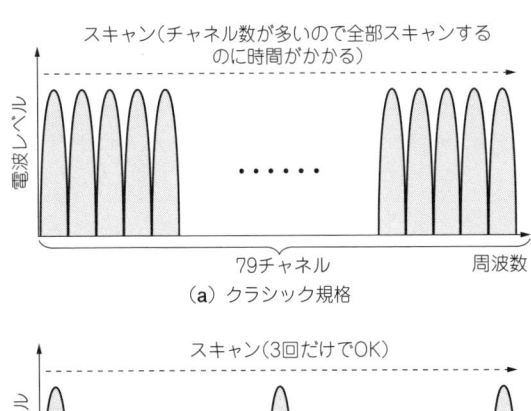

図2-1 LEモード機器がパッとつながる理由…接続相手を探すとき3チャネルしか使わないのでスキャン時間が短い

図2-2 LEモードは起きるのも寝るのも速い

(a) シングル・モード対応であることを示す（クラシック規格対応．4.0規格品とは接続できない）

(b) デュアル・モード対応であることを示す（クラシック規格品と4.0規格品と接続できる）

(c) シングル・モード対応であることを示す（4.0規格品だけと接続できる）

図2-3 Bluetoothのロゴで接続できる機器が分かる

LEモードを搭載したデュアル・モードのBluetoothモジュールが市販されています．各製品には，**図2-3**に示すロゴ・マークが付けられています．

Bluetooth Smart Readyは，スマートフォンなどのホストに入っていることが多いです．センサ側（スレーブ）は消費電力を低く押さえるために，Bluetooth Smartのシングル・モードになっている場合が一般的です．Bluetoothだけのロゴの製品は，LEモードで通信できません．

● プロファイル
LEモードで使用されるプロファイル・サービスを**表2-3**に示します．

送信モジュールと受信モジュールの両方が，同じプロファイルを実装していないと通信できません．バージョンだけでなく，プロファイルが一致しているかどうかも併せて確認する必要があります．

図2-4に示すように，プロファイルは階層構造になっており，サービス，キャラクタリスティックが内部にあります．例えば，Heart Rate Profile（心拍数プロファイル）の中には，Heart Rate ServiceやDevice Information Serviceなどがあり

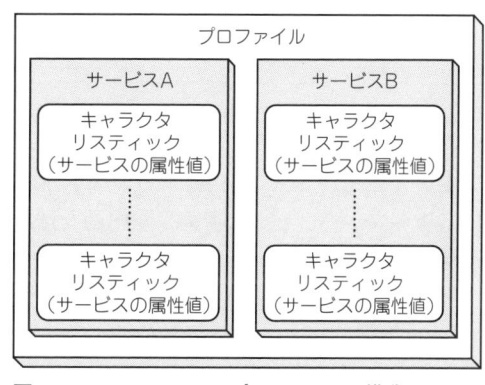

図2-4 Bluetooth 4.0のプロファイルの構造

ます．キャラクタリスティックはサービスの属性を定義しており，後述するAttributeの一部でValue値です．

2-2 4.0 LEモードのデータ構造

● 各階層の役割
図2-5に示すのは，Bluetooth 4.0対応チップのファームウェアとハードウェアです．

各種センサなどを取り扱うプロファイルが上位に位置しています．中間にはデータ・アクセスの

表2-3 Bluetooth 4.0 LEモードのプロファイルとサービス

プロファイル/サービス名		内容
ANP	Alert Notification プロファイル	電話，メールの着信などさまざまな警告と情報の通知を可能にする
ANS	Alert Notification サービス	いろいろなタイプの警告
BAS	Battery サービス	バッテリの状態
BLP	Blood Pressure プロファイル	血圧計測デバイスとの接続を可能にする
BLS	Blood Pressure サービス	血圧計測デバイスの血圧や関連データを扱う
CTS	Current Time サービス	GATTを使用して現在の時刻情報を扱う
DIS	Device Information サービス	デバイスについての情報を扱う
FMP	Find Me プロファイル	ボタンを押したときに相手のデバイスに知らせる動作を定義する
HTP	Health Thermometer プロファイル	体温計に接続できるようにする
HRP	Heart Rate プロファイル	心拍計に接続できるようにする
HRS	Heart Rate サービス	心拍数や関連データを扱う
HIDS	HID サービス	HID（Human Interface Device）関連データを扱う
HOGP	HID Over GATT プロファイル	GATT経由でHIDが使用できるように定義する
IAS	Immediate Alert サービス	緊急通知の許可を扱う
LLS	Link Loss サービス	リンクが切れたときの動作を扱う
NDCS	Next DST Change サービス	GATT経由でサマータイムの更新を扱う
PASP	Phone Alert Status プロファイル	電話のアラート情報をPUID（Personal User Interface Devices：腕時計など）で扱えるようにする
PASS	Phone Alert Status サービス	電話のアラート状況を扱う
PXP	Proximity プロファイル	2デバイス間のコネクション監視を可能にする
RTUS	Reference Time Update サービス	GATT経由でタイム・サーバから時刻のアップデートができるように定義する
ScPP	Scan Parameters プロファイル	LEモードのスキャン動作を定義する
ScPS	Scan Parameters サービス	GATTを通して送信出力と再接続時間を最適化できるようにする
TIP	Time プロファイル	日時に関連する情報を得られるようにする
TPS	Tx Power サービス	送信出力レベルを提示する

プロトコルやセキュリティ関連のホストが入り，下位に物理層，パケットの構築や基本的な通信を行うリンク・コントローラがあります．

● 使用周波数

図2-6に示すように，Bluetooth 4.0では，2402M〜2480MHzの40チャネル（2MHzおき）を利用します．40チャネルのうち，3チャネルは通信相手を探すアドバタイジングに利用されます．アドバタイジングに使うチャネルが少ないので，スキャン時間が短くすぐにつながります．アドバタイジング・チャネルは，コネクションする前に使用され，コネクション後はデータ・チャネルに移行してアプリケーション・データの通信を開始します．

● リンク・レイヤ

図2-7にリンク・レイヤの状態遷移を示します．
リンク・レイヤは，物理レイヤの上位でパケット転送する際の基本構造を作り，アドバタイズ，スキャンやコネクトなどのベースとなる動作を行います．上位層はその上にデータを乗せたり，タイミングを制御したりします．また，マスタとスレーブで動作が変わります．

スレーブ側は，スタンバイからアドバタイジングに入ることを相手に分からせるようにパケットを送信します（待機→接続要求）．アドバタイジングのパケットには7種類あります．PDU（Protocol Data Unit）タイプと呼びます．

マスタ側は，パケットを受信するために，相手を探すスキャニングを開始します（待機→検索）．検索→待機→接続開始に移動して，ネゴシエーション動作に移ります．スレーブとマスタ間で接続が確立すると，図の下にある接続状態に遷移します．スレーブとマスタは，それぞれ違う経路を通り最終的にどちらも接続状態になります．

● パケット構成

図2-8にパケット構成を示します．PDU（Protocol

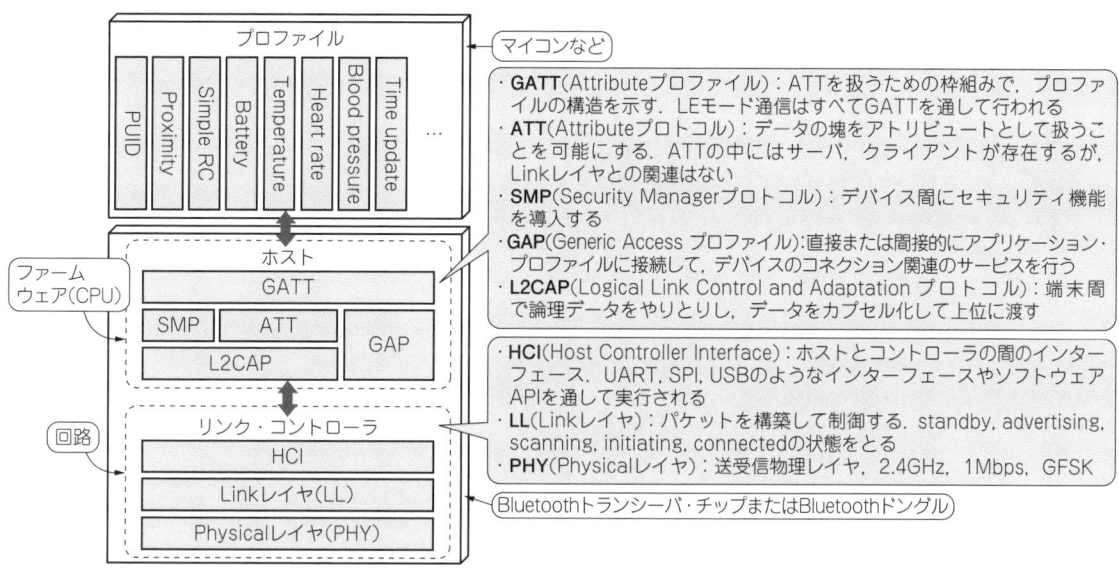

図2-5 Bluetooth 4.0規格対応チップのファームウェアとハードウェア

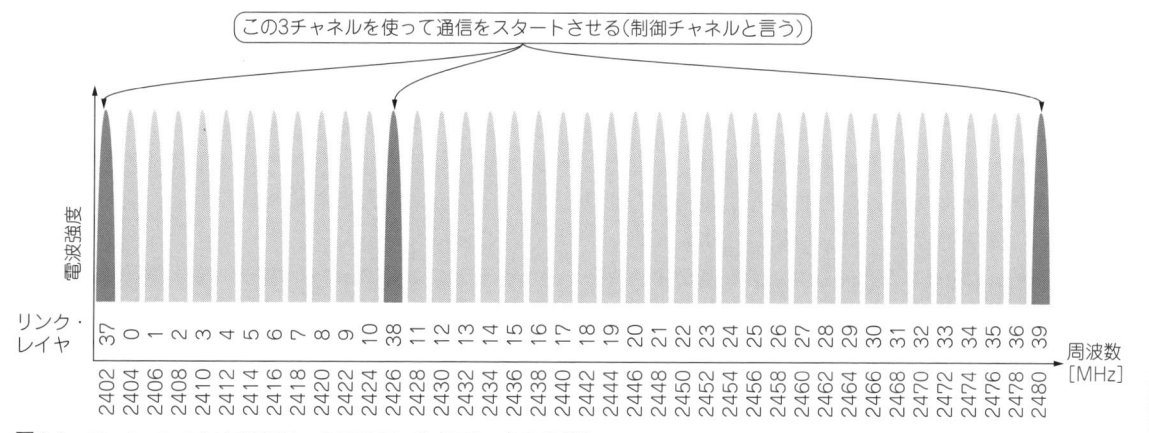

- **GATT**(Attributeプロファイル): ATTを扱うための枠組みで，プロファイルの構造を示す．LEモード通信はすべてGATTを通して行われる
- **ATT**(Attributeプロトコル): データの塊をアトリビュートとして扱うことを可能にする．ATTの中にはサーバ，クライアントが存在するが，Linkレイヤとの関連はない
- **SMP**(Security Managerプロトコル): デバイス間にセキュリティ機能を導入する
- **GAP**(Generic Access プロファイル): 直接または間接的にアプリケーション・プロファイルに接続して，デバイスのコネクション関連のサービスを行う
- **L2CAP**(Logical Link Control and Adaptation プロトコル): 端末間で論理データをやりとりし，データをカプセル化して上位に渡す
- **HCI**(Host Controller Interface): ホストとコントローラの間のインターフェース．UART, SPI, USBのようなインターフェースやソフトウェアAPIを通して実行される
- **LL**(Linkレイヤ): パケットを構築して制御する．standby, advertising, scanning, initiating, connectedの状態をとる
- **PHY**(Physicalレイヤ): 送受信物理レイヤ．2.4GHz, 1Mbps, GFSK

図2-6 Bluetooth 4.0は2402M～2480MHzの40チャネルを使う
40チャネルのうち，3チャネルは通信相手を探すアドバタイジング用チャネル

Data Unit)部にはデータも入りますが，この部分がCRCによって保護されています．PDUの内では，ヘッダ，ペイロード長，ペイロードの順にデータが並んでいます．ヘッダの内部に前述のPDUタイプが含まれアドバタイジング時の動作が記されています．　　　　　　　　　　　〈田中 邦夫〉

2-3 相手のメモリに直接データを放り込む…Attributeプロトコルでシンプル通信

● LEモード通信の基本単位

LEモードでは，Attributeプロトコルを利用して通信が行われます．Attributeのデータで，接続，許可，セキュリティ・リクエストなどを制御しています．

Attributeプロトコルで扱うデータは，次の3種類だけです．

(1) Value　(2) UUID　(3) handle

Valueは，38.0や030-0001-0002といった数値です．UUIDでその数字の意味を規定します．例えば，摂氏の気温や電話番号といった意味が規定されています．Handleはその値をどのように扱うのかを決めています．

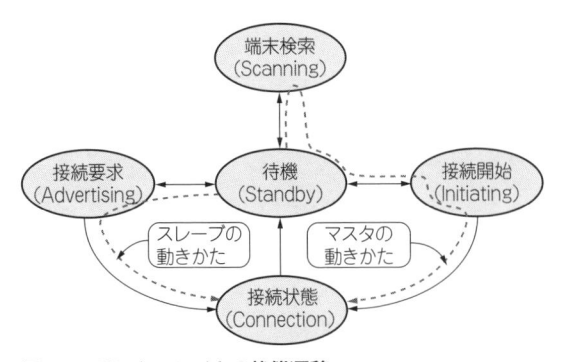

図2-7　リンク・レイヤの状態遷移
物理レイヤの上位にありパケットの基本構造を作る

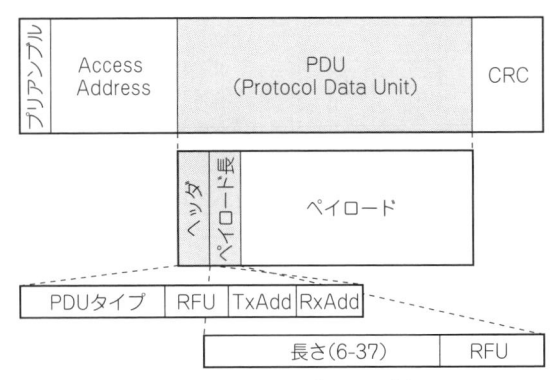

図2-8　Bluetooth 4.0のHCIのデータ・パケット

　サーバがAttributeのデータを提示し，クライアントがそれを受け取るというシンプルな処理にすることで，メモリや通信回路を簡略化しています．データを格納する場所もあらかじめ決められており，短時間で通信が終わります．

● 五つの手順でデータの受け渡しが完了する

　Attributeデータを交換するために決められたAttributeプロトコルでは，AttributeサーバとAttributeクライアントの二つに対して役目を定めています．サーバはデータを格納し，クライアントにAttributeを送るようにリクエストします．クライアントはAttributeを送信できます．
　Attributeは次の五つのコマンドを使って交換します（図2-9）．

(1) Push
　サーバのデータに変化があると，クライアントにデータを送ります．サーバが気温のデータを持っているとして，気温が下がったらクライアントにデータを送ります．
(2) Pull
　クライアントがサーバに，持っているデータを送るように要求します．サーバにエアコンの設定温度があったとして，クライアントがサーバからPullすると，その設定温度が送られてきます．
(3) Set
　クライアントがサーバのデータを書き換えるように要求します．サーバにエアコンの設定温度を持っているとすると，20℃から22℃に変更するように要求します．
(4) Broadcast
　単にデータを送信するしくみです．「ここは禁煙」とか「危険だよ」といったデータをビーコンのように送り出します．受信しているかどうかは問題にしません．
(5) Get
　デバイスが持っているAttributeの情報を受け取ります．これにより，相手のデバイスがどのようなAttributeを持っているのかを知ることができ，Push，Pull，Setができるようになります．

〈道蔦 聡美〉

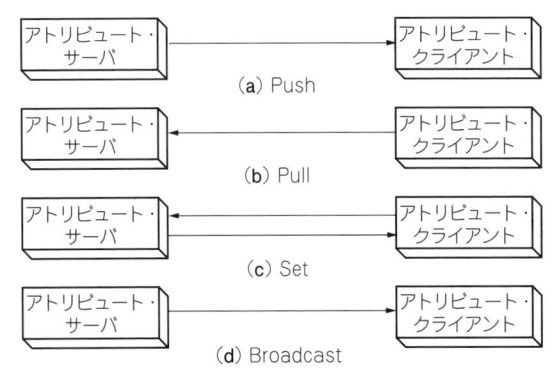

図2-9　Attributeデータの変換は五つのコマンドで行う
サーバは例えばスマホ（ホスト）内のBluetoothチップ内のメモリ，クライアントは例えば時計（ターゲット）内のBluetoothチップ内のメモリ

たなか・くにお
みちつた・さとみ

Appendix 5

第1部 Bluetoothの基礎知識

応用製品同士が確実につながる

Bluetoothのプロファイル

紅林 薫

● プロトコルとは

　イーサネット，Wi-Fi，ZigBeeなどの通信機器は，独特の手順で通信します．この手順をプロトコルと呼びます．Bluetoothでは次の四つのプロトコルが決められています．

▶ L2CAP (Logical Link Control and Adaptation Protocol)

　SDP用のチャネルとRFCOMM用のチャネルを同時に開いて，それらの通信を混信しないように振り分けるような管理をします．

▶ SDP (Service Discovery Protocol)

　通信相手がサポートしているサービス（ヘッドセットやダイアルアップ，画像/音楽転送など）を検索する手順です．

▶ RFCOMM

　RS-232-Cによるシリアル通信をエミュレートするプロトコルです．Bluetoothスタックの内部のストリームは，RFCOMM，すなわちシリアル・データとしてハンドリングされます．

▶ OBEX (Object Exchange Protocol)

　オブジェクト交換用のプロトコルです．HTTPの文字列をバイナリにして通信量を減らした，無線版HTTPといった感じです．

● Bluetooth特有の「プロファイル」

　データを単に送受信するだけのWi-Fiと異なり，Bluetoothは，FAXやマウスなど，応用製品同士の接続を保証しています．実際，スマホやBluetoothアダプタなどを購入すると，HSP (Head Set Profile)というふうに，プロファイル（属性）がパッケージに記載されています．プロファイルはBluetooth特有のもので，実体はプロトコル・スタックです．また，ターゲットで動くプロファイルはアプリケーションそのものということもできます．

● Bluetoothのデータ処理…ヘッドセットを例に

　図A5-1に示すのは，LinuxパソコンとBluetoothヘッドセットでSkypeで音声通話するシステムです．HSPはパソコン側をAG (Audio Gateway)，ヘッドセット側をHS (HeadSet)と呼んで区別します．HSP (AG)は，マイクとスピーカ・デバイスのドライバといった位置付けです．

　Linuxパソコン上で，Bluetoothヘッドセットのスピーカに音声ストリームを送るオリジナルのアプリケーション・ソフトウェア（C言語）を作ることを考えてみます．接続するヘッドセットのBDA (Bluetooth Device Address)などの情報は分かっているとします．

▶処理の流れ

　Bluetoothライブラリを使って関数をコールし，ヘッドセットのBDAを指定して接続要求を出します．このときL2CAPが動きます．接続が完了すると，BluetoothライブラリのRFCOMM関連の関数をコールし，接続先の情報（ハンドル）を渡してRFCOMMをオープンします（図A5-1の①の部分）．RFCOMMを通して，昔のモデム制御のときと同じATコマンドをテキストで相手先のヘッドセットに送信します．このテキストは，①→②→③→④→⑤というルートを通ります．

　この段階では相手先のヘッドセットとRFCOMM，つまりACLリンクで接続していますが，肝心の音声データを通すSCOリンクが張られていません．SCOリンクは，L2CAPの管理外だ

第1部 Bluetoothの基礎知識

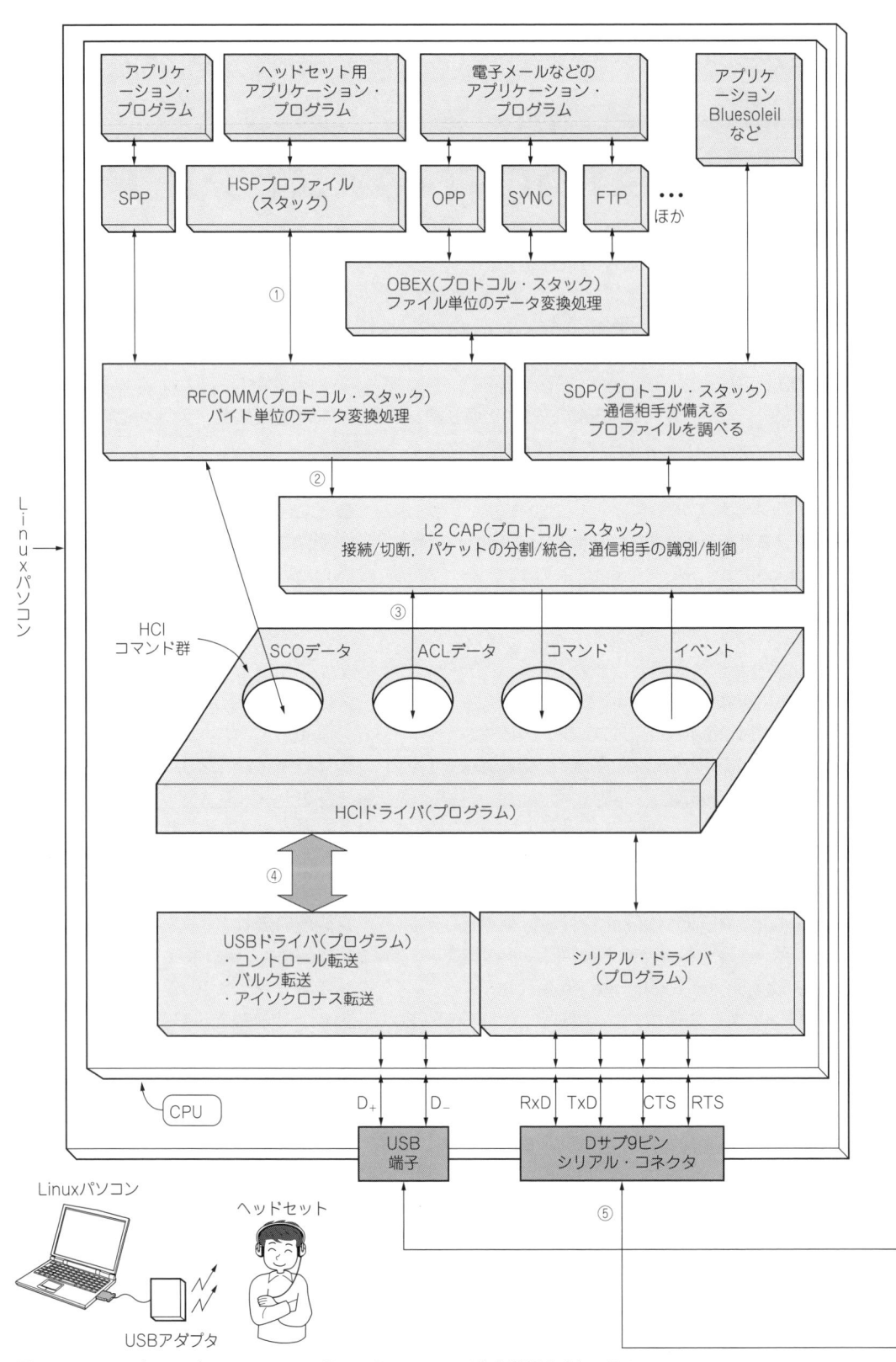

図A5-1 LinuxパソコンとBluetoothヘッドセットでSkypeで音声通話するシステム

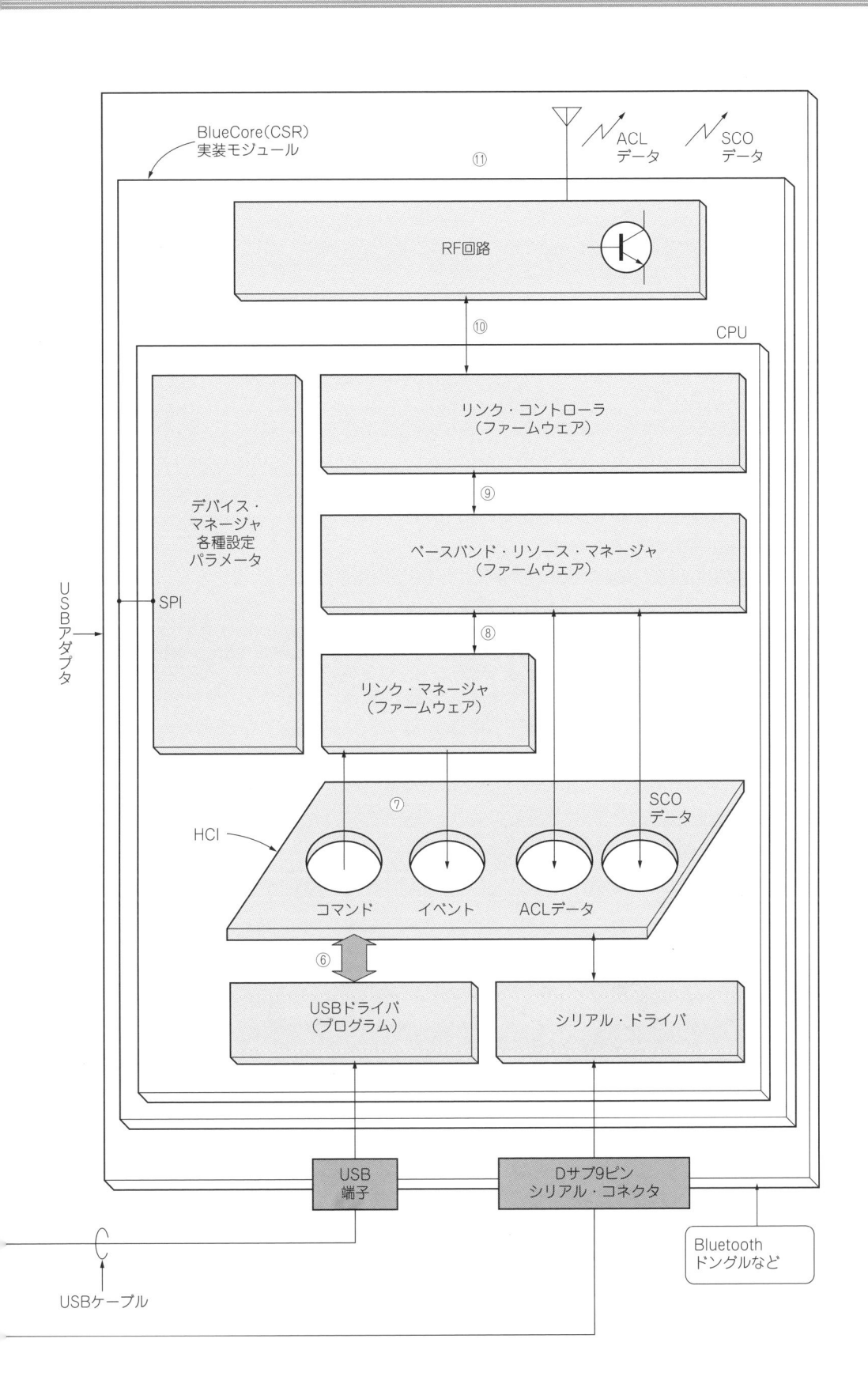

Appendix 5 Bluetoothのプロファイル

からです．

　SCOリンクはHCIドライバ関連の関数を使って張ります．HCIドライバは，USBのアイソクロナス転送ポートとの入出力データをHCIコマンドのフォーマットに変換して，ttyなど仮想のシリアル・デバイスとしてインターフェースしてくれるので，ここに音声データを書き込みます．これが，HSP→HCI→④→⑤のフローで送信されます．

　⑤にUSBを流れるパケットを**図A5-2**に示します．（A）はUSBドングルのクラス情報をUSBアダプタがパソコンに返しているところです．ヘッドセットの名前が"BT-MH1"であることが分かります．（B）はヘッドセット側からATコマンドで要求がきているところです．（C）はパソコンが応答したところです．（D）～（F）は音楽データ（ショパンのエチュード）です．USBのアイソクロナス転送ポートを流れるデータで，BluetoothではSCOリンクのほうに流されます．

くればやし・かおる

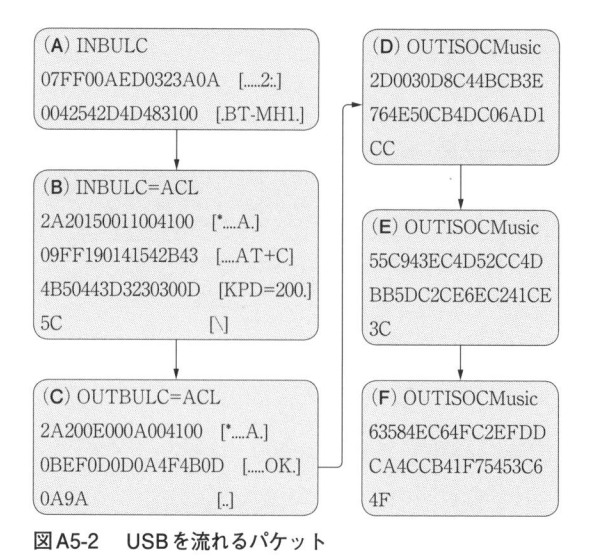

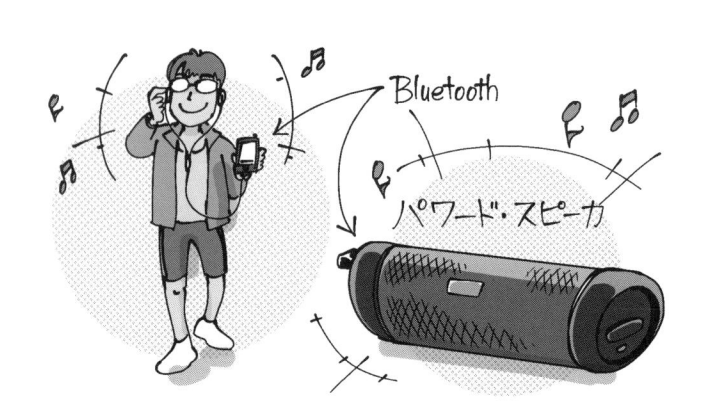

```
(A) INBULC
07FF00AED0323A0A    [.....2:.]
0042542D4D483100    [.BT-MH1.]
```

```
(B) INBULC=ACL
2A20150011004100    [*....A.]
09FF190141542B43    [.....AT+C]
4B50443D3230300D    [KPD=200.]
5C                  [\]
```

```
(C) OUTBULC=ACL
2A200E000A004100    [*....A.]
0BEF0D0D0A4F4B0D    [.....OK.]
0A9A                [..]
```

```
(D) OUTISOCMusic
2D0030D8C44BCB3E
764E50CB4DC06AD1
CC
```

```
(E) OUTISOCMusic
55C943EC4D52CC4D
BB5DC2CE6EC241CE
3C
```

```
(F) OUTISOCMusic
63584EC64FC2EFDD
CA4CCB41F75453C6
4F
```

図A5-2　USBを流れるパケット

Appendix 6

第1部 Bluetoothの基礎知識

コマンド/イベント/データ…フォーマットを決めておけばスッキリ！

パソコン-Bluetoothモジュール間でやりとりするHCIパケット

紅林 薫

　Appendix 5の図A5-1に，Bluetoothを搭載したLinuxパソコンに，USBインターフェースのBluetoothアダプタを挿したシステムの通信処理に関わるプロトコルやドライバを示しました．

　HCI（Host Controller Interface）は，パソコンなどのホストとコントローラ（Bluetoothモジュール）の間で通信を行うインターフェースです．次の4種類のパケットがやりとりされます．物理的な実体はシリアル・インターフェースやUSBです．

(1) HCIコマンド
(2) HCIイベント
　（HCIコマンドに対するレスポンス）
(3) ACLデータ（非同期通信）
(4) SCOデータ（同期通信）

　ホストは，HCIコマンドをBluetoothモジュールに送信します．ホストは複数の機器と通信します．通信相手からのレスポンスは一定時間の後なので，原則HCIコマンドは非同期で，結果はHCI

(a) HCIコマンド
　OpCode（2バイト）
　　OCF（OpCode Command Field, 10ビット）
　　OGF（OpCode Group Fild, 6ビット）
　パラメータ・データの全長
　パラメータ0
　パラメータ1
　パラメータ2
　…
　パラメータN-1
　パラメータN
　最大255バイト

(b) HCIイベント
　イベント・コード
　パラメータ・データの全長
　イベント・パラメータ0
　イベント・パラメータ1
　イベント・パラメータ2
　イベント・パラメータ3
　…
　イベント・パラメータN-1
　イベント・パラメータN
　最大255バイト

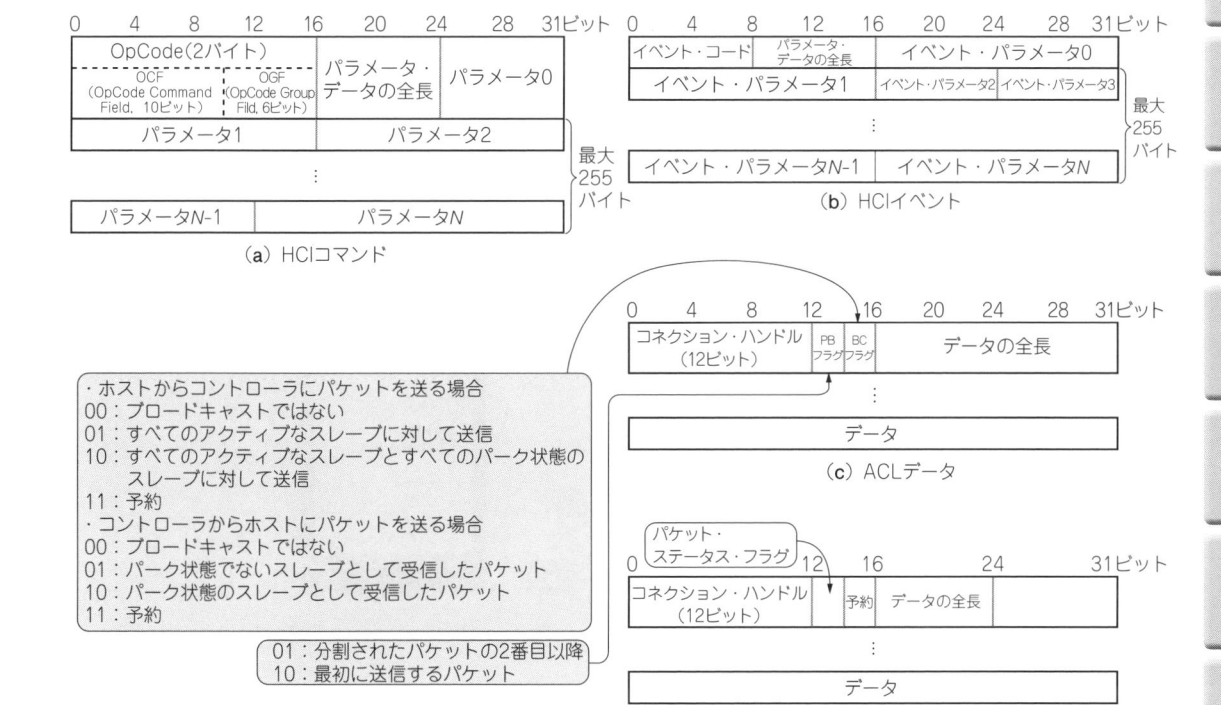

(c) ACLデータ
　コネクション・ハンドル（12ビット）
　PBフラグ
　BCフラグ
　データの全長
　…
　データ

・ホストからコントローラにパケットを送る場合
00：ブロードキャストではない
01：すべてのアクティブなスレーブに対して送信
10：すべてのアクティブなスレーブとすべてのパーク状態のスレーブに対して送信
11：予約
・コントローラからホストにパケットを送る場合
00：ブロードキャストではない
01：パーク状態でないスレーブとして受信したパケット
10：パーク状態のスレーブとして受信したパケット
11：予約

01：分割されたパケットの2番目以降
10：最初に送信するパケット

(d) SCOデータ
　パケット・ステータス・フラグ
　コネクション・ハンドル（12ビット）
　予約
　データの全長
　…
　データ

図A6-1　HCIでやりとりするパケット

イベントで通知されます．HCIイベントは，主に以下の二つです．
① Command Complete イベント
② Command Status イベント

①のCommand Completeイベントは，すぐに終了するコマンドやパラメータを問い合わせるコマンドで返るイベントです．

②のCommand Statusイベントは，処理に時間のかかるコマンドなどで，単に受理されたことを返すものです．接続開始に利用するCreate Connectionコマンドなどがこれに該当します．接続完了または失敗で，Connection Completeイベントが返ってくるので，こちらで結果を知ることになります．エラーがあった場合は，その理由を表すコードがStatusパラメータに格納されます．Statusパラメータの後にConnection HandleやBD_ADDR（Bluetooth Device Addresss）があるときは，これらから，どのコマンドに対する応答かを判断します．

図A6-1に各パケットの構造を示します．パラメータ部分とデータ部分のバイト数は可変です．

くればやし・かおる

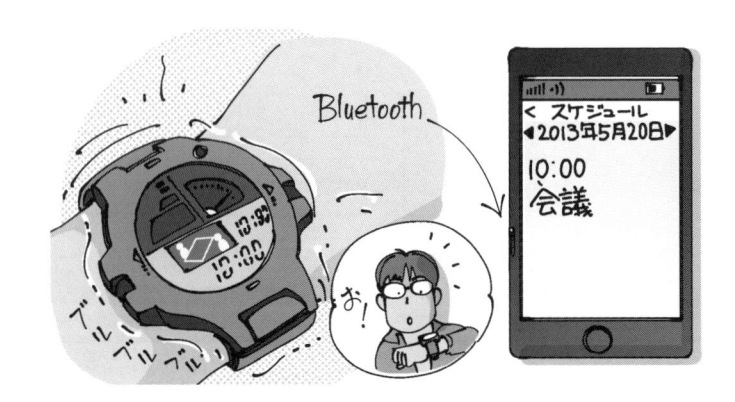

Appendix 7

第1部 Bluetoothの基礎知識

パケット・データとストリーム信号は別々にやりとり！

マスタとスレーブが使う二つの通信チャネル ACLリンクとSCOリンク

紅林 薫

　Bluetoothのマスタとスレーブは，次の二つのデータ・チャネルを利用して通信します．
・ACLリンク（Asynchronous Connection Less）
・SCOリンク（Synchronous Connection Oriented）
　ACLリンクは一般的なデータ通信に使用されます．マスタとそれぞれのスレーブ間，またはマスタから全スレーブへの同報通信が可能です．
　SCOリンクは，音声通話などのようなリアルタイム通信が必要な場合に使用されます．マイク付きヘッドセットの入出力，つまり全二重の音声ストリームを無線化することを想定しています．

● パケット・データ用のチャネル「ACLリンク」
　ACLリンクは，次の三つの通信方式に分類されます．

(1) 非同期通信方式
　ACLリンクで，最も一般的に使用されている方式です．USB機器のバルク転送に相当します．転送速度は，ピコネット内のすべてのスレーブの通信量と，無線通信の品質に左右されます．USBでいえば，バルク転送に相当します．データは再送処理などによって保証されます．

(2) アイソクロナス通信方式
　マスタとスレーブ間で，あらかじめ決めておいた周期（スロット周期またはタイム・スロットという．1スロットは$625\mu s$）で，マスタからパケットが送出されます．この際にスレーブからもパケットを送出することができます．USBのアイソクロナス転送に似ています．
　音声ストリームの場合，USBではアイソクロナス転送を使用しますが，BluetoothではSCOリンクを使用します．

(3) 同報通信方式
　マスタから全スレーブに対して，同報通信パケットを送出します．スレーブが受信確認を行わないため，指定回数だけ繰り返し送出されます．

● ストリーム・データ用のチャネル「SCOリンク」
　SCOリンクは，マスタと一つのスレーブ間で張られるピア・ツー・ピアのリンクです．ピコネットの$625\mu s$のスロットに優先的に確保され，通信レートが保証されます．
　Bluetooth 1.1では，全二重の上りと下りの速度はそれぞれ64kbpsで，再送信機能はサポートされていませんでした．Bluetooth 1.2では，速度は最大288kbpsにまで拡張され（eSCO：Extended SCOリンク），再送信機能もサポートされました．
　SCOリンクは，一つのスレーブで3本使っても，三つのスレーブで1本ずつ使ってもかまいません（**図A7-1**）．SCOリンクを使用するには，事前に**表A7-1**のパラメータを設定する必要があります．こ

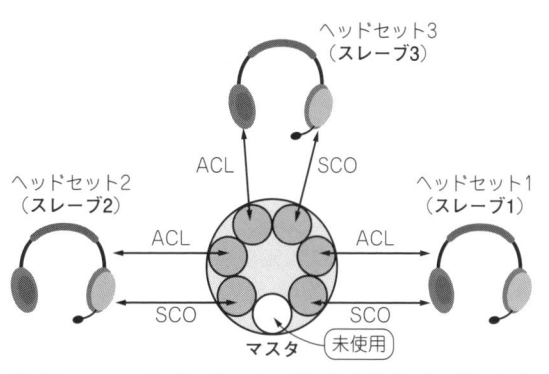

図A7-1 一つのピコネットで接続できるACLリンクとSCOリンクのペアは最大三つ

表A7-1 SCOリンクの設定パラメータ

パラメータ	設定内容
SCOリンク識別子	1〜255
SCOパケット識別子	HV1, HV2, HV3, DV
初期化フラグ	Bluetoothクロックに依存
スロット・オフセット	何番目のスロットから…
スロット周期	スロットのN倍周期で…
音声符号化方式	CVSD / μ-law / A-law

の設定には，Bluetoothモジュール内のパラメータの設定も含まれます．SCOリンクでは，マスタとスレーブで，各種の設定が一致しないと通信できません．

SCOリンクを使用する場合，同時にACLリンクも張って，SCOリンクで音声ストリームなどを流しながら，ACLリンクで制御情報をやりとりすることが一般的です．

くればやし・かおる

コラム 情報満載！Bluetooth開発に役立つウェブサイト

①Bluetooth org
```
https://www.bluetooth.org/apps/
content/
```
本家のサイトで，BluetoothのオリジナルÕ仕様やSIGメンバへの情報が掲載されています．基本仕様書は英語版ですが，誰でもダウンロードできます．すべてのプロファイルの仕様や，プロトコルの各レイヤの詳細も解説されています．最新仕様書などSIGメンバにしか公開されていない情報もあります．

②ウィキペディア
```
http://ja.wikipedia.org/wiki/Bluetooth
```
名称の由来（デンマーク王の名前から来ている）やバージョンの歴史，採用例など一般常識が解説されています．

③Bluetooth | Android Developers
```
http://developer.android.com/guide/
topics/connectivity/bluetooth.html
```
Android用のアプリケーションを作る際に参考になります．

④ソフトウェア技術ドキュメントを勝手に翻訳
```
http://www.techdoctranslator.com/
android/guide/bluetooth
```
AndroidでBluetoothを使った通信を行うアプリケーションを作る時に参考になるサイトです．ここでは［セットアップ］-［デバイスの検出，発見］-［デバイスの接続］-［プロファイルを使った動作］というプログラミング手順が解説されています．

⑤Bluetooth SPPによる無線通信
```
http://www.bright-sys.co.jp/blog/
android-using-bluetooth-spp/
```
SPPプロファイルを使って無線送受信するアプリケーションの作り方を具体的にリストを交えて紹介しています．㈱ブライトシステムが公開しています．

＜後閑　哲也＞

第3章

第2部 1日体験コース オールインワン・モジュールで超高速開発

1個から買えるモジュールでパソコンやタブレットと通信

30ドル・キットではじめるBluetooth無線

後閑 哲也

　第2部では，タブレット端末(例えばNexus 7)とBluetooth通信を行える機器の作り方について解説します(**図3-1**)．手始めに本章では，タブレットとパソコンとのBluetooth無線通信の実験を行います．

　実験に使用するのは，BluetoothモジュールRN-42(マイクロチップ・テクノロジー，旧Roving Network社)を搭載した次の二つの開発キットです．

- RN-42-SM：RS-232-C対応，マイコンとの接続が容易[**写真3-1**(a)]
- RN-42-EK：USB対応，パソコンとの接続が容易[**写真3-1**(b)]

　いずれもTELEC(テレコムエンジニアリングセンター)による認証(技術基準適合証明および工事

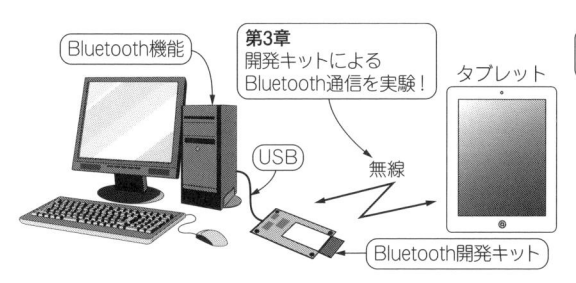

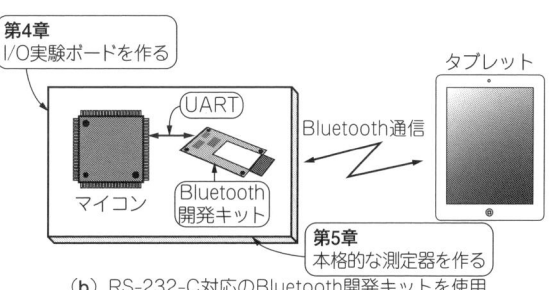

(a) USB対応のBluetooth開発キットを使用

(b) RS-232-C対応のBluetooth開発キットを使用

図3-1　タブレットとBluetooth通信できる機器を作る
第3章では，タブレットとパソコンとのBluetooth無線通信の実験を行う

(a) RS-232-C対応のRN-42-SM

(b) USB対応のRN-42-EK

写真3-1　実験に使うBluetoothモジュール

設計認証）を取得しているので，買ってきてすぐに安心して使うことができます．

RN-42-SM（RS-232-C対応）とRN-42-EK（USB対応）の二つを使った理由は，筆者のパソコンにBluetooth機能が内蔵されていなかったからです．デスクトップ・パソコンには，Bluetoothが未実装のものが多いようです．

RN-42-EKは，パソコンにUSBで接続するだけですぐにBluetoothを利用できます．RN-42-SMは，RS-232-Cのコネクタを追加し，USB-シリアル変換ケーブルを使う必要があります．

マイコンと接続するときは，RN-42-SMならUART（Universal Asynchronous Receiver Transmitter）で簡単に接続できます．RN-42-EKは改造が必要です．

RN-42-SMもRN-42-EKともに39ドル，RN-42本体のみは15.95ドル，RN-42-XVは19.95ドルです．いずれもマイクロチップ・ダイレクト（http://www.microchipdirect.com/）での価格です（2014年9月現在）．

3-1 すぐに動かせるスタータ・キットで実験

● RS-232-Cインターフェースを持つスタータ・キットRN-42-SM

▶回路構成

図3-2に，RN-42-SMの全体の構成を示します．仕様を表3-1に示します．

RN42モジュールとともに，RS-232-CインターフェースIC，LED，電圧レギュレータ，ジャンパなどが実装されています．

外部とのインターフェースは，RS-232-C互換の信号と，3.3VのTTLレベルでUARTに直結できる信号の両方が用意されています．汎用のディジタル入出力ポートも備えているので，単独でもデータの送受信が可能です．

▶信号の入出力

図3-3にRN-42-SMのピン配置を示します．

ヘッダAとヘッダBがあり，通常はヘッダAを使います．ヘッダAのピン・ピッチは2mm，ヘッダBのピン・ピッチは2.54mmです．

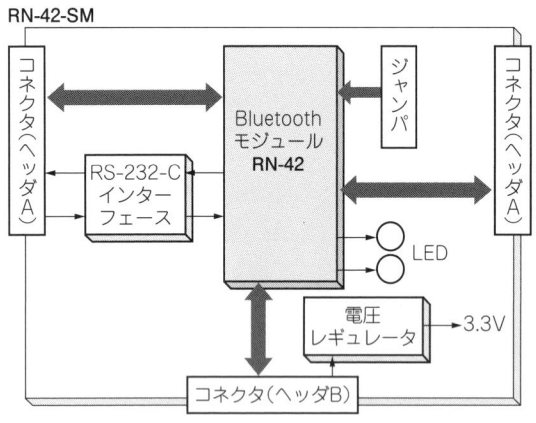

図3-2 BluetoothスタータキットRN-42-SMの全体構成

表3-1 BluetoothスタータキットRN-42-SMの仕様

項目	最小	標準	最大	備考
電源電圧[V_{CC}]	3.0V	3.3V	3.3V	—
電源電圧[V_{DD}]	3.0V	3.3V	16V	内蔵レギュレータ使用時
消費電流	—	26μA	—	スリープ時
	—	25mA	—	スタンバイ時
	—	40mA	—	探索中
	40mA	45mA	50mA	データ転送中
動作温度範囲	-40〜85℃			湿度90%以下
無線周波数	2402M〜2480MHz			—
受信感度	—	-80dBm	-86dBm	—
送信RF電力	0dBm	2dBm	4dBm	Bluetoothクラス2
転送レート	1200bps	—	3Mbps	プロファイルにより異なる
SPP連続転送レート	—		240kbps（スレーブの場合） 300kbps（マスタの場合）	
HCIデータ・レート		1.5Mbps（連続），3.0Mbps（バースト）		—

ヘッダAの1ピン側の信号はRS-232-Cレベル，13ピン側は3.3VのTTLレベルです．

RS-232-Cインターフェースを使う場合は，PRSピンをV_{CC}ピンに接続して，RS-232-Cインターフェース ICに電源を供給します．

RS-232-CまたはUART通信において，CTSとRTSは直接接続しても問題なく動作します．フロー制御をする場合には，マイコン側にもCTSとRTSピンを用意し，それぞれ互いにCTSとRTSを対向させて接続します．

ヘッダBのUARTインターフェースを使う場合は，実装されている2個の抵抗（R_6とR_8）を取り外す必要があります．

ヘッダAの入出力ピン（PIO2〜PIO11）は，ディジタルの汎用入出力ピンとして，または設定用のピンとして利用できます．**図3-3**（**b**）に示すように，設定用のピンはジャンパまたは状態表示用LEDにつながっています．

▶電源ほか

電源は，通常ヘッダAのV_{CC}ピンから3.3Vを供給します．またヘッダBのV_{DD}ピンには3.3V出力のリニア・レギュレータがつながっているので，5〜16Vを供給できます．

図3-3（**d**）は，RN-42-SMの設定用ジャンパの機能を示します．通常はすべてオープンで使います．

● USBインターフェースを持つスタータ・キットRN-42-EK

▶回路構成

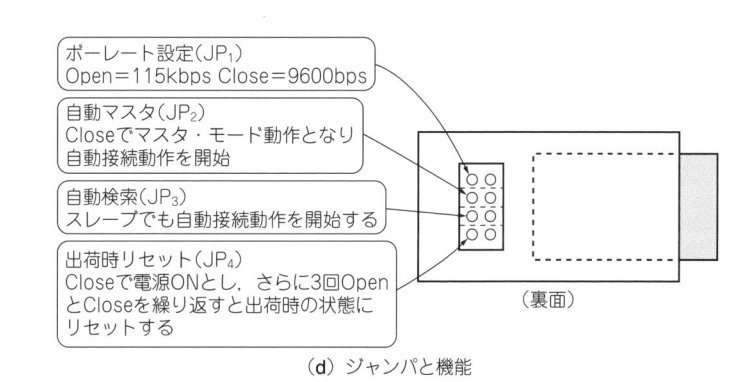

図3-4にRN-42-EKの構成を示します．RN-42モジュールとともに，USBインターフェースIC，LED，電源レギュレータ，ジャンパなどが実装さ

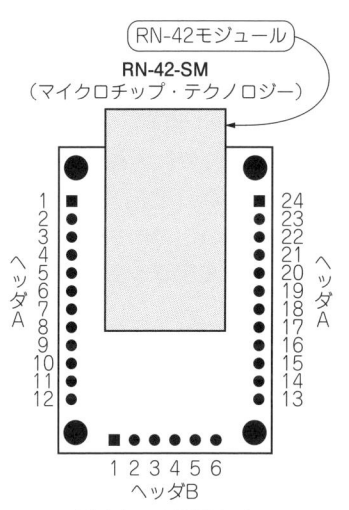

（a）ピン配置（部品面）

番号	名称	機能	番号	名称	機能
1	PIO6	マスタ設定（JP$_2$）	13	VB1	バッテリ・モニタ
2	PIO7	ボーレート設定（JP$_1$）	14	PIO8	転送のモニタ（赤LED）
3	RESET	リセット（Low）	15	PIO9	汎用入出力
4	RX	RS-232-C 受信データ	16	PIO10	汎用入出力
5	TX	RS-232-C 送信データ	17	PIO11	汎用入出力
6	RTS	RS-232-C RTS	18	RXDB	UART RX
7	CTS	RS-232-C CTS	19	TXDB	UART TX
8	VB2	未使用	20	RTSB	UART RTS
9	SHUT	低電力モードにする	21	CTSB	UART CTS
10	PRS	RS-232-C IC用電源	22	PIO2	接続状態（緑LED）
11	V_{CC}	3.3V電源	23	PIO3	自動探索（JP$_3$）
12	GND	GND	24	PIO4	工場出荷時に戻す（JP$_4$）

（b）ヘッダAのピン名称と機能

番号	名称	機能
1	RX	UART 受信データ
2	TX	UART 送信データ
3	RTS	UART RTS
4	CTS	UART CTS
5	V_{DD}	5〜16V（レギュレータ）
6	GND	GND

注：ヘッダBのUARTを使う場合は実装されている抵抗R_6とR_8を取り外す必要がある

（c）ヘッダBのピン名称と機能

ボーレート設定（JP$_1$）
Open=115kbps Close=9600bps

自動マスタ（JP$_2$）
Closeでマスタ・モード動作となり自動接続動作を開始

自動検索（JP$_3$）
スレーブでも自動接続動作を開始する

出荷時リセット（JP$_4$）
Closeで電源ONとし，さらに3回OpenとCloseを繰り返すと出荷時の状態にリセットする

（裏面）

（d）ジャンパと機能

図3-3 RN-42-SMのピン配置

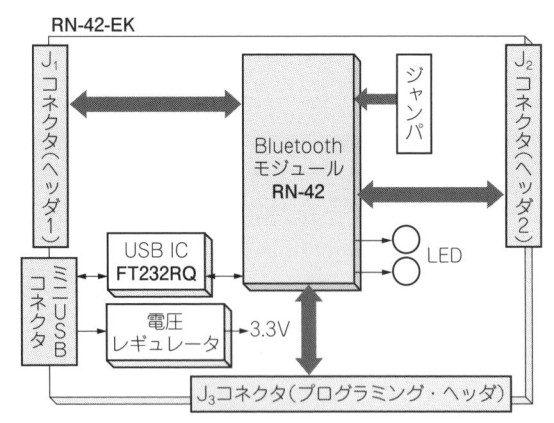

図3-4 RN-42-EKの全体構成

J_1とJ_2の両方のヘッダにそれぞれ汎用入出力ピン（GPIO2～GPIO11）があり，ディジタルの汎用入出力ピンとして，または設定用のピンとして利用できます．

さらに2本のアナログ入力ピンも備えており，センサなどを接続できます．通常，ヘッダには何も接続する必要がありません．

▶電源ほか

電源はUSBから供給されるので，ほかに電源は必要ありません．裏側にあるDIPスイッチは設定用です．通常はすべてオープンで使います．

3-2 RN-42モジュールの制御コマンド

● データ転送モードと設定モードの切り替え

RN-42モジュールは，次の二つのシリアル・インターフェースの転送モードを持っています．

- データ転送モード：通常のデータ通信
- コマンド・モード：設定用

RN-42を「コマンド」と呼ばれるモードで利用すると，UART経由またはホスト（タブレットやパソコン）からBluetooth経由で多くの設定が可能です．

データ転送モードとコマンド・モードの切り替え方を図3-6に示します．

UART側から「$$$」という文字コードを送ると，RN-42モジュールがコマンド・モードに設定されます．コマンド・モード中に「---\r」または「R,1\r」を送るとデータ転送モードに戻ります．

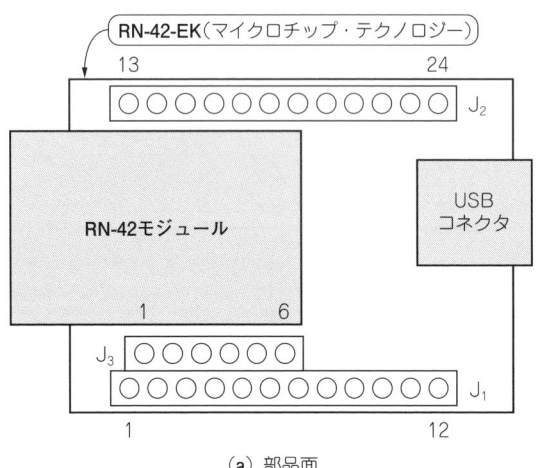

れています．USBでパソコンと直接接続できます．

マイコンとUARTで接続するときは，TTLレベルのUART信号を利用します．ただし，USBインターフェースICを無効にしなければなりません．

そのほかに，汎用のディジタル入出力ポートとアナログ入力ポートも備えているので，単独でさまざまなデータを入出力できます．

J_3にはSPI（Serial Peripheral Interface）が独立に用意されています．これはRN-42に内蔵されているマイコンのプログラミング用として使います．

▶信号の入出力

RN-42-EKのピン配置を図3-5に示します．

ヘッダ1（J_1）とヘッダ2（J_2），プログラミング・ヘッダ（J_3）があり，いずれも2mmピッチです．

(a) 部品面

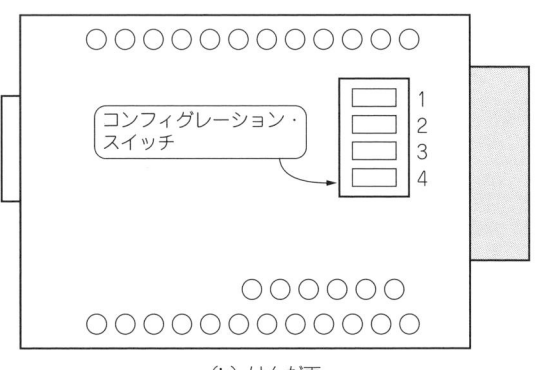

(b) はんだ面

図3-5 RN-42-EKのピン配置

デフォルトでは，「$$$」が有効なのは，RN-42モジュールの電源をONまたはリセットしてから60秒以内だけです．60秒を過ぎると無効になり，コマンド・モードには入れなくなり，「$$$」も通常の転送データとして扱われます．

RN-42モジュールがスレーブの場合は，Bluetooth経由でホスト側から設定を切り替えることもできます．この場合も，RN-42モジュールの電源をONとしてから60秒以内だけ可能で，以降は通常の転送データとして扱われます．

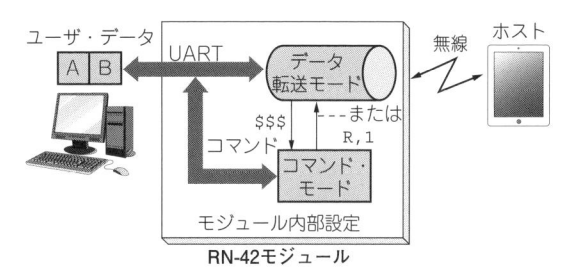

図3-6 データ転送モードとコマンド・モードの切り替え

● コマンドの種類と意味

RN-42モジュールはたくさんのコマンドを持っていますが，大きく次の五つに分類できます．

(1) SETコマンド

ボー・レート，名称，動作モードなどを設定するコマンドです．この設定は内蔵のフラッシュ・メモリに保存され，電源ON時に毎回適用されます．

(2) GETコマンド

フラッシュ・メモリに保存されている設定内容を読み出すためのコマンドです．

(3) CHANGEコマンド

ボーレートやパリティ有無などの設定を一時的に変更するためのコマンドです．フラッシュ・メモリに設定内容は保存されず，ボーレートなどがすぐ変更されてデータ転送モードになります．

(4) ACTIONコマンド

接続，切り離し，リブートなどモジュールの動作を指示するコマンドです．

(5) GPIOコマンド

汎用の入出力ピンを操作するコマンドです．

番号	名称	機能
1	GPIO6	汎用入出力
2	GPIO7	汎用入出力
3	RESET_N	リセット
4	No Connect	未接続
5	No Connect	未接続
6	No Connect	未接続
7	No Connect	未接続
8	AIO1	センサ入力
9	SHDN	シャットダウン
10	No Connect	未接続
11	V_{CC}	3.3V
12	GND	GND

(c) ヘッダ1(J_1)

番号	名称	機能
13	GPIO4	汎用入出力
14	GPIO3	汎用入出力
15	GPIO2	汎用入出力
16	CTS	UART CTS
17	RTS	UART RTS
18	TXD	UART TXD
19	RXD	UART RXD
20	GPIO11	汎用入出力
21	GPIO10	汎用入出力
22	GPIO9	汎用入出力
23	GPIO8	汎用入出力
24	AIO0	センサ入力0

(d) ヘッダ2(J_2)

番号	名称	機能
1	SPI_MISO	SPI MISO
2	SPI_MISI	SPI MISI
3	SPI_SCK	SPI SCK
4	SPI_SS	SPI SS
5	V_{CC}	3.3V
6	GND	GND

(e) プログラミング・ヘッダ(J_3)

スイッチ	機能
1	出荷時リセット
2	自動検索
3	自動マスク
4	ボーレート設定

(f) コンフィグレーション・スイッチ

＊　　＊　　＊

表3-2に，第2部の実験で使う主なコマンドを示します．各コマンドの最後には復帰コードが必要ですが省略しました．

3-3 タブレットとパソコンをBluetooth無線でつなぐ

　Bluetooth機能を内蔵するパソコンを使う場合には，そのままで実験を開始できます．ここではBluetoothを持たないパソコンを前提に説明します．

　パソコンにBluetooth無線スタータ・キットRN-42-EK（USBタイプ）またはRN-42-SM（RS-232-C）を接続し，パソコンとタブレットやスマートフォンを無線で接続してみます．

● STEP1：パソコンとスタータ・キットをケーブルでつなぐ

▶ RN-42-EK（USBタイプ）の場合

　RN-42-EKとパソコンは，USBで接続します．
　写真3-2に示すように，RN-42-EKをキットに付属しているUSBケーブルでパソコンに接続すると，USBドライバが自動的にインストールされます．パソコンはインターネットに接続されている必要があります．

　手動でドライバをインストールする場合は，次のWebページからダウンロードします．

　　http://www.rovingnetworks.com/resources/show/

　ダウンロードは上記ページにある［USB Chipset Drivers（FTDI）］を使います．

　これで接続完了です．パソコン側でデバイスマネージャを起動して，接続により生成されたCOMポート番号を確認しておきます．

▶ RN-42-SM（RS-232-Cタイプ）の場合

　図3-7に，RN-42-SMとパソコンの接続方法を示します．USB-シリアル変換ケーブルを利用すると，簡単にパソコンと接続できます．RS-232-Cインターフェース側（ヘッダA）の1ピン側に接続します．

　9Vの電池をヘッダBに接続すると，電源もシンプルになります．

表3-2　RN-42モジュールの主なコマンド

種別	コマンド（改行は省略）	機能内容
SET	SF,1	工場出荷状態に初期化する
	SM,<n>	動作モードの設定（nの値により下記モードとする） 0：スレーブ，1：マスタ，2：トリガ，3：自動，4：DTR，5：ANY
	SN,<name>	モジュールに名前を付ける（nameは20文字以下）　《例》SN,Analyzer
	SO,<text>	接続，切り離し時に下記メッセージをローカル側に出力する（デフォルトは出力しない設定となっている） 接続時：<text>CONNECT 切り離し時：<text>DISCONNECT
	SP,<pin code>	セキュリティ用PINコードの設定　pin codeは20文字以下 《例》　　SP,1234　　（これがデフォルトの設定）
	SR,<address>	接続するリモートのMACアドレスを12ケタの16進数で指定する　《例》　　SR,00A053112233
	ST,<time>	コンフィグレーション・タイマの設定　timeは0～255秒（デフォルトは60秒） ただし　0：タイマ設定なし（常時リモート・コマンド受け付け禁止） 　　　255：タイマ無限（常時リモート・コマンド受け付け許可）
GET	D	基本設定内容を読み出す
	E	拡張設定内容を読み出す
ACTION	$$$	コマンド・モードにする
	---	コマンド・モードを終了しデータ転送モードとする
	+	コマンドのローカル・エコーを表示する/表示しない（トグル切り替え）
	C,<address>	MACアドレスを指定してリモートと接続を開始する 接続後自動的にデータ転送モードに切り替わる CのみとするとSRコマンドで設定し記憶されているアドレスと接続する
	I,<time>	端末探索をtime秒だけ実行し，発見した端末のリストを返送する
	K,	現在の接続を切り離す
	R,1	リブートする（電源ON時と同じ動作）

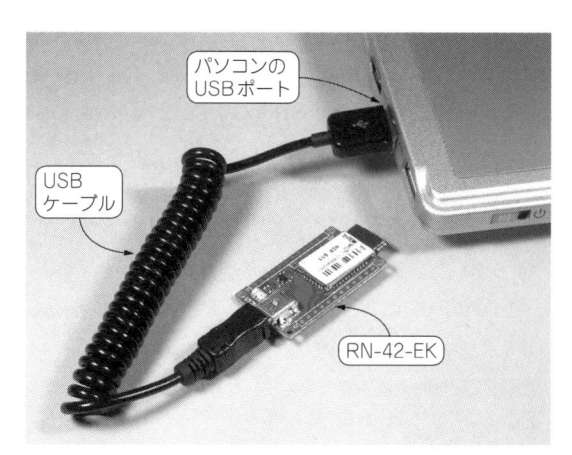

写真3-2 RN-42-EKとパソコンはUSBケーブルで直接接続できる

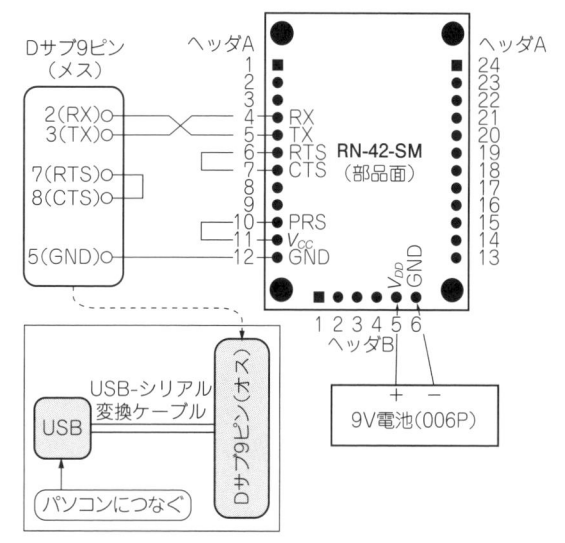

図3-7 RN-42-SMとパソコンの接続

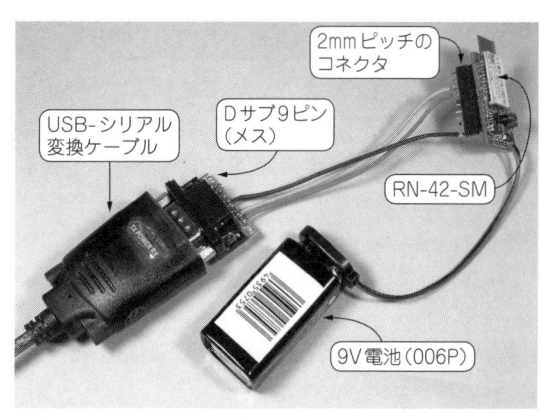

写真3-3 RN-42-SMとパソコンをUSB-シリアル変換ケーブルでつなぐ

Dサブ9ピンのメス・コネクタを使って，**図3-7**のようにRXとTXをクロスで接続し，RTSとCTSはいずれの側も自分で折り返し接続とします．

RN-42-SMのPRSピンとV_{CC}ピンも接続します．接続しないとRS-232-CインターフェースICに電源が供給されず動作しません．

写真3-3は，パソコンとSN-42-SMを接続した様子です．RN-42-SMとは，2mmピッチのピン・ヘッダで接続しました．

モジュールにピン・ヘッダのオス側を実装しておき，ピン・ヘッダのメス・コネクタにリード線をつないでおけば単なるコネクタ接続ですから，モジュールはすぐ外せます．基板への実装も基板側にピン・ヘッダのメスを実装しているので，モジュールをそのまま接続して使えます．これならモジュールをそのまま使い回せます．

● STEP2：パソコンとタブレットをBluetoothで接続

▶ RN-42-SM（RS-232-Cタイプ）の場合

RN-42-SMとパソコンを接続してRN-42-SMに電池を接続すると，RN-42-SMはBluetoothのスレーブとして動作を開始します．なんの設定も必要ありません．

RN-42モジュールは，タブレットのように相手の端末を自動的に探してリストアップするような機能を持っていません．探される側，つまりスレーブとして動作することになります．

パソコンとモジュール間のインターフェースはUARTなので，仮想COMポートとして接続されます．

▶ RN-42-EK（USBタイプ）の場合

RN-42-EKの場合も同様でUSBケーブルで接続するだけで動作を開始します．

● STEP3：本当に通信が確立しているかどうか確認する

Bluetooth無線がきちんと動作しているかどうかを確認してみましょう．RN-42-EKの場合もRN-42-SMの場合も，操作方法は全く同じです．

(1) パソコン側で通信ソフトウェアを起動

パソコン側で，Tera Term などの通信用ソフトウェアを起動し，自動生成された COM ポートを選択して，通信速度を 115.2kbps に設定します．さらに［設定］-［端末］として，受信の改行コードを LF だけにすると，行が重ならなくなります．ここでローカル・エコーも ON にしておきます．

(2) タブレット側で Bluetooth 端末の検索を実行

Android タブレット側の Bluetooth を有効にします．

タブレットの設定アイコンで Bluetooth を選択します．図3-8 のような設定画面が開くので，メニューの［デバイスの検索］をタップします．

検索が始まり端末が見つかると，図3-8 の下側にある使用可能なデバイスの欄に表示されます．ここでは［RN42-4A6A］という新しい端末が見つかっています．

端末の名称は RN-42-SM にデフォルトで付与される名称で，［RN42-］に MAC アドレスの下位4文字が追加されています．この端末はまだペアリングされた端末には含まれていないので，一度も接続したことがありません．

RN-42-EK の場合は［FireFly-3912］と表示され，4桁の数値はやはり MAC アドレスの下位4文字です．

(3) ペアリングの実行

図3-8 の画面で，「RN-42-4A6A」をタップするとペアリング処理（接続動作）が始まります．セキュリティの PIN コードの入力ダイアログが表示されるので，PIN コードを入力します．PIN コードはデフォルトで「1234」です．

これで正常にペアリングが完了すれば，図3-8 のペアリングされたデバイスの仲間に入ることになり，通信の準備が整います．ここでいったん Bluetooth 設定を終了させます．

PIN コードは，ペアリングに際して入力する必要のある4桁の数字です．ペアリング・コード，ペアリング・キーとも呼ばれます．ペアリングは，互いに接続設定を行ってペアにするという意味です．接続する際暗証番号となる PIN コードの入力

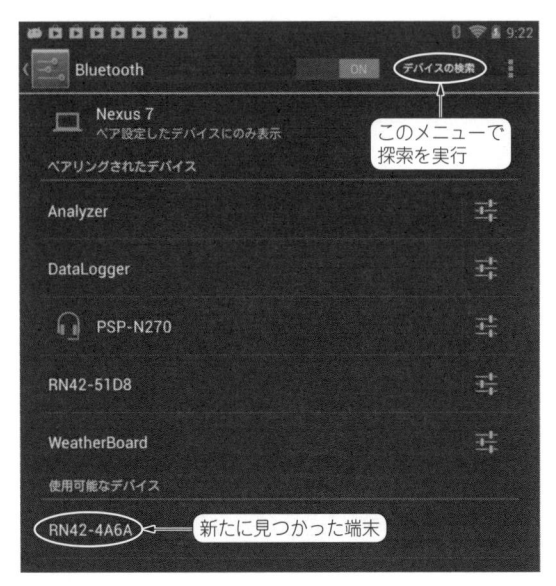

図3-8 デバイスを探しペアリングする
Nexus 7 の設定画面を示す．［デバイスの検索］をタップして Bluetooth デバイスを探す．ここでは［RN42-4A6A］という新しい端末が発見されている

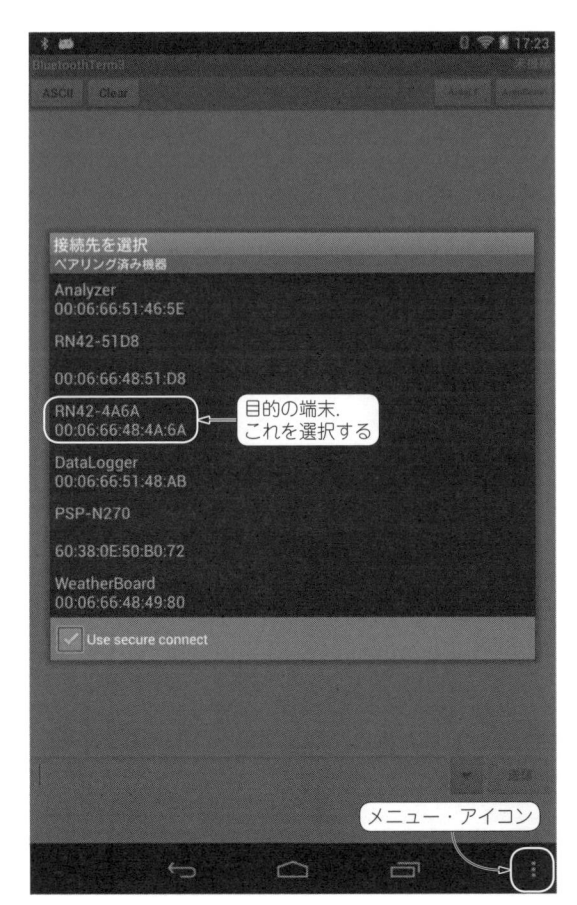

図3-9 ペアリングしたデバイスを接続する
フリーの Bluetooth 接続アプリ「S2 Bluetooth Terminal 3」を利用した

が必要です．

(4) タブレット側で通信ソフトウェアを起動し接続

今回使用したタブレット側の通信ソフトウェア（アプリ）は，「S2 Bluetooth Terminal 3」というフリーのアプリです．Google Playから入手できます．

通信ソフトウェアを起動して図3-9の右下隅にあるメニュー・アイコンをタップすると，メニューが表示されるので，この中の［接続］をタップします．

すると，図3-9のように，過去にペアリングしたことがある端末の一覧が表示されます．（3）でペアリングした端末［RN42-4A6A］を選択します．しばらくすると「Connected to RN42-4A6A」という小さなダイアログが下部に表示されて接続された状態になります．もし「Unable to connect device」という表示が出たときは再度接続をやり直します．何回かやり直しが必要な場合もあります．

(5) 通信の確認

接続が完了したら，パソコン側とタブレット側の通信ソフトウェア間でデータの送受信が可能になります．いずれかの通信ソフトウェアでキーボード入力をすると，入力した文字が相手側の窓に表示され，通信できることが確認できます．

タブレット側では，送信した文字と受信した文字が色違いで表示されます（図3-10）．

● Bluetooth端末を分かりやすい名称に変更する

設定コマンドの動作を確認してみましょう．Bluetooth端末を分かりやすい名称に変更します．現在の開発ツールの名称は「RN42-4A6A」ですが，これを「TestTerminal」にします．手順を図3-11に示します．

パソコン側の通信ソフトウェアで$$$コマンドを入力（①）して，RN-42をコマンド・モードに設定します．

SNコマンドで名称を変更（③）して確認（④）した後，リブート（⑤）してデータ転送モードに戻ります．途中の「?」表示はコマンドの間を分かりやすくするため，Enterキーを余分に入力したもの

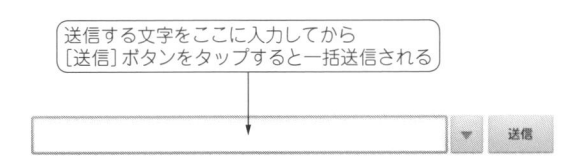

図3-10 タブレットとパソコンの間で通信したところ
タブレット側の通信ソフトウェアの画面を示す．このソフトウェアでは，受信された文字が赤色，送信した文字が青色で表示される

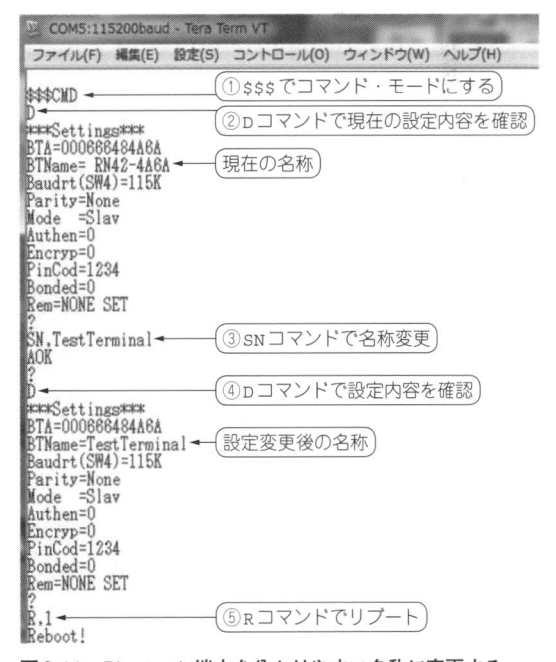

図3-11 Bluetooth端末を分かりやすい名称に変更する

コラム BluetoothモジュールRNシリーズ

●ラインアップ

表3-Aに示すのは，第2部で紹介しているマイクロチップ・テクノロジーのBluetoothモジュールRNシリーズのラインアップです．

RN-42とRN-41は，小型の表面実装タイプなので，そのまますぐに動かすことができません．そこで，RS-232-CインターフェースやLED，電圧レギュレータと一緒に実装した基板としてRN-42-SMが準備されています．

この基板にはスルー・ホールがあるので，プリント基板への実装が簡単です．USBでパソコンと接続できる開発キットRN-42-EKもあります．

●お手軽近距離無線モジュールXBeeとピン互換のRN-42-XV

RN-42モジュール本体は表面実装であるため，実装しにくいという声に応えたモジュールです．これまで無線モジュールとして多く使われているXBee（ディジ インターナショナル）とピン互換です．

図3-Aのように形もピン配置も同じです．基板上にはRN-42モジュール本体と接続状態表示のLEDのみが実装されているだけです．シリアル・ピン・ヘッダも実装済みなので購入してすぐ使えます．

パターン・アンテナ・タイプのRN-42XVPとアンテナ・コネクタ・タイプのRN-42XVUとがありますが，日本国内の電波法に準拠するTELEC認証済みなのはRN-42XVPです．

表3-A Bluetoothモジュールの種類

項目	RN-42	RN-41
外観		
プロトコル・スタック	内蔵（V2.1 + EDR）	内蔵（V2.1 + EDR）
最大リンク数	7	7
無線クラス	クラス2（最大30m）	クラス1（最大100m）
プロファイル	SPP，HID，HCI，IAP	SPP，HID，HCI，IAP
外部インターフェース	UART	UART
通信速度	2.4k〜3Mbps	2.4k〜3Mbps
外形寸法	13.4×25.8×2 mm	13.4×25.8×2 mm
TELEC認証	取得済み	未
スタータ・キット①	RN-42-SM（USART対応） 	RN-41-SM（USART対応） 
スタータ・キット②	RN-42-EK（USB対応） 	RN-41-EK（USB対応） 

第3章 30ドル・キットではじめるBluetooth無線

●シリーズの共通モジュール RN-42

RN-42は，Bluetoothクラス2対応のモジュールで次のような特徴を持っています．

- 規格：Bluetooth V2.1 + EDR準拠（V2.0，V1.2，V1.1上位互換）
- 外形：13.4 × 25.8 × 2mm
- 消費電力：26μA（スリープ時），3mA（接続時），30mA（送信時）
- SPP時のデータ転送速度：240kbps（スレーブ），300kbps（マスタ）
- HCI時のデータ転送速度：1.5Mbps（連続），3.0Mbps（バースト）
- プロファイル：SPP，DUN（GAP，SDP，RFCOMM，L2CAPスタックを含む），HCI

（a）RN-42XVP（技適取得済み）

（b）RN-42XVU（技適取得はまだ）

（c）外形とピン配置（上面図）

番号	名称	機能
1	V_{DD}_3V3	3.3V
2	TXD	UART TX
3	RXD	UART RX
4	GPIO7	汎用入出力/A-D入力
5	RESET_N	リセット
6	GPIO6	汎用入出力/A-D入力
7	GPIO9	汎用入出力/A-D入力
8	GPIO4	汎用入出力/A-D入力
9	GPIO11	汎用入出力
10	GND	GND
11	GPIO8	汎用入出力
12	RTS	UART RTS
13	GPIO2	汎用入出力/A-D入力
14	Not Used	未接続
15	GPIO5	汎用入出力/A-D入力
16	CTS	UART CTS
17	GPIO3	汎用入出力/A-D入力
18	GPIO7	汎用入出力/A-D入力
19	AIO0	—
20	AIO0	—

（d）ピン名称と機能

図3-A　XBeeと同じ形状のRN-42XVシリーズ

コラム　BluetoothモジュールRNシリーズ（つづき）

・汎用ディジタルI/O（単体で入出力が可能）

　図3-Bに，RN-42の内部構成を示します．心臓部はCSR社のBlueCoreチップで，これに設定情報を保存するフラッシュ・メモリとRFスイッチ部が追加されています．

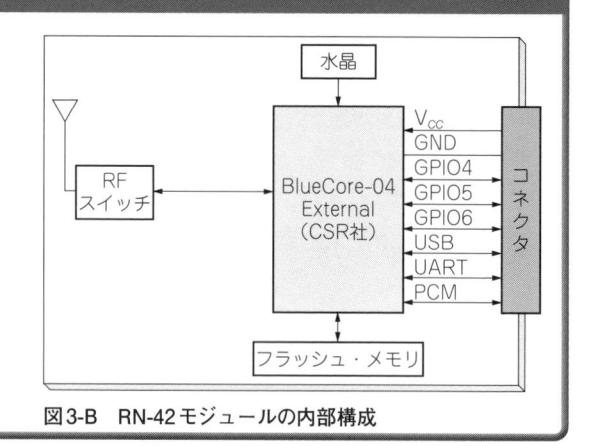

図3-B　RN-42モジュールの内部構成

です．以上の作業で，Bluetooth端末は名称が変わります．

　Bluetooth端末の名称が変わると，タブレット側の通信ソフトウェアでは［RN42-4A6A］を選べなくなるので，再度ペアリングします．タブレット側の［設定］でBluetoothを選択し，これまでの名称「RN42-4A6A」で表示される端末のペアリング記号をタップしてペアリングを解除してから，再度デバイスの検索を実行します．

　これで，新たな名称に変更したデバイス［TestTerminal］として見つかるので，このデバイスのペアリングを実行します．PINコードを再入力すると，新たな名称の端末として認識されます．以降は「TestTerminal」という名称で扱われ，通信ソフトウェアの端末検索でもこの名称が表示されるようになります．

ごかん・てつや

第4章

第2部 1日体験コース オールインワン・モジュールで超高速開発

シリアル制御だけ！回路もソフトウェアも超シンプル！

タブレットとつながる！ カンタンI/O実験ボード

使用するプログラム：04_Sample Program

後閑 哲也

Bluetoothスタータ・キットRN-42-SM（RS-232-Cインターフェース）を搭載したカンタンI/O実験ボード（**写真4-1**）を作りました．これを使って，タブレット（Nexus 7，Android 4.2.1）が親機（ホスト），I/O実験ボードが子機（スレーブ）という関係で，ワイヤレス制御の実験を行います．

さらに，パソコンにスタータ・キットRN-42-EK（USBインターフェース）を接続して，同様の実験をします．

4-1 全部入りだから超カンタン！ マイコンのI/OをL/Hできる実験ボード

● ハードウェア

図4-1に，製作したI/O実験ボードのブロック図を示します．**表4-1**に機能をまとめました．

制御用のワンチップ・マイコン（PIC16F1827）とBluetoothスタータ・キットRN-42-SMは，USART（Universal Synchronous Asynchronous Receiver Transmitter）で接続します．周辺部品は，LEDが2個，スイッチが2個，温度センサが1個です．

写真4-1の黒い四角い部品は3.7Vのリチウム・イオン蓄電池です．通常のアルカリ電池でも3本以上直列接続すれば問題なく動作します．これらの電池の出力電圧を3端子レギュレータで降圧して3.3Vを生成しています．

おまけで，RN-42-SMの汎用入出力ピンに2個のLEDを接続しました．

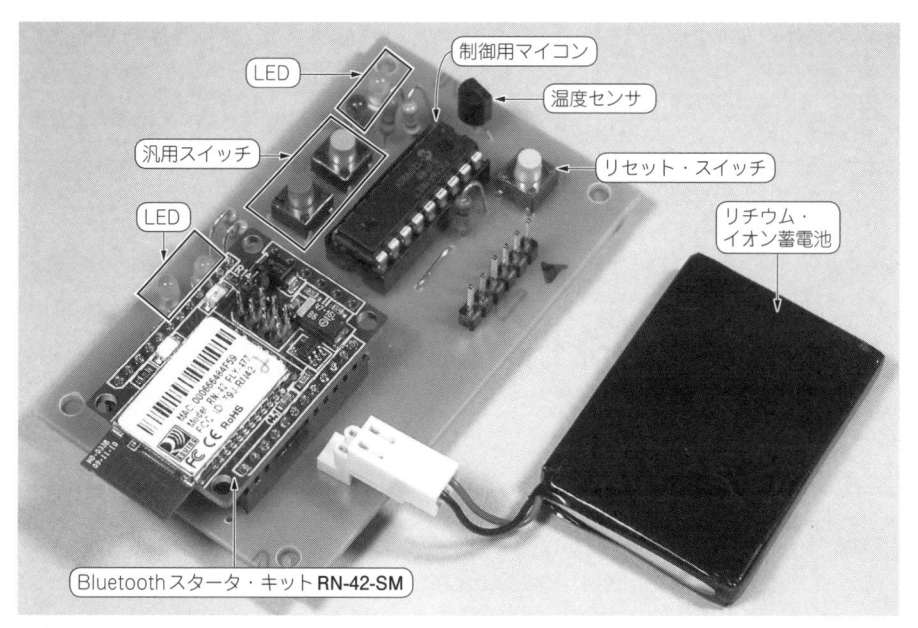

写真4-1 製作したカンタンI/O実験ボード
LED，スイッチ，温度センサを搭載する

● 例えば，こんなことができる
(1) リモコンLED照明制御
　図4-2(a)のように，I/O実験ボードのON/OFF出力にリレーを接続すれば，タブレットやスマートフォンから照明をON/OFFできます．
(2) ワイヤレス温度計
　図4-2(b)のように，I/O実験ボードに温度センサを実装すれば，温度計測を行ってBluetoothでタブレットやスマートフォンに温度データを送信できます．PICマイコンで温度データを保存すれば簡易ロガーも構成できます．

4-2 実験1… タブレットでワイヤレスI/O

● タブレットはNexus 7 (Android 4.2.1)
　タブレットから手作りの実験I/OボードにBluetoothで接続して制御します．
　筆者はNexus 7 (Android 4.2.1搭載)を使用しています．Nexus 7は，Googleのリファレンス・マシンで，国内でも販売されています．最新のAndroidにアップデートされるのも早く，Android関連の開発用マシンとして最適です．

● タブレットからデータの入出力を指示してみよう
　タブレットのBluetooth機能から，I/O実験ボードを指定して接続し，データの入出力を実行してみます．タブレットやスマートフォンのBluetoothはマスタとして動きます．I/O実験ボードはスレーブとして動かします．この関係が最初からはっきりしているので，スタータ・キット RN-42-SMはデフォルトのままで設定は何も必要なく，電源ONするだけでつながります．
　手順は次のとおりです．
(1) タブレットでペアリングを実行
　実験I/Oボードの電源を接続してから，第3章と同じ手順でタブレットの［設定］からBluetoothを選択し，新しい接続先を探索してペアリングを実行します．

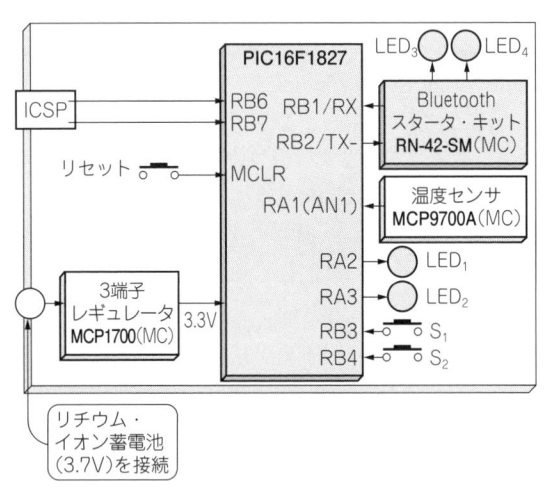

図4-1　カンタンI/O実験ボードのブロック図
MCはマイクロチップ・テクノロジー

表4-1　製作したカンタンI/O実験ボードの機能

項　目	機能・仕様内容	備　考
電　源	・リチウム・イオン蓄電池　3.7V ・3端子レギュレータで3.3V生成(MCP1700) ・消費電流　約15mA (Bluetooth非接続時) 　　　　　　約45mA (Bluetooth通信時)	アルカリ乾電池を3本または4本を直列接続したものでもよい
データ送信機能	・スイッチを押している間，固定のメッセージを一定間隔で繰り返し送信する．メッセージ内容は次のとおり． 　S_1の場合，ASCIIコード 0x40から0x7Fまで連続送信 　S_2の場合，下記固定メッセージ送信 　　　「***__Switch2__Pressed__***」	間隔は100ms
データ受信機能	・次に示す文字を受信したらLEDを点灯/消灯制御する 　「1」の場合，LED_2(緑)点灯 　「2」の場合，LED_2(緑)消灯 　「3」の場合，LED_1(赤)点灯 　「4」の場合，LED_1(赤)消灯 ・次に示す文字を受信したら一定のデータを返送する 　「a」か「A」の場合，文字AからZまでを返送 　「n」か「N」の場合，文字0から9までを返送	いずれも文字1文字で制御する
温度送信機能	未実装	―

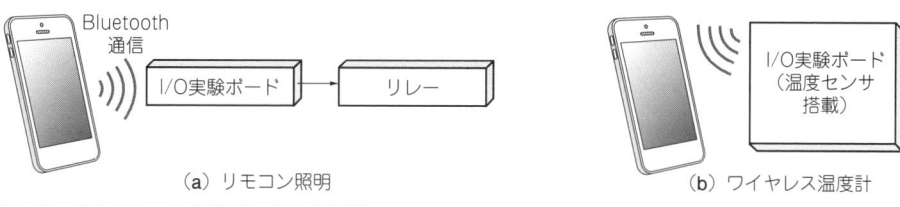

図4-2 カンタンI/O実験ボードの応用例
出力にACリレーを接続して照明をON/OFFしたり，温度センサを接続して温度計測を行ったりできる

（a）リモコン照明
（b）ワイヤレス温度計

(2) タブレットの通信ソフトウェアを起動

タブレットでフリーの通信ソフトウェアS2 Bluetooth Terminal 3（以降，「Term3」と呼ぶ）を使って送受信を実行します．

まず，Term3の右下隅のメニュー・アイコンをクリックして［接続］を選びます．端末リストが表示されるので，実験I/Oボードを選択して接続します．これで実験I/Oボードの機能の確認ができます．

(3) 実験I/Oボードのスイッチを押す

接続したら，実験I/OボードのスイッチS_1かS_2を押すと，メッセージか文字列がTerm3の画面に表示されます（図4-3の①と②）．

(4) 実験I/Oボードへ数字を送信する

Term3から'1'から'4'のいずれかの数字を送信するとLEDが点灯または消灯します（図4-3の③）．

(5) 'A'か'a'または'N'か'n'を送信する

Term3から，文字'A'，'a'，'N'，'n'のいずれかを送信すると，折り返し，AからZの文字列か，1から9の文字列が返送されてきます（図4-3の④と⑤）．

　　　　＊　　　＊　　　＊

以上で，実験I/OボードによるBluetoothの制御の実験は終わりです．

4-3 実験2…パソコンでワイヤレスI/O！

● パソコン側のBluetoothキットを設定する

パソコンにBluetoothスタータ・キットRN-42-EK（USBインターフェース）を接続して，RN-42-EKをマスタ・モードに設定します．

次の手順で，いくつかのコマンドを設定します．

(1) パソコンの通信ソフトウェアを起動する

通信ソフトウェア（Tera Termなど）を起動して次のように設定します．

図4-3 タブレットからデータの入出力を指示する
指示に応じたデータが受信されていることが分かる．S2 Bluetooth Terminal 3の場合，送信文字は青，受信文字は赤で表示される

①S_2を押したときの受信データ
②S_1を押したときの受信データ
③LED制御の送信データ
④a, A, n, Nの文字の送信データ
⑤a, A, n, Nの文字を送信したときの受信データ

- 通信速度　　　：115.2kbps
- 端末設定　　　：ローカル・エコーあり
- 受信改行コード：LF

(2) パソコンからRN-42-EKにコマンドを送る

図4-4のように，パソコンからRN-42-EKにコマンドを送り，マスタ・モードに設定してスキャンして見つかった端末と接続します．

① "$$$"を送る．RN-42-EKがコマンド・モードになる
② "SM,1"を送る．RN-42-EKがマスタ・モードになる
③ "I,10"を送る．RN-42-EKがBluetoothを搭載した近くの端末をスキャンする．しばらくすると，実験I/Oボードが発見されてMACアドレスが表示される
④ "C,[MACアドレス]"を送る．実験I/Oボード

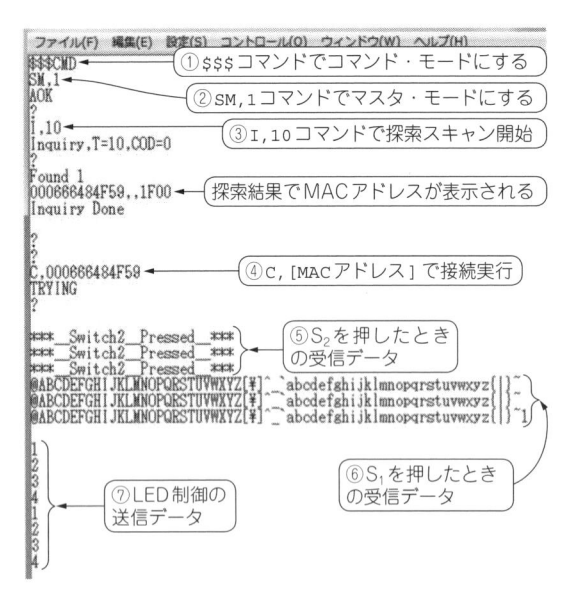

```
ファイル(F)  編集(E)  設定(S)  コントロール(O)  ウィンドウ(W)  ヘルプ(H)
$$$CMD         ←──┤①$$$コマンドでコマンド・モードにする│
SM,1
AOK            ←──┤②SM,1コマンドでマスタ・モードにする│

I,10
Inquiry,T=10,COD=0  ←──┤③I,10コマンドで探索スキャン開始│

? Found 1
000666484F59,,1F00  ←──┤探索結果でMACアドレスが表示される│
Inquiry Done

?
C,000666484F59   ←──┤④C,[MACアドレス]で接続実行│
TRYING

***_Switch2_Pressed_***
***_Switch2_Pressed_***  ←──┤⑤S₂を押したときの受信データ│
***_Switch2_Pressed_***
@ABCDEFGHIJKLMNOPQRSTUVWXYZ[¥]^_`abcdefghijklmnopqrstuvwxyz{|}
@ABCDEFGHIJKLMNOPQRSTUVWXYZ[¥]^_`abcdefghijklmnopqrstuvwxyz{|}
@ABCDEFGHIJKLMNOPQRSTUVWXYZ[¥]^_`abcdefghijklmnopqrstuvwxyz{|}1
1                                            ↑
2                                        ⑥S₁を押したとき
3        ⑦LED制御の                      の受信データ
4        送信データ
1
2
3
4
```

図4-4 パソコンからI/O実験ボードに対してデータの入出力を指示する

パソコンには，USBインターフェースのBluetoothスタータ・キットRN-42-EKを接続する．初めにRN-42-EKの設定を行い（①～④），その後I/O実験ボードを制御している（⑤～⑥）．'A'，'a'，'N'，'n'を送信したときの様子は省略．'?'は，見やすくなるようにEnterを余分に入力した際の表示であり，それ以上の意味はない

と接続される．このときアドレスには③で発見されたMACアドレスを使う

● 実験I/Oボードと通信する

S₁またはS₂を押すと，Tera Termにメッセージが表示されます（**図4-4**の⑤と⑥）．

'1'～'4'の文字を送信するとLEDが点滅します（**図4-4**の⑦）．

'A'，'a'，'N'，'n'を送信すると，アルファベットか数字が折り返し表示されます．

4-4 I/O実験ボードの作り方

● ハードウェア

図4-5に製作したI/O実験ボードの回路図を，**写真4-2**に製作した基板を示します．

PICマイコンには，8ビットのPIC16F1827を使いました．32MHzのクロックで動作するので，115.2kbpsという高速通信でも余裕で対応できます．

PICマイコンには2個の汎用スイッチを接続していますが，プルアップ抵抗はPICマイコンの内蔵プルアップを使っています．

LEDは，PICマイコンに2個，Bluetoothスタータ・キットの汎用I/Oに2個接続しました．

電源は3.7Vのリチウム・イオン蓄電池です．入出力間の電位差が0.2V以下でも動作する3端子レギュレータMCP1700で3.3Vを生成しています．

温度センサはMCP9700Aですが，今回の実験には使いませんでした．アナログ出力の半導体温度センサであればたいていのものが使えます．

● ファームウェアの処理の流れ

図4-6にPICマイコンのファームウェアの全体の流れを示します．BluetoothをUSARTによるシリアル通信で制御するファームウェアです．メイン処理とUSARTの受信割り込み処理から構成されています．

▶メイン処理部

受信データがあるかどうかを毎回チェックして，なければスイッチの状態を調べます．押されていればスイッチに応じてASCII文字列かメッセージを送信します．

受信データがあれば，受信データで分岐してそれぞれの処理を実行します．受信データをすべて処理したら，スイッチの状態をチェックします．

▶USARTの受信割り込み処理部

受信したデータのエラー・チェックをし，正常受信であればデータをバッファに格納します．

● ファームウェアをもう少し細かくみる

▶宣言部

コンフィグレーションとデータを宣言しています．

▶メインの初期化部

リスト4-1に，メイン処理の初期化部のソース・コードを示します．I/Oピンを初期化したら，Bluetoothモジュールのリセット・ピンを200msだけ"L"にします．Bluetoothモジュールが初期化されたら，USARTを初期化して受信側だけ割り込みを許可します．

▶メイン・ループ（受信処理）

リスト4-2に，メイン・ループ部のソース・コードを示します．ここですべての処理を行います．

受信データの有無は，バッファ・ポインタが0より大きいか否かで判定します．データがある場

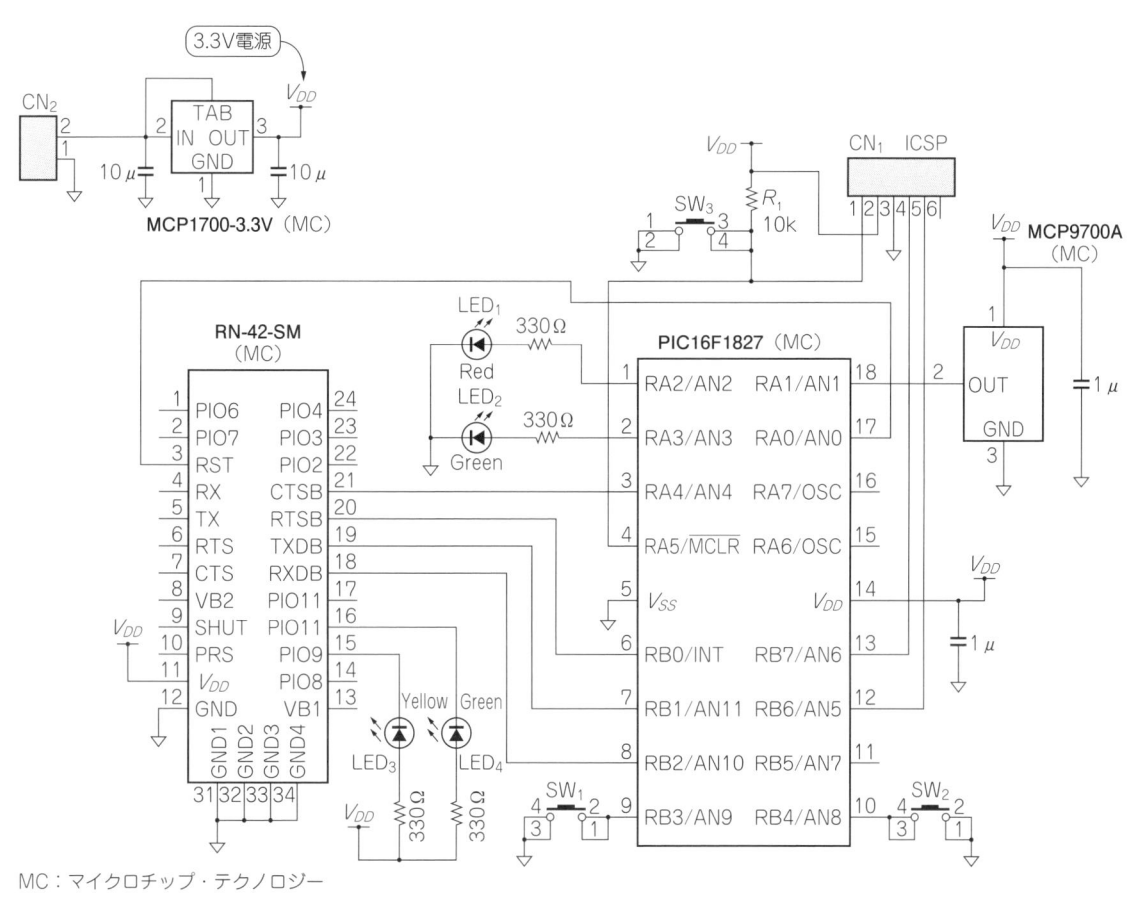

第4章 タブレットとつながる！カンタンI/O実験ボード

図4-5　カンタンI/O実験ボードの回路図

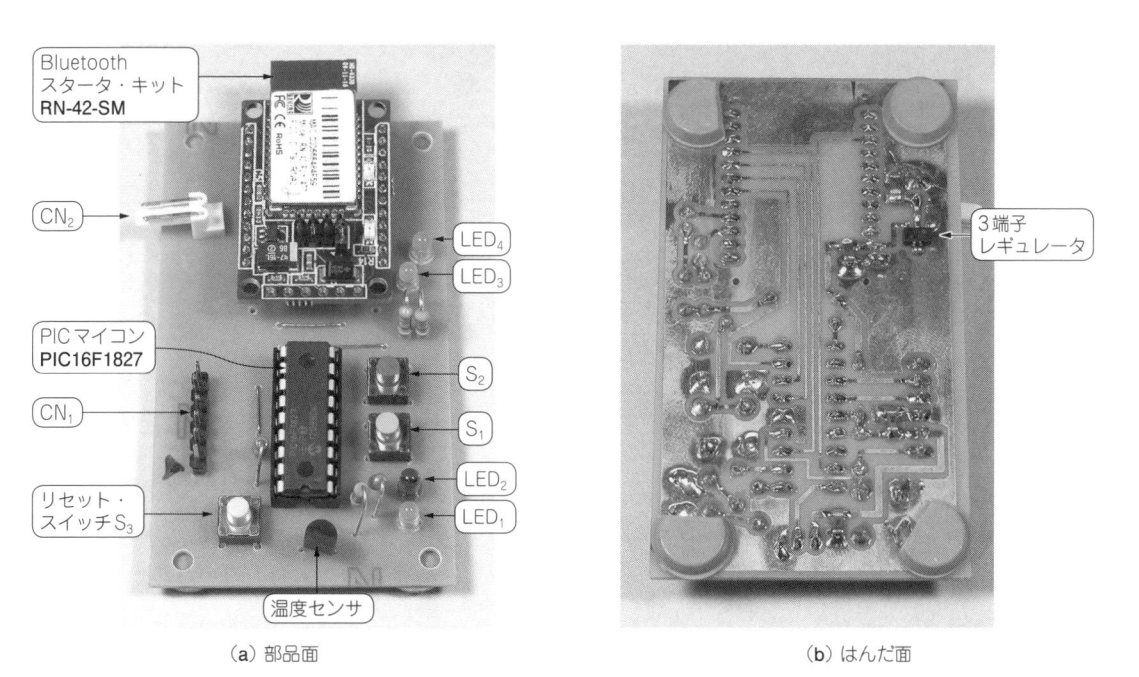

MC：マイクロチップ・テクノロジー

(a) 部品面　　　(b) はんだ面

写真4-2　製作した「カンタンI/O実験ボード」の外観

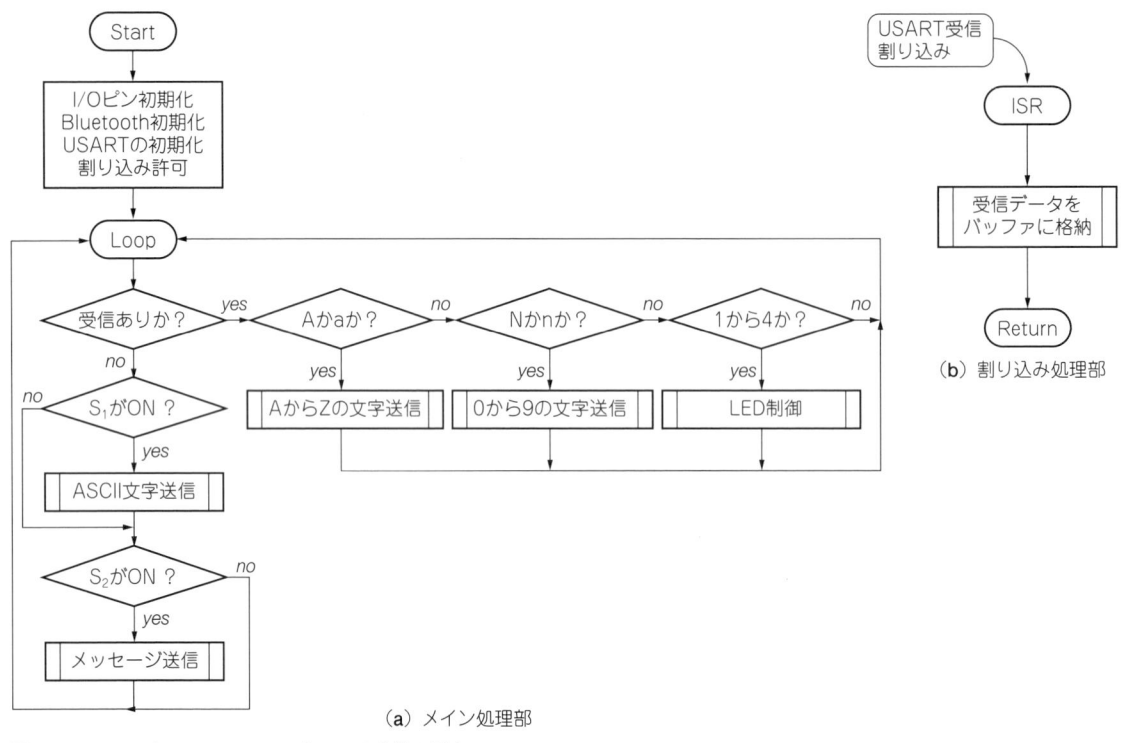

図4-6 PICマイコンのファームウェアの全体の流れ
メイン処理部と割り込み処理部で構成されている

(a) メイン処理部

(b) 割り込み処理部

リスト4-1 メイン処理の初期化部のソース・コード…I/OピンとBluetoothモジュール，USARTを初期化しておく

```
/******** メイン関数 ************/
void main(void) {
    /** クロック設定 **/
    OSCCON = 0xF0;          // 内蔵8MHz PLL On 32MHz
    /* 入出力ポートの設定 */
    ANSELA = 0x02;          // RA1のみアナログ入力
    ANSELB = 0;
    TRISA = 0x22;           ← RTSは常時Lで送信可，200ms
    TRISB = 0xFF;             間Bluetoothをリセットする
                            // 全入力
    /* BTモジュール初期化 */
    PORTAbits.RA4 = 0;      // RTS Off
    PORTAbits.RA0 = 0;      // BTモジュール・リセット
    Delayms(200);           ← スイッチのプルアップを有効化
    PORTAbits.RA0 = 1;
    WPUB = 0x18;            // RB3,4 pullup
    OPTION_REGbits.nWPUEN = 0; // Pullup Enable

    /* USARTの初期設定 */
    TXSTA = 0x24;           // TXSTA, 送信モード設定 BRGH=1
    RCSTA = 0x90;           // RCSTA, 受信モード設定
    BAUDCON=0x08;           // BAUDCON 16bit
    SPBRG = 68;             // SPBRG, 通信速度設定
    (115kbps)               ← USARTは115.2kbpsとする
    /* 変数初期化 */
    Index = 0;
    ascii = 0x20;           ← USARTの受信のみ割り込み許可
    /* 割り込み許可 */
    PIR1bits.RCIF = 0;      // 割り込みフラグ・クリア
    PIE1bits.RCIE = 1;      // USART受信割り込み許可
    INTCONbits.PEIE = 1;    // 周辺許可
    INTCONbits.GIE = 1;     // グローバル許可
```

合はバッファが空になるまで，受信データ処理を繰り返します．

受信データ処理では受信した1文字で分岐してそれぞれの処理を実行します．'A'または'a'のときは，A～Zの英文字を送信します．'N'または'n'のときは，0～9の数字を送信しています．'1'，'2'，'3'，'4'のときは各LEDのON/OFFの制御をしています．

▶メイン・ループ（スイッチの状態チェック）

受信処理が終わったら，スイッチの状態をチェッ

リスト4-2 メイン・ループ部のソース・コード…受信処理とスイッチの状態をチェックする

```c
/*********** メイン・ループ ********************/
    while (1) {
        /** 受信データ処理 **/
        if(Index > 0){                                                          // 受信バッファが空でない場合

            i = 0;                                                              // バッファ・ポインタ初期化

            while(i < Index){          ←(バッファにデータがある間繰り返す)

                                                                                // 受信バッファ空まで繰り返し
                switch(Buf[i++]){                                               // 受信データで分岐
                    case 'A':      ⎫                                            // 文字Aかaの場合
                    case 'a':      ⎬ ←(Aかa受信の場合)
                        Send(0x0D);                                             // 英文字送信
                        Send(0x0A);
                        for(data = 'A'; data <= 'Z'; data++) ⎫
                            Send(data);                      ⎬ ←(AからZまで送信)
                        break;
                    case 'N':      ⎫                                            // 文字Nかnの場合
                    case 'n':      ⎬ ←(Nかn受信の場合)
                        Send(0x0D);
                        Send(0x0A);                                             // 数字送信
                        for(data = '0'; data <= '9'; data++) ⎫
                            Send(data);                      ⎬ ←(0から9まで送信)
                        break;
                    case '1':                                                   // 文字1の場合
                        PORTAbits.RA2 = 1;  ←(1の場合, 緑LEDをON)               // LED1オン
                        break;
                    case '2':                                                   // 文字2の場合
                        PORTAbits.RA2 = 0;  ←(2の場合, 緑LEDをOFF)              // LED1オフ
                        break;
                    case '3':                                                   // 文字3の場合
                        PORTAbits.RA3 = 1;  ←(3の場合, 赤LEDをON)               // LED2オン
                        break;
                    case '4':                                                   // 文字4の場合
                        PORTAbits.RA3 = 0;  ←(4の場合, 赤LEDをOFF)              // LED2オフ
                        break;
                    default: break;
                }
            }
            Index = 0;                                                          // バッファを空とする
        }
        /** スイッチの処理 **/
        if(RB3 == 0){  ←(S₁がONの場合)                                         // S1オンの場合
            Send(0x0D);                                                         // 改行送信
            Send(0x0A);
            for(ascii = 0x40; ascii<0x80; ascii++)
                                                                                // ASCII文字送信
                Send(ascii);  ←(ASCII文字返送)                                 // 1文字送信
            Delayms(100);                                                       // 100msec待ち
        }
        if(RB4 == 0){  ←(S₂がONの場合)
                                                                                // S2オンの場合
            i = 0;                                                              // バッファ・ポインタ初期化
            while(Msg[i] != 0)  ⎫                                               // メッセージ最後まで繰り返し
                Send(Msg[i++]); ⎬ ←(メッセージ返送)                            // 1文字送信
            Delayms(50);                                                        // 50msec待ち
        }
    }
}
```

リスト4-3 サブ関数群のソース・コード…割り込み処理，USART送信処理，タイマ2による遅延処理

```
/**********************************
 *  割り込み処理関数
 *  受信割り込み
 **********************************/
void interrupt isr(void){
    if(PIR1bits.RCIF){              // 受信割り込みか？
        PIR1bits.RCIF = 0;          // 受信割り込みフラグ・クリア
        if((RCSTAbits.OERR) || (RCSTAbits.FERR)){
                                    // エラー発生した場合
            RCSTA = 0;              // USART無効化
            RCSTA = 0x90;           // USART再有効化
        }
        else{                       // 正常受信の場合
            if(Index < Max){        // バッファを越えてない場合
                Buf[Index++] = RCREG;
                                    // 受信データをセット
            }
            else
                rcv = RCREG;        // バッファ越えたら捨てる
        }
    }
}
```

エラー・チェック
エラーの場合 USARTの再初期化
正常ならバッファに格納

```
/**********************************
 *  USART 送信実行サブ関数
 **********************************/
void Send(unsigned char Data){
    while(!TXSTAbits.TRMT);         // 送信レディ待ち
    TXREG = Data;                   // 送信実行
}
                                    // 1文字送信
/**********************************
 *  タイマ2による1msec単位の遅延関数 Tcy=8MHz
 **********************************/
void Delayms( unsigned int t){
    PIR1bits.TMR2IF = 0;            // 割り込みフラグ・クリア
    PR2 = 125;                      // 1msec設定 125
    T2CON = 0x07;                   // タイマ2スタート 1/64
    while (t--) {                   // 繰り返し回数
        while (!PIR1bits.TMR2IF);
                                    // 1msec待ち
        PIR1bits.TMR2IF = 0;        // 割り込みフラグ・クリア
    }
}
```

1ms単位の遅延

クをして，押されたスイッチに応じてデータを送信します．押されたスイッチがS_1のときは，ASCIIコードの0x40～0x7Fを連続送信します．S_2のときは固定のメッセージを送信します．

スイッチは押されている間，一定間隔でデータ送信を繰り返します．

▶サブ関数

リスト4-3にサブ関数群を示します．USARTの受信割り込み処理関数，USART送信関数，さらにタイマ2を使った遅延関数です．

USARTの受信割り込みでは受信エラーをチェックし，エラーがあった場合は，USARTを再初期化しています．正常受信のときはバッファに格納してバッファ・インデックスを更新しています．これが受信ありのフラグです．

送信は1バイトのデータを送り出します．

1msの遅延関数は，タイマ2を1ms周期で動作させ，そのタイムアップの回数をカウントすることで指定時間だけ遅らせます．

*　　*　　*

以上でカンタン I/O 実験ボードのファームウェアが完成します．これをPICマイコンに書き込めば，動かせます．

ごかん・てつや

第5章

第2部　1日体験コース　オールインワン・モジュールで超高速開発

サッと出してピッ！大画面ディスプレイでまるで高級測定器

回路や部品の性能チェックに！ポータブル周波数特性アナライザ

使用するプログラム：05_Sample Program

後閑 哲也

信号発生機能とレベル測定機能，Bluetoothモジュールによる無線機能を持つアナログ信号処理基板（**写真5-1**）を作りました．電池で動いて，持ち運び可能な周波数特性アナライザです．PICマイコンで制御するアナライザ本体と表示装置として利用するタブレット（Nexus 7）で構成されています．

タブレット端末を持ち歩いている方ならば，この基板を使って，いつでもどこでも回路や電子部品の周波数特性をチェックできます（**図5-1**）．何百万円もする巨大なネットワーク・アナライザ（フィルタなどの周波数特性を測れる）を使うほどではない測定用途はたくさんあります．

5-1　こんな装置

● 使い方

タブレット側で［端末接続］ボタンをタップします．「Analyzer」という端末を接続してから，［スイープ］ボタンをタップすると計測がスタートします．**図5-2**と**図5-3**に測定例を示します．コイルとコンデンサで作ったLCローパス・フィルタ（**図5-2**）とLCハイパス・フィルタ（**図5-3**）の周波数特性です．

アナライザ側はPICマイコンのファームウェアを，タブレット側はアプリケーション・プログラムを使います．

写真5-1　製作したポータブル周波数特性アナライザ
信号発生機能とレベル測定機能，Bluetoothモジュールによる無線機能を持つアナログ信号処理基板を製作した．表示装置としてタブレット端末を利用する

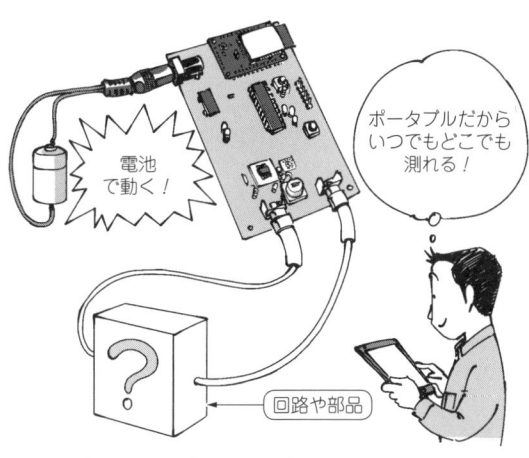

図5-1　本器を使えばいつでもどこでも手軽に回路や電子部品の周波数特性を測れる

● スペック

表5-1と表5-2に本器の機能と入出力信号の仕様をまとめました．

製作したポータブル周波数特性アナライザの構成を図5-4に示します．

ターゲット（回路や電子部品）に信号を加えて，その戻りを測定する周波数特性の測定は，アナログ信号処理基板が担当します．この基板には制御用にPICマイコンが搭載されています．RCAジャックやつまみ付きの可変抵抗も実装してあり

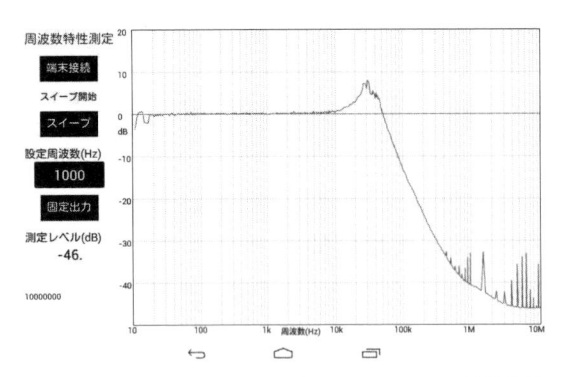

図5-2 本器を使って*LC*ローパス・フィルタの周波数特性を測ってみた

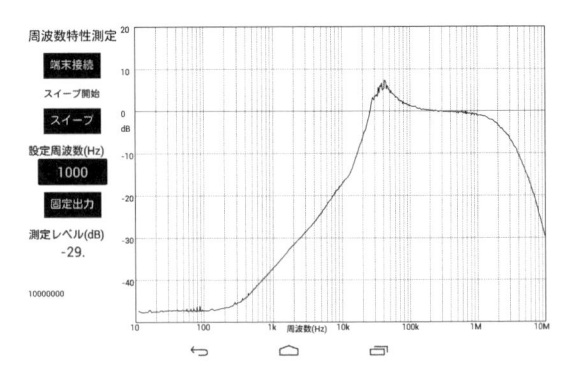

図5-3 本器を使って*LC*ハイパス・フィルタの周波数特性を測ってみた

表5-1 製作したポータブル周波数特性アナライザの機能

機能	機能内容	備考
端末選択機能	Bluetooth端末をリストから選択して接続	Bluetoothモジュールがすべて実行する
固定出力機能	テキスト・ボックスに入力した周波数を連続して出力し，被測定器の出力レベルをデシベル値で表示する	設定周波数範囲は上限10MHz．実力は3Hz～5MHzで3Hzステップ
スイープ機能	10Hzから10MHzの周波数を順に出力し，そのときの被測定器のレベルを計測してグラフに描画する．同時にデシベル値も表示する	周波数更新間隔は約120ms

表5-2 製作したポータブル周波数特性アナライザの仕様

項目	仕様	備考
電源	DC5VのACアダプタから供給 消費電流 ・最大80mA（Bluetooth非接続時） ・最大100mA（Bluetooth接続時）	消費電流値は通信中は変動する
Bluetooth通信	Bluetooth 2.1+EDR対応 プロファイルはSPP（スレーブ動作） UARTとは115.2kbpsで接続	RN-42-SM開発ツール （マイクロチップ・テクノロジー）
DDS周波数出力	DDSによる正弦波出力 ・10Hz～10MHz，最小3Hzステップ	AD5932（アナログ・デバイセズ）
出力アンプ特性	20Hz～1MHz（－1dB範囲） 10Hz～2MHz（－3dB範囲） 出力レベル：8～－30dB調整可	MCP6H92（マイクロチップ・テクノロジー） 実際の被測定機への出力となる出力レベルは基板に実装した可変抵抗で調整可能
レベル入力	ログ・アンプで入力 ・20～－50dB（分解能0.1dB） ・周波数帯域DC～100MHz	AD8310（アナログ・デバイセズ） PICマイコンの10ビットA-Dコンバータを利用
表示	7インチ・タブレット　Android 4.2.1 グラフ表示解像度　1000×700ドット ・横軸：10Hz～10MHzまで対数目盛り ・縦軸：20～－50dB	ASUS社製Nexus 7 （表示解像度は1280×800ドット）

ます．測定結果はPICマイコンからBluetooth無線通信のための回路に転送され，無線でタブレットに送信されます．

　無線通信回路は，Bluetoothスタータ・キットRN-42-SM（マイクロチップ・テクノロジー，旧Roving Network社）を使いました．UARTでPICマイコンと直結できます．

● 信号の流れ

　タブレットから周波数設定値をBluetoothで送信すると，信号処理基板上のBluetoothスタータ・キットRN-42-SMが受信してPICマイコンに設定値を送ります．

　PICマイコンは，DDS（Direct Digital Synthesizer）ICに，設定周波数の正弦波を生成して出力するよう指示します．生成された正弦波はターゲット（被測定回路）に加えられます．正弦波の電圧レベルは可変抵抗で手動で調整します．

　DDSの出力信号は，ターゲットを通過して信号処理基板に戻り，ログ・アンプに入力されて，デシベルに比例した直流電圧になります．この直流電圧をPICマイコンが内蔵するA-Dコンバータでディジタル信号に変換し，無線でタブレットに飛ばします．タブレットは受信した信号レベルでグラフ化します．

　タブレットは一定間隔で設定周波数を更新し，上記の一連の動作を繰り返します．

● 計測機能を実現するために決めたコマンドと本器の振る舞い

　タブレットとアナログ信号処理基板との間でやりとりするデータのフォーマットを表5-3のように決めました．これを利用して，図5-5のような手順で測定機能を実行します．

　図5-5に示すのは，［スイープ］ボタンをタップしたときに処理されるコマンドとその流れです．

①タブレット側で［スイープ］ボタンをタップすると，計測開始コマンドを送信する．

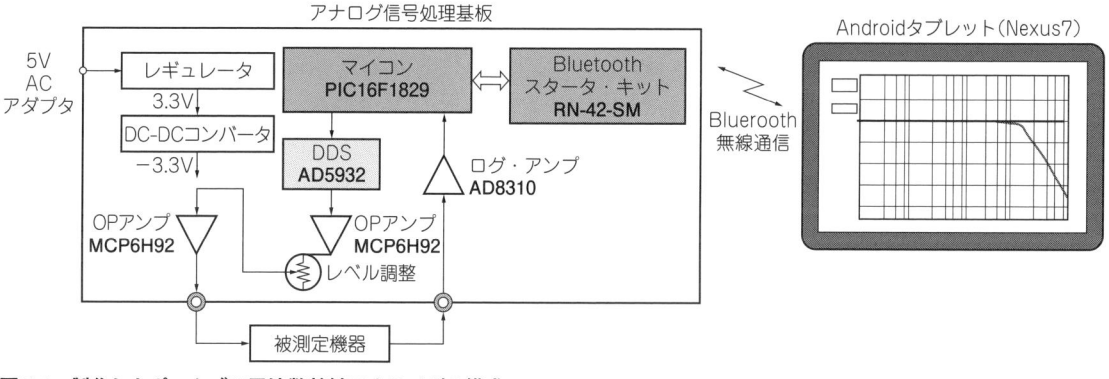

図5-4 製作したポータブル周波数特性アナライザの構成
周波数特性測定機能はアナログ信号処理基板が担当する．測定結果はBluetooth無線でタブレットに送信される．タブレットは測定結果をグラフ化して表示する

表5-3 タブレットとアナログ信号処理基板との間でやりとりされるデータのフォーマット

機　能	タブレット→アナログ信号処理基板	タブレット←アナログ信号処理基板
計測開始コマンド	開始トリガ・コマンド「'S'，'T'，'E'」以降，一定時間間隔で周波数設定コマンドを送信する	応答返送 「'M'，'O'，'K'」
周波数設定コマンド	周波数設定値を4バイトのバイナリ値で送信 「'S'，'N'，F1，F2，F3，F4，'E'」 F1：設定周波数下位1バイト目 F2：2バイト目 F3：3バイト目 F4：4バイト目（最上位）	応答として信号レベルを2バイトのバイナリ値で返す「'M'，'N'，L1，L2，'E'」 L1：レベルの下位バイト L2：レベルの上位バイト

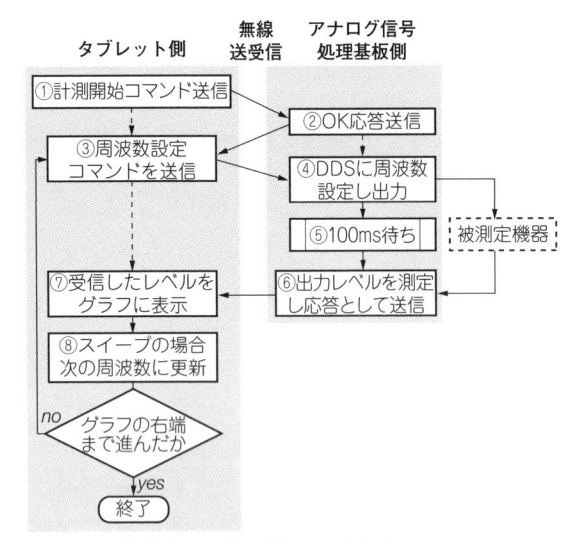

図5-5 周波数特性を測る機能を実現する処理
タブレットとアナログ信号処理基板それぞれの処理内容と，データのやりとりの手順

②計測開始コマンドを受信したアナログ信号処理基板はOK応答を返す．
③OK応答を受けたタブレットは周波数設定コマンドで最初の設定周波数を送信する．
④送られて来た周波数をアナログ信号処理基板のDDSに設定し出力する．
⑤一定時間後に被測定機器の出力を入力．
⑥その値を無線でタブレットに送り返す．
⑦タブレットはそれを受信してグラフに描画する．
⑧グラフ表示後，次の周波数に更新し，再度周波数設定コマンドを送信する（図5-5の③に戻る）．
これをグラフの右端になるまで繰り返していき

ます．

5-2 アナログ信号処理基板

図5-6にアナログ信号処理基板のブロック図を，図5-7に回路図を，写真5-2に製作した基板を示します．ここでは製作に使った部品を紹介します．

● 鍵を握るディジタル周波数シンセサイザIC AD5932

▶ディジタル制御で簡単！数十MHzのアナログ信号はもう誰でも発生させられる

任意の周波数の正弦波の生成にはディジタル周波数シンセサイザ（DDS；Direct Digital Synthesizer）ICのAD5932（アナログ・デバイセズ）を使っています．

最近，この手の周波数シンセサイザICがとても安価で入手しやすくなっています．マイコンでシリアル制御するだけで使えます．

▶周波数分解能24ビット，出力分解能10ビットで50MHzまで動作

AD5932は，周波数特性アナライザの信号発生機能として十分な分解能を持ち，ひずみの少ないきれいな正弦波を出力します．最高50MHzまで動作し，周波数分解能は24ビットです．出力部には10ビット分解能のD-Aコンバータが使われています．

図5-8に内部ブロック図を，表5-4に仕様を，図5-9にピンの配置と機能を示します．

今回は48MHzの発振器で周波数純度の高い基

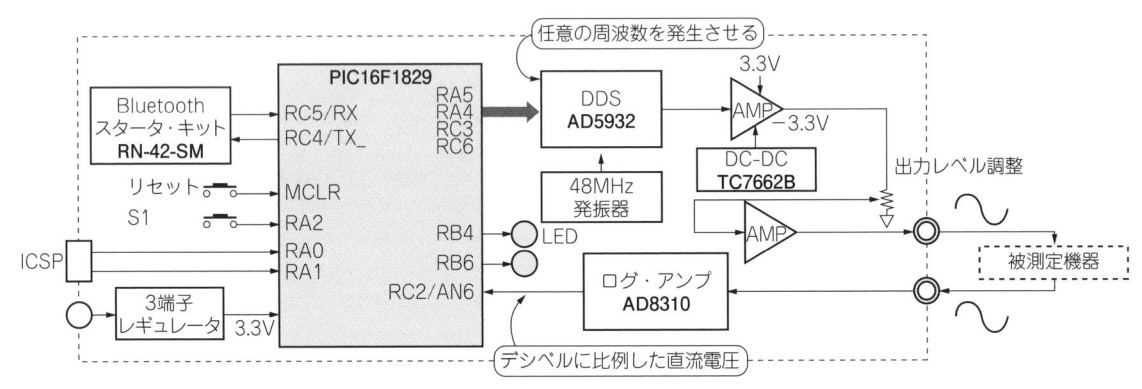

図5-6 アナログ信号処理基板のブロック図

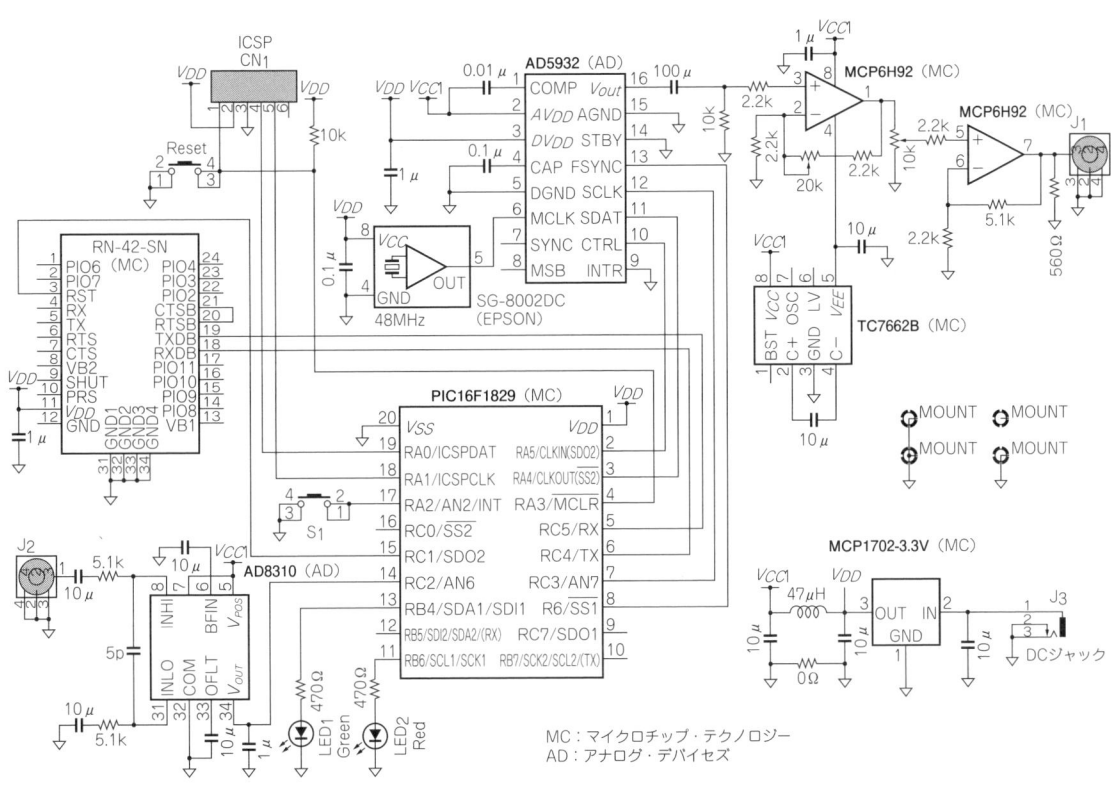

第5章 回路や部品の性能チェックに！ポータブル周波数特性アナライザ

図5-7 アナログ信号処理基板の回路図

準信号を供給します．パッケージはTSSOP（Thin Shrink Small Outline Package）のため小さくて，はんだ付けしにくいですが，ピン数が少ないので何とかなります．

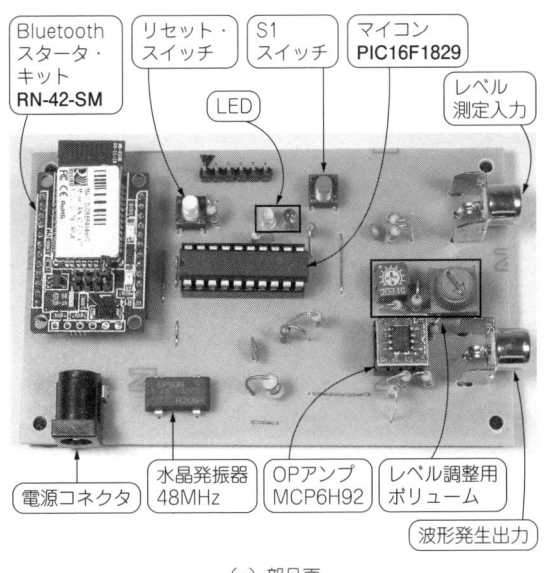

(a) 部品面　　(b) はんだ面

写真5-2 製作したアナログ信号処理基板

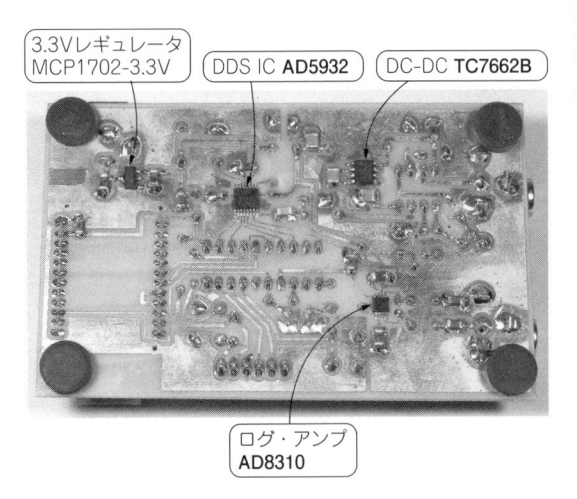

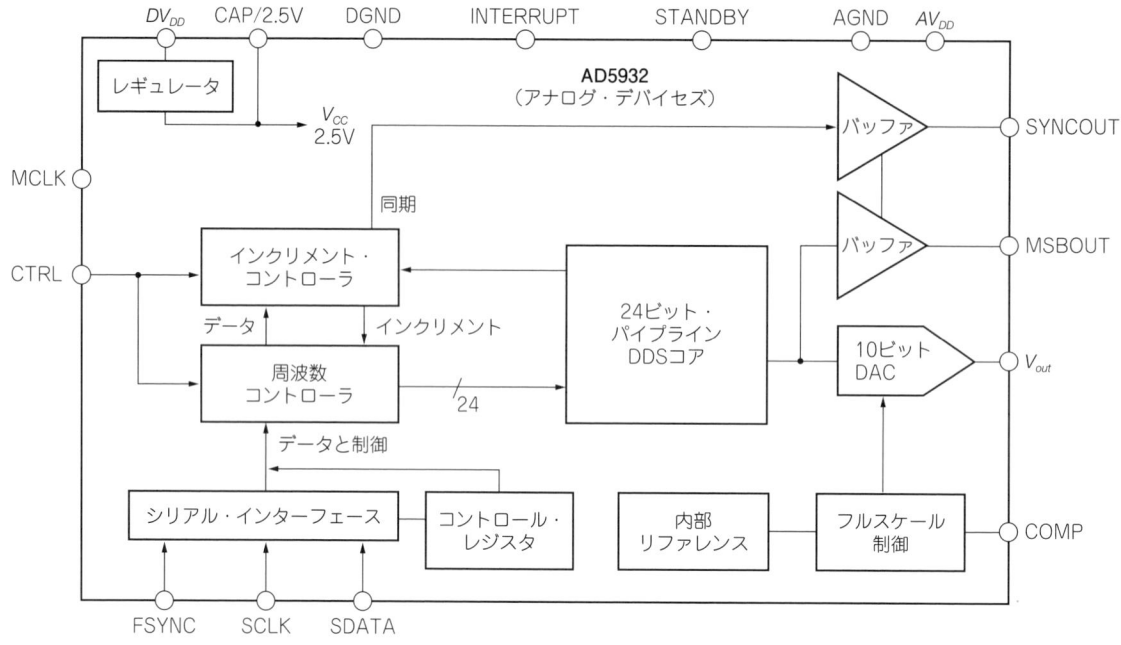

図5-8 DDS IC AD5932のブロック図

表5-4 DDS IC AD5932の仕様規格（データシートより）

項目		最小	標準	最大	単位	備考
DAC分解能			10		ビット	—
DAC出力電圧		—	0.58	—	V	負荷200Ω
DDS S/N		53	60	—	dB	クロック50MHz
ロジック入力	H	2.0	—	—	V	$V_{dd}=3.3V$
	L	—	—	0.7	V	$V_{dd}=3.3V$
ロジック出力	H	$V_{dd}-0.4$	—	—	V	$I_o=1mA$
	L	—	—	0.4	V	
電源V_{DD}		2.3	—	5.5	V	クロック50MHz
消費電流		—	3.8	4	mA	アナログ部
		—	2.4	2.7	mA	ディジタル部
		—	140	240	μA	スリープ・モード時

● DDSの周波数スイープ機能は使わない

AD5932は，自動スキャン・モードを内蔵していて，開始周波数と周波数インクリメント，インクリメント回数を指定すると自動的に一定間隔で周波数をスイープ・スキャンしてくれます．

今回の用途には使いにくいので，自動周波数スキャン機能は使わずPICマイコンで制御します．今回は8ビットのPIC16F1829を使いました．Bluetooth通信に必要な面倒な処理は，Bluetoothスタータ・キットRN-42-SMにすべて任せることができますから，制御用のマイコンは8ビットの

シンプルなもので十分です．

DDS ICを外部インクリメント・モードに設定すると，CTRLピンの立ち上がりエッジで周波数を上げることができます．このモードで，周波数インクリメントと，インクリメント回数を0にして，指定周波数だけを出力しました．

▶ DDS ICとは3線式シリアルでつなぐ

マイコンとDDS ICは3線式シリアルでつなぎます．図5-10にやりとりする信号のタイム・チャートを示します．使用した8ビットのPICマイコンはSPI回路を内蔵していないので，プログラムで

第5章　回路や部品の性能チェックに！ポータブル周波数特性アナライザ

記号	機能内容	記号	機能内容
COMP	DACバイアス電圧	V_{out}	電圧出力 内部200Ω負荷
AV_{DD}	アナログ用電源	AGND	アナログ用グラウンド
DV_{DD}	ディジタル用電源	STANDBY	Hでスリープ・モード
CAP/2.5V	内蔵レギュレータ・デカップリング・ピン	FSYNC	シリアル・フレーム同期入力
DGND	ディジタル用グラウンド	SCLK	シリアル・クロック入力
MCLK	マスタ・クロック入力	SDATA	シリアル・データ入力
SYNCOUT	スキャン・ステータス出力	CTRL	初期化，開始入力 立ち上がりエッジ
MSBOUT	DACデータのMSBの反転出力	INTERRUPT	スキャン中止用入力 立ち上がりエッジ

（b）機能

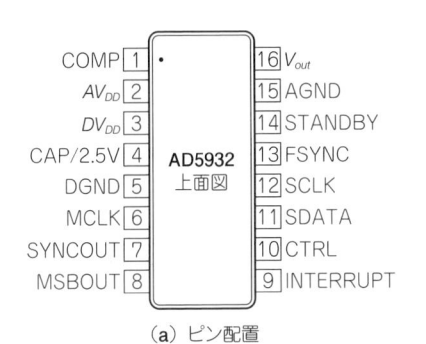

（a）ピン配置

図5-9　DDS IC AD5932のピン配置とピンの機能

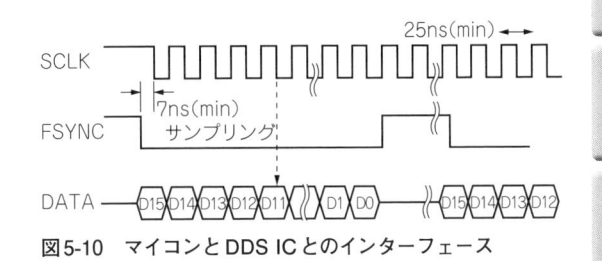

図5-10　マイコンとDDS ICとのインターフェース

I/Oを制御して16ビットのSPI通信を実現しました．

SPIのSCLKクロック信号ラインは40MHzまで動作できるので，PICマイコンでフルスピード制御しても問題ありません．FSYNCが"L"になってからSCLKの立ち下がりでデータをサンプリングするので，立ち上がりでデータを更新します．

PICマイコンからDDSに送信するデータは16ビットです．図5-11（a）に示すように，16ビットのうち上位4ビットがコマンド・アドレスで，続く12ビットのデータの種別を表しています．

コマンド・アドレス0は制御コマンドです．続く12ビットの各ビットの意味は図5-11（c）に示すとおりです．

本器は，設定周波数を連続的に出力するので，開始周波数だけ設定して，あとはすべて0にします．制御ビットは，上位下位連動，D-Aコンバータを有効とし，正弦波出力でCTRLピンによる手動モードとしています．

● DDSの出力信号を増幅するOPアンプ

DDS ICから出力される正弦波は直流成分を含んでいるので，カップリング・コンデンサを通し

コラム1　つないだらダメ！PICマイコンのMCLRピンとBluetoothスタータ・キットのリセット・ピン

Bluetoothスタータ・キットRN-42-SMとPICマイコンは，UARTで接続します．TXとRXピンをクロスで接続し，Bluetoothスタータ・キットのCTSBとRTSBは直接折り返しとしています．

このときリセット・ピンの扱いに注意が要ります．PICマイコンのMCLRピンと接続すると，PICマイコンにプログラムを書き込む際，9V程度の高電圧が短時間加わって，Bluetoothスタータ・キットが壊れます．

Bluetoothスタータ・キットのリセット・ピンは，PICマイコンの出力ピンに接続して，プログラムでリセットしてください．

アドレス	機能とデータ部の内容
0	制御
1	インクリメント回数
2	デルタ周波数 下位12ビット
3	デルタ周波数 上位12ビット
4	インクリメント・インターバル
C	開始周波数 下位12ビット
D	開始周波数 上位12ビット

(a) データ・フォーマット

(b) アドレスとデータの意味

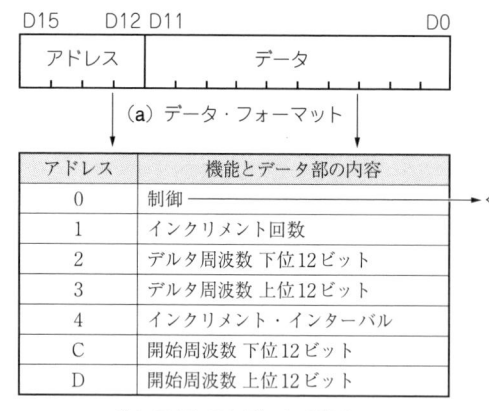

ビット	制御内容
D11	1：上位12ビット，下位12ビット連動 0：上位下位独立
D10	1：DAC有効　0：無効
D9	1：正弦波出力　0：三角波出力
D8	1：MSBOUT有効　0：無効
D5	1：CTRLによる手動　0：自動モード
D3	1：スキャン終了時SYNCOUT出力 0：インクリメントごとにSYNCOUT出力
D2	1：SYNCOUT出力有効　0：無効

(c) アドレス・ビットが0（制御）のときの制御内容

図5-11　DDS ICを3線式シリアルで制御するデータ・フォーマット

て0V基準の交流信号に変換しOPアンプで増幅します．

増幅した信号は可変抵抗でレベルを調整し，OPアンプで構成したアンプで出力インピーダンスを下げて出力します．

アナログ信号処理基板に使用したOPアンプはすべてMCP6H92（マイクロチップ・テクノロジー）です．±6Vまでの電源で使用でき，GBWPは10MHzです．出力はレール・ツー・レールでほぼ電源電圧近くまでスイングします．

● ターゲットから戻る信号のレベルをデシベル・スケールに変換するログ・アンプ

被測定デバイスを通過した信号は，ログ・アンプIC AD8310（アナログ・デバイセズ）に入力され，デシベルに比例した直流電圧になります．

直流電圧はPICマイコンの10ビット分解能のA-Dコンバータでディジタル信号に変換して，Bluetoothスタータ・キットRN-42-SMに送信します．

● 電源や基板など

アナログ信号処理基板には，5V出力のACアダプタから電源を供給します．基板内の電源電圧は，PIC16F1829に合わせて3.3Vとしました．DDS ICとログ・アンプも3.3Vです．

出力アンプだけは，0V基準の信号を出力するために，DC-DCコンバータ（TC7662B，マイクロチップ・テクノロジー）を使って，+3.3Vから−3.3Vを生成して供給しました．

OPアンプやログ・アンプ，DDSなどのアナログ回路の電源には，LCフィルタを挿入してノイズを除去しました．

この基板は，レベルの小さいアナログ信号を扱うので，アナログ回路のグラウンドとディジタル回路のグラウンドを分離して1カ所で接続します．

2個のLEDは，プログラムの動作状況のモニタ用です．

5-3　PICマイコンのファームウェア

Bluetooth通信のための複雑なプロトコル・スタックはすべてBluetoothスタータ・キットに実装されているので，PICマイコンでやることはUARTによるシリアル送受信だけです．

注意があるとすれば，半二重通信でかつ送受信エラーが起きる可能性がある点です．送信と受信は同時にはできません．

● ファームウェアの全体構成

図5-12に，PICマイコンのファームウェアの構成を示します．メイン処理と，USARTの受信割り込みを使った無線受信処理との二つの処理ルーチンで構成しました．

▶ ICやモジュールの初期化

図5-12（a）のメイン処理では最初に，I/Oピンの入出力モードやUSART，A-Dコンバータの初期設定を行います．その中で，Bluetoothスタータ・キットのリセット・ピンを200msだけ"L"に

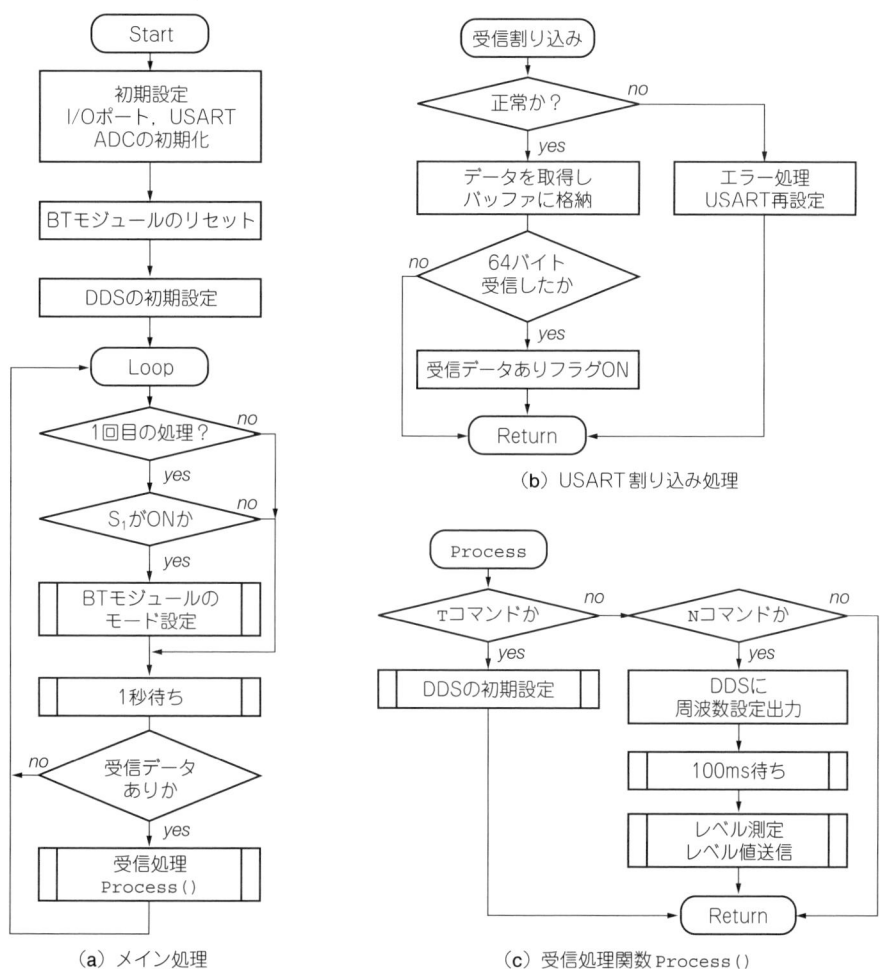

第5章 回路や部品の性能チェックに！ポータブル周波数特性アナライザ

図5-12 PICマイコンのファームウェアの全体構成

(a) メイン処理
(b) USART割り込み処理
(c) 受信処理関数 Process()

してBluetoothスタータ・キットをリセットします．さらにDDS ICの初期化をコマンド送信で行い，初期状態として1kHzの正弦波を出力します．

▶ メイン・ループと割り込み処理

メイン・ループに入ったら，最初の1回だけ，スイッチS_1がONであれば，コマンド・モードでBluetoothモジュールの名称設定などを設定し，動作完了を待つ1秒間を挿入してから受信待ちループに入ります．S_1が押されていなければ，何もせず1秒待ちを挿入してから受信待ちループに入ります．

受信待ちループでは，**図5-12(b)** に示すUSARTの割り込み処理で，64バイト・データの受信が完了して，受信ありフラグがONになるまで待ちます．受信ありフラグがONになり，受信データがある状態になったら，受信処理関数のProcess()を実行します．

▶ 受信処理関数 Process()

図5-12(c) に示すProcess()関数では，受信コマンドをチェックして，TコマンドのときはOK応答を返します．Nコマンドのときは，その後に続く周波数設定データを読み込み，周波数データに変換してからDDS ICを設定します．

100ms待ち，今度はレベル・データをA-Dコンバータを使って読み込み，そのデータをBluetoothモジュールに出力し，無線送信します．

● DDS ICを制御するサブ関数

図5-12 で示した全体処理のほかに，DDS ICを制御する関数やBluetoothに送信動作させる関数，

タイマ2を使った遅延用の関数などがあります.
リスト5-1にDDS ICの制御サブ関数を示します. DDS ICとPICマイコンは,3線式シリアル・インターフェースでつなぎます.**図5-11**から分かるように,データは16ビット単位で送信します.

AD5932は16ビットのSPIを持つマイコンで制御するのがベターですが,今回使ったPICマイコンにはないので,I/Oでシリアル信号を生成するプログラムを作りました.つまり,汎用入出力ピンを"H/L"させて,クロックとデータを生成します.

DDS ICの出力周波数は24ビットで設定します.出力周波数 f[Hz] は次式で決まります.48MHzは発振器の周波数です.

$$f = 設定値 \times (48\text{MHz} \div 0\text{xFFFFFF})$$
$$= 設定値 \times 48\text{MHz} \div 16777215$$
$$\fallingdotseq 設定値 \times 2.861\text{Hz}$$

リスト5-1　DDS ICを制御するサブ関数のソース・コード

```
/***********************************************
*AD5932 DDS 設定制御関数
*(コメント部省略)
***********************************************/
void setFreq(long freq){
    float temp;
    union{
        unsigned long para;           ← long数値をintでも扱うためのユニオン定義
        unsigned int ipara[2];
    }DDSpara;

    /* 周波数設定値に変換 */
    temp = (0.3496 * (float)freq);    ← 周波数から設定値に変換する
    DDSpara.para = (long)temp << 4;   ← 整数にして上位を12ビットにする
    /* DDS制御実行 */
    ddsCTRL = 1;           // CTRL = 0
    spi_send(0x07FF);      // 制御コマンド送信
    spi_send(0xC000 | ((DDSpara.ipara[0]>>4) & 0x0FFF));
                           // 下位12ビット送信          ← DDSコマンドにして送信する
    spi_send(0xD000 | (DDSpara.ipara[1] & 0x0FFF));
                           // 上位12ビット送信
    ddsCTRL = 0;
    ddsCTRL = 1;           // CTRL=1 周波数出力開始    ← DDS出力トリガ
}
/***********************************************
* SPI で16ビット送信関数
***********************************************/
void spi_send(unsigned int data){
    unsigned int mask;

    ddsFSYN = 0;           // CS Low               ← CS出力ON
    ddsSCLK = 1;           // SCK high
    mask = 0x8000;         // ビット・マスク初期値セット
    for(i=0; i<16; i++){   // 16ビット繰り返し      ← 上位ビットから16ビット繰り返し
        if((data & mask) != 0)// ビット・チェック
            ddsSDAT = 1;   // 1の場合               ← 1ビット分出力
        else
            ddsSDAT = 0;   // 0の場合
        ddsSCLK = 0;       // SCK Low
        ddsSCLK = 0;       // パルス幅確保          ← SCKの1ビット分出力
        ddsSCLK = 1;       // SCK Highに戻す
        mask = mask >>1;   // ビット・マスク移動
    }
    ddsFSYN = 1;           // CS High              ← CS出力OFF
}
```

リスト5-2 メイン処理の宣言部のソース・コード

```
/****************************************************************
*   タブレットによる周波数特性測定
*   PIC16F1829 を使用し，Bluetoothで通信
*   正弦波出力：AD5932  SPI接続
*   ログ・アンプ：AD8310  AN6でアナログ入力
****************************************************************/
#include <htc.h>
/***** コンフィギュレーションの設定 *********/
// CONFIG1
#pragma config FOSC = INTOSC           // 内蔵クロック
#pragma config WDTE = OFF              // WDT 禁止
#pragma config PWRTE = ON              // PWRT 有効
#pragma config MCLRE = ON              // MCLR有効
#pragma config CP = OFF                // プロテクトなし
#pragma config CPD = OFF               // プロテクトなし
#pragma config BOREN = ON              // BOR有効
#pragma config CLKOUTEN = OFF          // クロック出力なし
#pragma config IESO = OFF              // クロック切り替えなし
#pragma config FCMEN = OFF             // クロック監視なし
// CONFIG2
#pragma config WRT = OFF               // フラッシュ書き込み禁止なし
#pragma config PLLEN = ON              // PLL有効
#pragma config STVREN = OFF            // スタック・オーバーフロー・リセット
#pragma config BORV = LO               // BOR電圧Low
#pragma config LVP = OFF               // 低電圧書き込み禁止
/***** DDS用ピン指定 ******/
#define ddsFSYN     LATCbits.LATC6
#define ddsSCLK     LATCbits.LATC3
#define ddsSDAT     LATAbits.LATA4
#define ddsCTRL     LATAbits.LATA5
#define RedLED      LATBbits.LATB6
#define GreenLED    LATBbits.LATB4
/* Bluetoothモジュール設定用コマンド・データ */
unsigned char msg1[] = "$$$";                // コマンド・モード指定
unsigned char msg2[] = "SF,1\r\n";           // 初期化
unsigned char msg3[] = "SN,Analyzer\r\n";    // 指定
unsigned char msg4[] = "R,1\r\n";            // 再起動
/**** 変数定義 ***/
union{
    unsigned long Freq;                // DDS用周波数
    unsigned int  iFreq[2];
    unsigned char cFreq[4];
}ddsFreq;
unsigned long oldFreq;
unsigned char State, Flag;
unsigned char RcvBuf[64];              // Bluetooth受信バッファ
unsigned char SndBuf[64];              // Bluetooth送信バッファ
int Index, i, j;
/** 関数プロトタイピング */
void Send(unsigned char Data);
void setFreq(long freq);
void spi_send(unsigned int data);
void Delayms( unsigned int t);
void Process(void);
void SendStr(unsigned char * str);
void SendCmd(unsigned char *cmd);
```

自動生成した
コンフィギュレーション設定

DDS用の入出力ピンの定義

BTモジュールの設定用コマンド

DDS設定用周波数変数用ユニオン

1ステップ当たり約3Hz設定できることが分かります．最低周波数は3Hz，最高周波数は24MHzです．

できるだけひずみの小さい正弦波を得るために，分解能を50にすると，最高周波数は960kHz（= 48MHz÷50）です．約1MHzまではきれいな正弦波が得られます．

逆算で周波数から設定値を求めるときには次式を使います．

設定値 = $f \div 2.861 = f \times 0.3495$
（実際には0.3496の方が設定周波数に近くなる）

リスト5-3 メイン関数の初期設定部のソース・コード

```
/*********** メイン関数 ********************/
void main(void){
    /** クロック設定 **/
    OSCCON = 0xF0;                   // 内蔵8MHz PLL On 32MHz   ←(クロック設定)
    /* 入出力ポート設定 */
    ddsFSYN = 1;
    ddsCTRL = 1;
    /* 入出力ポートの設定 */
    APFCON0 = 0x84;                  // RX=RC5, TX=RC4
    ANSELA = 0x00;                   // すべてディジタル・ピン
    ANSELB = 0x00;                   // すべてディジタル・ピン
    ANSELC = 0x04;                   // RC2(AN6)のみアナログ入力
    TRISA = 0x0F;                    //                                  (I/Oピン初期設定)
    TRISB = 0x00;                    // 出力
    TRISC = 0x24;                    // RC4,5(RX),RC2(AN6)のみ入力
    WPUA = 0x04;                     // RA2のみpullup
    OPTION_REGbits.nWPUEN = 0;       // Pullup Enable
    /* BTモジュールのリセット */
    LATCbits.LATC1 = 0;                                          ←(BTモジュールのリセット)
    Delayms(200);
    LATCbits.LATC1 = 1;
    /* USARTの初期設定 */
    TXSTA = 0x24;                    // TXSTA,送信モード設定 BRGH=1
    RCSTA = 0x90;                    // RCSTA,受信モード設定
    BAUDCON=0x08;                    // BAUDCON 16bit                    (USARTの初期設定115.2kbps)
    SPBRGH = 0;
    SPBRGL = 68;                     // SPBRG,通信速度設定(115.2kbps)
    PIR1bits.RCIF = 0;               // 割り込みフラグ・クリア
    PIE1bits.RCIE = 1;               // 割り込み許可                   ←(受信のみ割り込み許可)
    /* ADCの初期設定 */
    ADCON0 = 0;                      // ADC無効化                      ←(ADCの初期設定停止したまま)
    ADCON1 = 0xA0;                   // 右詰め,Ref設定 Fosc/32 速度設定
    /** DDSの初期設定 **/
    ddsFreq.Freq = 1000;             // 初期値1kHz
    oldFreq = 0;
    spi_send(0x07FF);                // 制御コマンド送信
    spi_send(0x1000);                // インクリメント数なし
    spi_send(0x2000);                // Δfなし                        (DDS ICの初期設定，1kHzの正弦波出力)
    spi_send(0x3000);                // Δfなし
    spi_send(0x4000);                // インターバルなし
    setFreq(1000);                   // 初期値1kHz
    Index = 0;
    Flag = 0;                                                    ←(変数初期化)
    State = 0;
    /* 割り込み許可 **/
    INTCONbits.PEIE = 1;                                         ←(割り込み許可)
    INTCONbits.GIE = 1;
```

● メイン処理
▶宣言部

リスト5-2にメイン処理の宣言部のソース・コードを示します．

最初にコンフィグレーションの設定をします．この記述は，PICマイコンの開発ツールであるMPLAB X IDEで自動生成したものです（コメント部は書き換えている）．この方法が間違いが少なく楽です．

変数定義の中では，DDS ICの周波数格納用の変数でユニオンを使っています．long型変数をchar型に分けて扱えるようにするためです．

Bluetoothモジュールとは，常に64バイト単位で送受信するので，通信用バッファは64バイト長の配列にしました．

▶メイン関数の初期設定部

リスト5-3にメイン関数の初期設定部のソース・コードを示します．すべての部品とマイコンの内蔵機能を初期化します．

最初は，クロック周波数の設定です．8MHzの内蔵クロックでPLLを有効化して32MHzの最高速度にします．

入出力ピンの初期化では，USARTに対応するピンの入出力モードを設定します．

Bluetoothスタータ・キットRN-42-SMは，200msの"L"パルスをI/Oピンで出力してリセットします．そのあと，USARTの初期設定をしています．Bluetoothスタータ・キットのデフォルトの通信

リスト5-4 メイン・ループ部のソース・コード

```
/*********** メイン・ループ ***************/
while(1) {
  switch(State){          ← ステート変数で分岐
    case 0:               ← リセット後の1回だけ有効
      /** Bluetoothモジュール初期化 */
      if(PORTAbits.RA2 == 0){   // S1が押されている場合 ← S1が押されているときだけ実行する
        Delayms(1000);
        SendCmd(msg1);          //$$$
        Delayms(1000);
        SendCmd(msg2);          // ファクトリ・リセット  ┐
        SendCmd(msg3);          // 名称設定              ├ BTモジュールの設定コマンド出力
        SendCmd(msg4);          // リブート              ┘
      }
      State = 1;                //次へ
      break;
    case 1:
      Delayms(1000);            // 接続待ち遅延  ← BTモジュールの初期化完了待ち
      Index = 0;                // バッファ・インデックス初期化
      State = 2;
      break;
    case 2:
      /* 受信コマンド処理ループ */
      if((Flag == 1) && (RcvBuf[0] == 'S')) {   ← 64バイトの受信待ち
        RedLED ^= 1;
        SndBuf[0] = 'M';        // 返信マーク保存  ┐ 返送用バッファ・セット
        SndBuf[1] = RcvBuf[1];  // 返信区別保存    ┘
        Process();              // コマンド処理実行  ← 受信データ処理
        Index = 0;              // バッファ・ポインタ初期化
        Flag = 0;               // 受信完了フラグ・クリア  ← バッファ・インデックス・リセット
      }
      break;
    default:
      break;
  }
}
```

速度(115.2kbps)に合わせて通信速度を設定します．USARTは受信だけ割り込みを使います．

A-Dコンバータは，変換する際に初期設定します．

続いてDDS ICを初期設定します．シリアル通信でコマンドを送り，最初は1kHzの正弦波を連続的に出力する状態にします．

最後に，USARTの受信割り込みを許可するためグローバル割り込みを許可してからメイン・ループに入ります．

▶メイン・ループ部

リスト5-4にメイン・ループ部のソース・コードを示します．ステート関数としています．

ステート0と1はリセット後の1回だけ有効で，通常はステート3で永久ループになります．ここではBluetoothの64バイトのデータ受信完了を待っていて，データが受信されたらProcess()関数を呼び出してデータの処理を実行して再度受

リスト5-5 受信データの処理を行うProcess()関数

```
/*******************************************
 *   データ受信処理関数
 *   データはRcvBuf[]内
 *******************************************/
void Process(void){
  /******** 受信コマンドごとの処理 ********/
  switch(RcvBuf[1]){              // コマンド・コード・チェック      ← 受信コマンド種別で分岐
    unsigned int temp;
    /** データ計測開始トリガ ***/
    case 'T':
      SndBuf[2] = 'O';
      SndBuf[3] = 'K';                                            ← 開始コマンドの場合OKを応答
      SndBuf[4] = 'E';
      SendStr(SndBuf);
      break;
    /** 周波数設定とレベル測定値返送 */
    case 'N':                                                     ← 周波数設定コマンドの場合
      /** 周波数設定値取得と設定制御 **/
      for(i=0; i<4; i++)
        ddsFreq.cFreq[i] = RcvBuf[i+2];                           ← バイト型の受信データをlong型に変換
      if(ddsFreq.Freq != oldFreq)   // 同じ周波数なら何もしない
        setFreq(ddsFreq.Freq);      // 異なる周波数なら設定出力実行
      oldFreq = ddsFreq.Freq;       // 旧周波数データを更新        ← DDS ICに周波数設定出力
      /* 計測値安定化待ち **/
      Delayms(100);                                               ← 被計測機器の出力待ち
      /* レベル計測データ返送 */
      temp = 0;
      for(i=0; i<10; i++){                                        ← 10回繰り返し平均値を求める
        ADCON0 = 0x19;              // チャネル6選択 ADON
        ADCON0bits.GO = 1;          // 変換開始                    ← レベル計測
        while(ADCON0bits.GO);       // 変換終了待ち
        temp = temp + ADRESH*256 + ADRESL;  // CH1測定
        Delayms(2);                 // 2msec間隔でサンプリング      ← 計測間隔
      }
      SndBuf[2] = (temp/10) % 256;  // 送信バッファに下位セット     ← レベル値を送信バッファにセットし送信実行
      SndBuf[3] = (temp/10) / 256;  // 送信バッファに上位セット
      SndBuf[4] = 'E';
      SendStr(SndBuf);
      break;
    /*** 不明 ****/
    default:
      break;
  }
}
```

信を待つ処理を繰り返します．

リスト5-5に，受信データの処理を行うProcess()関数を示します．

受信したコマンドの種別で分岐し，計測開始コマンドのときはOKを返します．周波数設定コマンドのときは，受信したバイト型の周波数データを，ユニオンを使ってlong型に変換してから

DDS ICに設定出力しています．

その後100msの遅延を入れて，被測定対象の出力が安定するのを待ってからレベルを計測します．レベルは2ms間隔で10回計測した平均値を求めています．この計測値を送信バッファにセットしてから送信を実行しています．

これを繰り返します．

リスト5-6 送受信関連のサブ関数

```
/******************************
 * 割り込み処理関数
 *   受信割り込み
 ******************************/
void interrupt isr(void){
    unsigned char data;

    if(PIR1bits.RCIF){                            // 受信割り込みの場合
        PIR1bits.RCIF = 0;                        // 受信割り込みフラグ・クリア
        if((RCSTAbits.OERR) || (RCSTAbits.FERR)){ // エラー発生した場合
            RCSTA = 0;                            // USART無効化
            RCSTA = 0x90;                         // USART再有効化
        }
        else{                                     // 正常受信の場合
            if((State > 1)&&(Index<64)){
                RcvBuf[Index++] = RCREG;          // データ取り出し
                if(Index >= 64)                   // 64バイト受信完了か？
                    Flag = 1;                     // 受信完了フラグ・オン
            }
            else                                  // コマンド実行中でない場合
                data = RCREG;                     // 読み飛ばして無視
        }
    }
}
/******************************
 * USART 送信実行サブ関数
 ******************************/
void Send(unsigned char Data){                    // 1バイト送信
    while(!TXSTAbits.TRMT);                       // 送信レディ待ち
    TXREG = Data;                                 // 送信実行
}
/******************************
 * Bluetooth文字列送信関数
 ******************************/
void SendStr(unsigned char *str){                 // 64バイト連続送信
    GreenLED ^= 1;
    for(i= 0; i<64; i++)                          // 64バイト送信
        Send(*str++);                             // 送信実行
}
/******************************
 * Bluetoothコマンド送信関数
 *   遅延挿入後戻る
 ******************************/
void SendCmd(unsigned char *cmd){                 // コマンド文字列送信．送信後1秒待つ
    while(*cmd != 0)                              // 終端まで繰り返し送信
        Send(*cmd++);                             // 送信実行
    Delayms(1000);                                // 返信スキップ用遅延
```

※注釈：
- 受信割り込みの場合
- 受信エラーの判定とエラー回復処理
- 正常受信ならバッファに格納 64バイト受信で完了
- バッファ・オーバーなら捨てる
- 1バイト送信
- 64バイト連続送信
- コマンド文字列送信．送信後1秒待つ

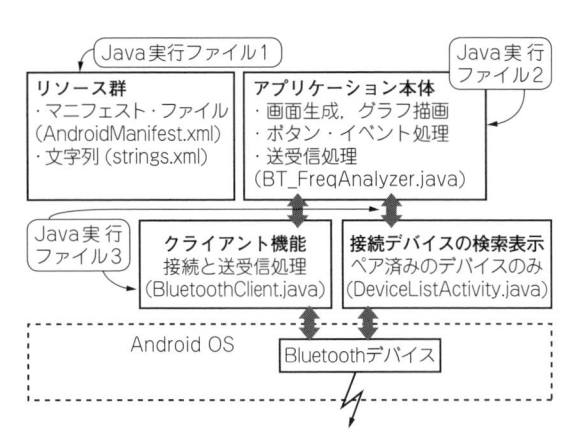

図5-13 制作したタブレット用アプリケーションの全体構成
三つのJava実行ファイルで構成されている．実機で動作させるにはコンパイルが必要

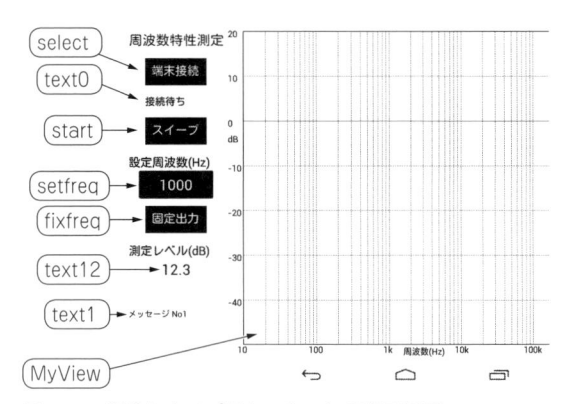

図5-14 制作したアプリケーションの表示画面
左側がアプリケーション用のボタンとメッセージ領域で，右側はグラフ表示領域

● そのほかの送受信関連のサブ関数

リスト5-6に送受信関連のサブ関数示します．

▶ USART受信の割り込み処理 isr()

受信エラーをチェックします．エラーがあったときは，USARTを再初期化して回復させます．正常なときはバッファに格納し，64バイト受信で完了とします．64バイトを超えた場合や，ステートが3でない間の受信は捨てています．

▶ USARTの送信

送信するのがデータの場合は SendStr() 関数を使って64バイト連続で送信します．送信するのがBluetooth設定コマンドのときは SendCmd() 関数を使います．ここではコマンドを文字列として送信し，送信後応答を待つため1秒間の遅延を挿入します．この間の受信データは無視されます．それぞれの関数の中で1バイト分の送信を行うのが Send() 関数です．

　　　　＊　　　＊　　　＊

以上のファームウェアをPICマイコンに書き込めば，動作を開始して，タブレット側からのコマンド待ち状態になります．Bluetoothスタータ・キットはペアリング接続待ちとなり緑色のLEDが点滅します．

5-4 タブレットのアプリケーション・プログラムを作る

● 全体の構成

Android OSで動くアプリケーションは，Eclipse + Android SDKという環境の上でJava言語を使って作りました．AndroidタブレットにはBluetoothデバイスとそれを駆動するAPIも標準で搭載されているのでそのまま利用しています．

図5-13に，制作したタブレット用アプリケーションの全体構成を示します．三つのJava実行ファイルで構成していて，次の二つは独立させています．

① Bluetoothの端末探索部
② Bluetoothの送受信制御部

この部分は，Googleのサンプル・コードを基本にしているので，ほかのBluetoothを使うアプリケーションにも共通で利用できるからです．

Eclipse+Android SDKでプログラムを作成すると，GUIで画面レイアウトを構成でき，結果がソース・コードとは別のリソースとして生成されます．リソースとしてはレイアウト情報と文字列の二つのファイルが生成されますが，今回はそれを使わずプログラム中に直接記述して画面を生成しました．文字列のリソースも表題だけです．

ここではマニフェスト・ファイルが重要な働きをしています．マニフェスト・ファイルとはAndroidプログラミングで必要となるAndroidのAPIレベルや使用するAPI関数を指定するファイルのことです．

● 表示画面の構成とボタンの機能

アプリケーションの機能はボタンに対応させる

表5-5 タブレット側の機能

名　称	機　能	備　考
端末接続	最初にBluetoothで接続する端末を選択し接続する 選択できる端末はペアリング済みのものに限定．接続状態をtext0のメッセージ領域に下記のように表示する 「接続待ち→接続中→接続完了または接続失敗」	選択可能端末はダイアログで表示する Bluetoothが無効になっている場合はダイアログで有効化を促す
スイープ	text0に「スイープ開始」と表示してから，10Hzから10MHzまで順に周波数を更新しながら周波数設定コマンドを送信する．折り返しのレベル・データを受信してグラフに表示する．同時に測定レベル欄(text12)にdB値で表示する	表示実行中にクリックするとグラフを消去して最初からやり直す 設定コマンドの周波数をメッセージ欄に表示する
固定出力	設定周波数欄(setfreq)に入力した周波数で設定コマンドを送信し，折り返し受信したレベルを測定レベル欄(text12)にdB値で表示する	スイープ中は固定出力禁止とする
グラフ表示	測定レベルを表示 横軸は対数で周波数を10Hzから10MHzまで表示 1000ドットを6分割して1分割/ディケードで表示 縦軸は700ドットを0.1dB/1ドットで表示 －50dBから＋20dBとして表示	タブレットは1280×800の画面サイズ

ので，画面構成から説明します．

表示画面は図5-14のようにしました．左側がアプリケーション用のボタンとメッセージ領域で，右側はグラフ表示領域です．機能はすべてボタン・タップから開始されます．

ボタンと画面に対応する機能は表5-5のようにしました．これらの機能はBluetoothの制御以外すべてアプリケーション本体で実行しています．

5-5 Bluetooth通信の制御

本器は，タブレット側が要求を出して機能を実現するので，タブレットをBluetoothクライアントとして構成します．

● 三つのクラスを使う

Bluetoothを制御する方法は，GoogleのAndroid Developers[1]に詳しく解説されています．Android OS内のandroid.bluetoothパッケージでBluetooth APIがサポートされており，多くのクラスが提供されています．

クラスとはオブジェクト指向で使われる言葉です．プログラムの対象とするものを入出力データと機能メソッド（関数のようなもの）で表現して抽象化したものでひな型となります．同種のものはこのクラスとしてまとめて扱うことができるようになります．実際に使うときにはデータを具体的に定義してインスタンス化して使います．

本器では次の三つのクラスを使いました．
① **BluetoothAdapter**
自分自身のBluetoothデバイスを表し，すべての機能をこの中で実現します．
② **BluetoothDevice**
相手となるBluetoothデバイスを表し，MACアドレスを元にインスタンス化されます．これで相手デバイスの名前，アドレス，クラス，結合状態などの情報を問い合わせます．
③ **BluetoothSocket**
BluetoothDeviceとして生成されたリモートとのBluetooth通信用ソケット，つまりインターフェースとして生成され，このソケットを使って実際の通信がInputStreamとOutputStreamで行われます．

● 大きく4ステップで制御する

Bluetoothは次の四つのステップで制御します．
①Bluetoothの許可と有効化
②ペア・デバイスまたは利用可能デバイスの発見（スキャン）
③デバイスとの接続
④データ転送

▶ステップ1：Bluetoothの許可と有効化
(1) Bluetooth機能を許可する
最初にタブレットで自分のBluetooth機能を許可します．マニフェスト・ファイルにリスト5-7の2行を追加すれば，Bluetoothが使えるようにな

ります．

(2) Bluetooth機能が存在するかどうかを判定する

BluetoothAdapterオブジェクトが取得できるかどうかで，タブレットやスマートフォンにBluetooth機能が内蔵されているかどうかを判定できます．

アプリケーション本体の最初BTadapter=のところに，**リスト5-8**のように記述します．Bluetooth機能が内蔵されていると，BluetoothAdapterオブジェクトが存在することになるのでBTadapterにnull以外の値，つまりインスタンスが返されます．

getDefaultAdapter()メソッドがnullを返した場合は使用できません．これをアプリケーションの最初に実行するonCreate()メソッドで実行して判定します．

(3) Bluetoothを有効化

BluetoothAdapterが取得できたらBluetooth機能を有効化します．

スマートフォンやタブレットは，消費電流削減のために，初期状態ではBluetooth機能は無効になっています．設定ツールでBluetooth機能をONすれば有効化できますが，アプリケーションから呼び出してダイアログを表示させたら，自動的にBluetooth機能を使えるような仕様にします．

手順を説明します．onStart()メソッド内で**リスト5-9**のように記述します．

まず，isEnabled()メソッドでBluetooth機能が有効かどうか判定します．falseが返されたときは無効になっているので，インテントでACTION_REQUEST_ENABLEという有効化ダイアログをENABLEBLUETOOTHという戻り値として起動要求します．

trueを返してきたときはすでに有効ですから，クライアントとして動作開始させるため別ファイルとなっているBluetoothClientクラスを新たに生成し，このクラスからの応答処理用のハンドラを生成しておきます．

有効化ダイアログに遷移するとAndroid端末で**図5-15**のようなダイアログが表示されます．

ここで［はい］がクリックされたら，メイン・アプリケーションに戻り，onActivityResultに対してENABLEBLUETOOTH（Bluetoothの有効化）のイベントを発生させます．このイベントに対応する処理では，**リスト5-10**のようにしてBluetoothClientクラスを新たに生成し，そのクラスからの応答処理用ハンドラを用意しています．それ以外の要求の場合はBluetoothのサポートなしとしてメッセージだけ出力しています．

これでBluetooth機能の有効化が完了し，Bluetoothが使えるようになります．

▶**ステップ2：ペア・デバイスまたは利用可能デバイスの発見（スキャン）**

BluetoothAdapterクラスを使うことで，次のいずれかの方法でリモート端末を見つけることができます．

- デバイス発見機能
- ペア・デバイスのリストを取得する

本器では，［端末接続］ボタンのタップでこの機能が動き出します．

この発見機能そのものは，DeviceListActivity.javaという独立ファイルとして構成しています．

まず，メイン・アプリケーションのボタンの

リスト5-7　Bluetooth機能を許可するためにマニフェスト・ファイルに追加するコード

```
<uses-permission android:name="android.permission.BLUETOOTH_ADMIN"/>
<uses-permission android:name="android.permission.BLUETOOTH"/>
```

リスト5-8　Bluetooth機能が存在するかどうかを判定する

```
// Bluetoothが有効な端末か確認
BTadapter = BluetoothAdapter.getDefaultAdapter();
if (BTadapter == null) {
    text0.setTextColor(Color.YELLOW);
    text0.setText("Bluetooth未サポート");
}
```

リスト5-9　Bluetooth機能を有効化する

```
if (BTadapter.isEnabled() == false) {
   // Bluetoothが有効でない場合
   // Bluetoothを有効にするダイアログ画面に遷移し有効化要求
   Intent BTenable = new Intent(BluetoothAdapter.ACTION_REQUEST_ENABLE);
   // 有効化されて戻ったらENABLEパラメータ発行
   startActivityForResult(BTenable, ENABLEBLUETOOTH);
}
else {
   if (BTclient == null) {
      // BluetoothClientをハンドラで生成
      BTclient = new BluetoothClient(this, handler);
   }
}
```

処理部は**リスト5-11**のようにしています．CONNECTDEVICEを戻り値として，インテントで`DeviceListActivity`クラスを起動しています．

`DeviceListActivity`クラスでは，ペアリング済みのデバイスだけのリストを**図5-16**のように表示して選択を待ちます．デバイスが選択されたらリモート端末のアドレスを取得してRESULT_OKコードを戻り値として，CONNECTDEVICEの`onActivityResult`イベントを発生します．

▶ステップ3：デバイスとの接続

デバイス（製作したアナログ信号処理基板）が選択されたCONNECTDEVICEの`onActivityResult`イベントでメイン・アプリケーションに戻ったら，

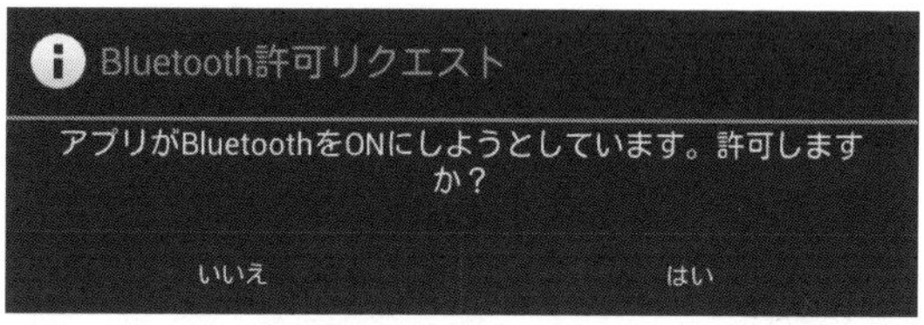

図5-15　Bluetooth機能を有効化するときにAndroid端末に表示されるダイアログ

リスト5-12のようにして，接続したリモート（アナログ信号処理基板）のアドレスを取得し，そのアドレスで`BluetoothDevice`クラスを生成し，`connect()`メソッドを呼び出して，そのリモートとの接続処理を開始します．

`connect()`メソッドを含む接続処理のメソッ

リスト5-10　Bluetooth機能を有効化する
onActivityResultに対してENABLEBLUETOOTHのイベントを発生させる

```
/************ 遷移ダイアログからの戻り処理 *********************/
public void onActivityResult(int requestCode, int resultCode, Intent data) {
switch (requestCode) {
   // 端末選択ダイアログからの戻り処理
   case CONNECTDEVICE:           // 端末が選択された場合
           (一部省略)
   break;
   // 有効化ダイアログからの戻り処理
   case ENABLEBLUETOOTH:         // Bluetooth有効化の場合
      if (resultCode == Activity.RESULT_OK) {
         // 正常に有効化できたらクライアント・クラスを生成しハンドラを生成する
         BTclient = new BluetoothClient(this, handler);
      }
      else {
         Toast.makeText(this, "Bluetoothのサポートなし", Toast.LENGTH_SHORT).show();
         finish();
      }
   }
}
```

リスト5-11　メイン・アプリケーションのボタンの処理部

```
/********* 接続ボタン・イベント・クラス ****************/
    class SelectExe implementsOnClickListener{
      public void onClick(View v){
        // デバイス検索と選択ダイアログへ移行
        Intent Intent = new Intent(BT_FreqAnalyzer.this, DeviceListActivity.class);
      // 端末が選択されて戻ったら接続要求するようにする
        startActivityForResult(Intent, CONNECTDEVICE);
      }
    }
```

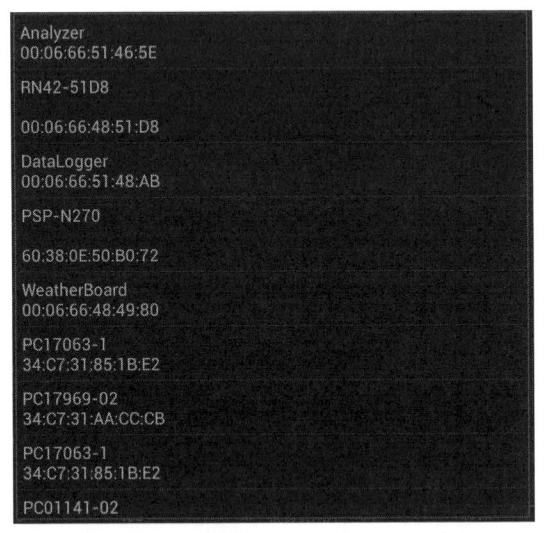

図5-16　ペアリング済みのデバイスだけのリスト表示

ドは，BluetoothClientクラスとして独立ファイルとしています．その中のconnect()メソッドでは，スレッドを起動し，リスト5-13のようにしてUUIDを使ってSPPプロファイルのBluetoothSocketを生成し，リモート端末と

の接続を開始します．

　接続処理では，先の探索処理が継続中であれば探索を強制終了させます．また，すでに接続中であったり，転送中であったりした場合にはいったんそれらを中止し，あらためて接続を開始するようにして同期化しています．この間の接続状態を呼び出し元アプリケーションに返すことで接続状態を表示できるようにしています．この接続状態表示は，メイン・アプリケーションのハンドラで実行し，「接続待ち」→「接続中」→「接続完了」または「接続失敗」という流れで表示するようにしています．

　接続が正常に完了したらconnected()メソッドを呼び出して，今度はConnectedThreadのスレッドを起動して実際の送受信を行います．

▶ステップ4：データ転送

　生成したソケットをインターフェースとして，InputStreamとOutputStreamで送受信します．まずこれらのインスタンスを生成します．インスタンスとはクラスに実際のデータを代入した具体的なものです．

リスト5-12　リモート端末との接続を開始

```
/************ 遷移ダイアログからの戻り処理 ********************/
    public void onActivityResult(int requestCode, int resultCode, Intent data) {
      switch (requestCode) {
    // 端末選択ダイアログからの戻り処理
      case CONNECTDEVICE:                                 // 端末が選択された場合
        if (resultCode == Activity.RESULT_OK) {
          String address = data.getExtras(). getString(DeviceListActivity.DEVICEADDRESS);
          // 生成した端末に接続要求
          BluetoothDevice device = BTadapter. getRemoteDevice(address);
          BTclient.connect(device);                       // 端末へ接続
        }
        break;
```

リスト5-13　リモート端末との接続用ソケットの生成

```
// UUIDでリモート端末との接続用ソケットの生成
public ConnectThread(BluetoothDevice device) {
   try {
      this.BTdevice = device;
      BTsocket = device.createRfcommSocketToServiceRecord(MY_UUID);
   }
   catch (IOException e) {
   }
}
```
UUIDを使って BluetoothSocket を生成する

(1) 送信
リスト5-14のように，常にバッファ・サイズ（64バイト）単位で送信しています．

(2) 受信
リスト5-15のようにしてスレッドで常時受信を継続するようにし，64バイト受信完了したら，呼び出し元に受信データを返します．つまり，送信も受信も常に64バイト単位で通信します．この受信データはメイン・アプリケーションのハンドラで受け取って受信データ処理を開始します．

5-6　アプリケーション本体の詳細

メイン・アプリケーション（アクティビティ）BT_FreqAnalyzer.javaの最初の部分は，フィールド変数の宣言部です．ここではBluetooth用の送受信バッファと，GUI用のクラス変数を定義しているだけなので詳細は省略します．

● アクティビティが呼び出されたとき最初に実行する…onCreate() メソッド
リスト5-16にonCreate()メソッドを示します．

onCreate()メソッドでは，画面の使い方をフルスクリーンでタイトルなしとして使うとしてから，コンポーネントの生成と描画をしています．最後にグラフ部の表示をしています．

このアプリケーションでは，グラフ表示とコンポーネント表示を同じ画面で行うようにしたので，EclipseのGUIツールを使わず，直接プログラムで記述して画面を構成しています．

続いてボタンのイベント定義とイベント処理メソッドを生成し，Bluetoothの実装を確認してから，データ・バッファを0でクリアしています．

● アクティビティの状態遷移に伴う処理部
リスト5-17に，アクティビティの状態遷移に伴う処理部を示します．

ここではスタート時の処理が重要で，onStartイベント処理で，前節で説明したBluetoothが有効化されているかどうかのチェック処理を行っています．

● 接続ボタン・タップのイベント処理部と接続処理部
リスト5-18に，接続ボタン・タップのイベント

リスト5-14　送信処理

```
/******** 送信処理 *******/
public void write(byte[] buf) {
   try {
      OutputStream output = BTsocket.getOutputStream();
      output.write(buf);            // 送信実行
   }
   catch (IOException e) {
   }
}
```

リスト5-15　受信処理

```
/******** 受信を待ち，バッファからデータ取り出す処理 *********/
public void run() {
    byte[] buf = new byte[64];          // 受信バッファの用意
    byte[] Rcv = new byte[64];          // 取り出しバッファの用意
    int bytes, Index, i;                // 受信バイト数他
    Index = 0;                          // バイト・カウンタ・リセット
    /***** 受信繰り返しループ *****/
    while (true) {
        try {
            // 64バイト受信完了まで受信繰り返し
            while(Index < 64){
                InputStream input = BTsocket.getInputStream();
                bytes = input.read(buf);     // 受信実行
                for(i=0; i<bytes; i++){      // 受信バイト数だけ繰り返し
                    Rcv[Index]=buf[i];       // バッファ・コピー
                    if(Index < 64)
                        Index++;             // バイト・カウンタ更新
                }
            }
            Index = 0;         // バイト・カウンタ・リセット
            /**** 受信したデータを返す Rcvバッファに格納 ****/
            handler.obtainMessage(MESSAGE_READ, 64, -1, Rcv).sendToTarget();
        }
        catch (IOException e) {
            setState(STATE_NONE);
            break;
        }
    }
}
```

リスト5-16　onCreate()メソッド（BT_FreqAnalyzer.java）

```
/************** 最初に実行するメソッド **************************/
@Override
public void onCreate(Bundle savedInstanceState) {
    super.onCreate(savedInstanceState);
    requestWindowFeature(Window.FEATURE_NO_TITLE);
    // フルスクリーンの指定
    getWindow().clearFlags(WindowManager.LayoutParams.FLAG_FORCE_NOT_FULLSCREEN);
    getWindow().addFlags(WindowManager.LayoutParams.FLAG_FULLSCREEN);
    getWindow().setSoftInputMode(WindowManager.LayoutParams.SOFT_INPUT_STATE_ALWAYS_HIDDEN);
    /*** レイアウト定義 *******/                              ─┐画面横固定のフルスクリーン
    LinearLayout layout = new LinearLayout(this);
    layout.setOrientation(LinearLayout.HORIZONTAL);
    setContentView(layout);
        // サブレイアウト
        LinearLayout layout2 = new LinearLayout(this);  ─┐
        layout2.setOrientation(LinearLayout.VERTICAL);   │画面の各コンポーネントの生成
        layout.setBackgroundColor(Color.BLACK);          │
        layout2.setGravity(Gravity.CENTER);             ─┘
            // 見出しテキスト表示
            text = new TextView(this);
            text.setLayoutParams(new LinearLayout.LayoutParams(230,WC));
            text.setTextSize(23f);                       ─┐表題の表示
            ext.setTextColor(Color.MAGENTA);
            text.setText(" 周波数特性測定");
        layout2.addView(text);
```

リスト5-16 onCreate()メソッド（BT_FreqAnalyzer.java）（つづき）

```
        // 接続ボタン作成
        select = new Button(this);
        select.setBackgroundColor(Color.CYAN);
        select.setTextColor(Color.BLACK);
        select.setTextSize(20f);
        select.setText("端末接続");
        LinearLayout.LayoutParams params = new LinearLayout.LayoutParams(140, WC);
         params.setMargins(0,20, 0,20);
    select.setLayoutParams(params);

    (一部省略)

        // デバッグ用メッセージ
         LinearLayout.LayoutParams params4 = new LinearLayout.LayoutParams(230,WC);
        params4.setMargins(5, 70, 0, 0);
        text1 = new TextView(this);
        text1.setTextColor(Color.LTGRAY);
        text1.setTextSize(14f);
        text1.setLayoutParams(new LinearLayout.LayoutParams(230,WC));
        text1.setText("メッセージ No1 ");
        text1.setLayoutParams(params4);
        layout2.addView(text1);
    layout.addView(layout2);
    // グラフ表示領域指定
    graph = new MyView(this);
    layout.addView(graph);
    // ボタン・イベント組み込み
    select.setOnClickListener((OnClickListener) new SelectExe());
    start.setOnClickListener((OnClickListener) new startMesure());
    fixfreq.setOnClickListener((OnClickListener) new fixfreqOut());
    // Bluetoothが有効な端末か確認
    BTadapter = BluetoothAdapter.getDefaultAdapter();
    if (BTadapter == null) {
        text0.setTextColor(Color.YELLOW);
        text0.setText("Bluetooth未サポート");
    }
    // データ・バッファ初期化
    BlockCounter = 0;
    State = 0;
    for(i=0; i<1024; i++){
        DataBuffer[i] = 0;
        DispX[i] = i;
    }
}
```

- 接続ボタンの表示
- メッセージ用テキスト・ボックスの表示
- グラフの表示実行
- ボタンのイベント・メソッドの生成
- Bluetoothデバイス実装の確認
- 表示用バッファのクリア

処理部と接続処理を示します．

ここでBluetoothとの接続処理を開始します．接続ボタンの処理では単純に接続相手の探索と接続のアクティビティを起動しているだけです．

その接続アクティビティからの通知に応じて接続状態を表示処理するハンドラ部が**リスト5-18**の後半です．ハンドラ部では，接続中の場合はその進捗状態をメッセージで表示し，受信完了の場合は受信したデータの処理をする Process()メ ソッドを呼び出します．

● スイープ・ボタンと固定出力ボタンのイベント処理部

リスト5-19に，スイープ・ボタンと固定出力ボタンのイベント処理部を示します．

ここではBluetoothの送信と受信が衝突しないよう，ステートが0のときのみ送信を実行しますが，それ以外のステートの場合はフラグをセットする

リスト5-17　アクティビティの状態遷移に伴う処理部（BT_FreqAnalyzer.java）

```java
/************* アクティビティ開始時（ストップからの復帰時）***********/
@Override
public void onStart() {
    super.onStart();
    if (BTadapter.isEnabled() == false) {
        // Bluetoothが有効でない場合
        // Bluetoothを有効にするダイアログ画面に遷移し有効化要求
        Intent BTenable = new Intent(BluetoothAdapter.ACTION_Intent data)REQUEST_ENABLE);
        // 有効化されて戻ったらENABLEパラメータ発行
        startActivityForResult(BTenable, ENABLEBLUETOOTH);
    }
    else {
        if (BTclient == null) {
            // 有効化ならクライアント・クラスを生成しハンドラを生成する
            BTclient = new BluetoothClient(this, handler);
        }
    }
}
/********* アクティビティ再開時（ポーズからの復帰時）****************/
@Override
public synchronized void onResume() {
    super.onResume();
    // 特に処理なし
}
/****** アクティビティ破棄時 **********/
@Override
public void onDestroy() {
    super.onDestroy();
    if (BTclient != null) {
        BTclient.stop();
    }
}
/************ 遷移ダイアログからの戻り処理 *********************/
public void onActivityResult(int requestCode, int resultCode, Intent data)
    switch (requestCode) {
        // 端末選択ダイアログからの戻り処理
        case CONNECTDEVICE:      // 端末が選択された場合
            if (resultCode == Activity.RESULT_OK){
                String address = data.getExtras().
    getString(DeviceListActivity.DEVICEADDRESS);
                // 生成した端末に接続要求
                BluetoothDevice device = BTadapter.getRemoteDevice(address);
                BTclient.connect(device);// 端末へ接続
            }
            break;
        // 有効化ダイアログからの戻り処理
        case ENABLEBLUETOOTH:     // Bluetooth有効化
            if (resultCode == Activity.RESULT_OK){
                // 正常に有効化できたらクライアント・クラスを生成しハンドラを生成する
                BTclient = new BluetoothClient(this, handler);
            }
            else {
                Toast.makeText(this, "Bluetoothのサポートなし", Toast.LENGTH_SHORT).show();
                finish();
            }
    }
}
```

注釈:
- Bluetoothが有効でなければダイアログを起動し移行する
- Bluetoothが有効になっていればクラスを生成しハンドラを生成
- アクティビティが終了したときはBluetoothも接続切断
- 端末選択ダイアログから戻りの処理
- アドレスで指定されたリモートに接続
- Bluetooth有効化ダイアログからの戻り処理
- クライアント・クラスを生成しハンドラ生成
- 有効化できなかった場合はメッセージ表示

のみで，受信が完了した時点で実際の送信を実行しています．

● 受信データを処理する…Process() メソッド

リスト5-20に，受信データを処理するProcess()メソッドを示します．

ここですべての受信データ処理を実行しています．最初に受信データの先頭文字が "M" である場合のみ処理をします．次にState変数で処理を分岐しています．

Stateが0の場合は受信データ待ちで何もしていない状態で，ボタンのイベント待ち状態になります．

Stateが1の場合は，固定出力がタップされたときの受信応答待ちなので，受信データをデシベルの値に変換してからテキストで表示しています．

Stateが2のときは，スイープ・ボタンがタップされた最初の応答待ちの場合です．OK応答の受信を確認できたら，最初の周波数を送信バッファにセットして周波数設定コマンドを送信しStateを3に進めています．

Stateが3の場合がスイープの場合の応答受信待ち状態の場合なので，グラフ表示用バッファに受信データを格納し，さらにデシベルの値に変換

リスト5-18　接続ボタン・タップのイベント処理部と接続処理部(BT_FreqAnalyzer.java)

```java
/********* 接続ボタン・イベントクラス *****************/
 class SelectExe implements OnClickListener{
    public void onClick(View v){
        // デバイス検索と選択ダイアログへ移行
        Intent Intent = new Intent(BT_FreqAnalyzer.this, DeviceListActivity.class); ← デバイス発見処理を起動
        // 端末が選択されて戻ったら接続要求するようにする
        startActivityForResult(Intent, CONNECTDEVICE);
    }
}
/********** BT端末接続処理のハンドラ、戻り値メッセージごとの処理実行 *********/
private final Handler handler = new Handler() {
    // ハンドル・メッセージごとの処理
    @Override
    public void handleMessage(Message msg) {
        switch (msg.what) {
            case BluetoothClient.MESSAGE_STATECHANGE:
                switch (msg.arg1) { ← ステート遷移中の場合
                    case BluetoothClient.STATE_CONNECTED: ← 接続完了の場合
                        text0.setTextColor(Color.GREEN);
                        text0.setText("接続完了");
                        break;
                    case BluetoothClient.STATE_CONNECTING: ← 接続中の場合
                        text0.setTextColor(Color.WHITE);
                        text0.setText("接続中");
                        break;
                    case BluetoothClient.STATE_NONE: ← 接続失敗の場合
                        text0.setTextColor(Color.RED);
                        text0.setText("接続失敗");
                        break;
                }
                break;
            // BT受信処理
            case BluetoothClient.MESSAGE_READ: ← データ受信完了の場合
                RcvPacket = (byte[])msg.obj;
                Process(); ← 受信データ処理
                break;
        }
    }
};
```

リスト5-19 スイープ・ボタンと固定出力ボタンのイベント処理部 (BT_FreqAnalyzer.java)

```java
/******* スイープ・ボタン・イベントクラス ****************/
class startMesure implements OnClickListener{
    public void onClick(View v){
        if(State == 0){        ← Stateが0のときのみ即実行
            Sweep = 0;
            BlockCounter = 0;       // 格納ポインタ・リセット
            Frequency = 10;         // スイープ開始周波数
            SndPacket[0] = 0x53;    // S  ┐
            SndPacket[1] = 0x54;    // T  ├ スイープ開始コマンドを送信
            SndPacket[2] = 0x45;    // E  ┘
            BTclient.write(SndPacket);  // 送信実行
            State = 2;              // 初期ステートへ
        }
        else// Stateが0以外のときはフラグオンのみ
            Sweep = 1;     // スイープ・ボタン・フラグオン ← Stateが0以外のときはフラグのセットのみ
    }
}
/********** 固定出力ボタン・イベントクラス ****************/
class fixfreqOut implements OnClickListener{
    public void onClick(View v){
        // 設定周波数の取得
        if(State == 0){    ← Stateが0のときのみ実行
            SpannableStringBuilder temb = (SpannableStringBuilder)setfreq.getText();
            FixFrequency = Long.parseLong(temb.toString());      ← テキスト・ボックスの文字列を周波数に変換
            if(FixFrequency < 10000000){
                Frequency = FixFrequency;                  // 固定周波数に置き換え
                SndPacket[0] = 0x53;// S
                SndPacket[1] = 0x4E;// N
                SndPacket[2] = (byte)Frequency;            // 周波数を送信バッファにセット
                SndPacket[3] = (byte)(Frequency >>> 8);    // バイト単位で4バイト
                SndPacket[4] = (byte)(Frequency >>> 16);
                SndPacket[5] = (byte)(Frequency >>> 24);
                SndPacket[6] = 0x45;// E
                BTclient.write(SndPacket);                 // 送信実行
                text0.setText("固定出力制御");    ← 周波数をメッセージで表示
                text1.setText(Long.toString(Frequency));   // 周波数表示
                State = 1;
            }
        }
    }
}
```

してテキストで表示しています．

その後，次のX軸の値を対数計算で求め，右端まで行っていなければ，次の周波数を送信バッファにセットして周波数設定コマンドを送信しています．

その前にスイープ中に再度スイープ・ボタンがタップされたかどうかをチェックし，もしタップされていれば，Sweepフラグがセットされているので，スイープ動作を最初からやり直します．

スイープ・ボタンがタップされていなければ，これまでの格納データでグラフを再描画します．

● グラフを実際に表示するクラス

リスト5-21に，グラフを実際に表示するクラスを示します．

全体の背景色を黒色，グラフ目盛り線は青色で描画します．

X軸は周波数なので，対数目盛りとして描画します．Y軸はデシベルなので，等間隔で描画します．その後，白色の線で外枠を，シアンで0dBのラインを描画します．次にX軸の目盛りを周波数値の文字で描画し，Y軸のdB値も描画します．最後に実際のデータを赤線で描画します．

リスト5-20　受信データを処理する…Process()メソッド（BT_FreqAnalyzer.java）

```java
/*************** データ受信処理メソッド *********************/
public void Process(){
    /*** 受信チェック ***/
    if(RcvPacket[0] == 0x4D){           // 先頭がMの場合
        switch(State) {                  // Stateで順次推移
            case 0:  // Idle             // 受信待ちの状態
                break;
            case 1:     // 固定周波数モードの場合 レベル受信と表示  固定出力の場合の受信
                // レベル入力処理
                if(RcvPacket[1] == 0x4E){                    // N     受信データをレベル値に変換
                    temp = (RcvPacket[2] & 0x7F) + RcvPacket[3]*256;   // レベルデータ取得
                    if((RcvPacket[2] & 0x80) != 0)           // 符号の処理
                        temp += 128;
                    // レベルの実機補正と格納
                    // 実機測定 0dB=660  -20dB=500  傾き80/10dB
                    Level = (float)(0.125*temp - 82.5);// デシベルに変換   dBに変換
                    handler.post(new Runnable(){             // 測定レベルのテキスト表示
                        public void run(){
                            text12.setText(Float.toString(Level));   // 表示      テキスト表示
                            //text12.setText(Integer.toString(temp)); // 実機調整用
                        }
                    });
                }
                State = 0;              // アイドルへ
                break;
            case 2:     // スイープ・モードの最初      スイープの最初の受信の場合
                // OK受信確認
                if((RcvPacket[2] == 0x4F)&& (RcvPacket[3] == 0x4B)){  // OK確認  OK応答の確認ができた場合
                    text0.setText("スイープ開始");
                    /* 最初の周波数出力 **/
                    SndPacket[0] = 0x53;// S
                    SndPacket[1] = 0x4E;// N                  最初の設定周波数を送信バッファにセット
                    SndPacket[2] = (byte)Frequency;           // 周波数を送信バッファにセット
                    SndPacket[3] = (byte)(Frequency >>> 8);   // バイト単位で4バイト
                    SndPacket[4] = (byte)(Frequency >>> 16);
                    SndPacket[5] = (byte)(Frequency >>> 24);
                    SndPacket[6] = 0x45;// E
                    BTclient.write(SndPacket);               // 送信実行    周波数設定コマンド送信
                    State = 3;// 次へ
                }
                break;
            case 3: //スイープ・モードの一巡          スイープの継続の受信の場合
                // レベル入力処理
                if(RcvPacket[1] == 0x4E){      // M
temp = (RcvPacket[2] & 0x7F) + RcvPacket[3]*256;          // レベル・データ取得   受信データを
if((RcvPacket[2] & 0x80) != 0)                                                  レベル値に変換
    temp += 128;
// レベルの実機補正とスケール変換後バッファへ格納
// 実機測定  0dB=660  -20dB=500   傾き 80/10dB 10dBで100ドット
DataBuffer[BlockCounter] = (100*(temp - 660))/80;         // バッファへ保存(Y値)
Level = (float)(0.125*temp -82.5);                         // デシベルに変換      dBに変換
handler.post(new Runnable(){                               // 測定レベルのテキスト表示
    public void run(){
        text12.setText(Float.toString(Level));   テキスト表示
    }
});
// LogスケールのX軸目盛の計算とバッファ保存
DispX[BlockCounter] = (int)((Math.log10(Frequency)-1)*1000/6);   X軸を対数で求める
if(DispX[BlockCounter] > 999){                             // X軸が右端まで到達したか？
```

リスト5-20 受信データを処理する…Process()メソッド(BT_FreqAnalyzer.java)(つづき)

```
            BlockCounter = 0;            // 終了し最初に戻す
            State = 0;                   // 終了としてアイドルへ         ←―(横軸1000を超えたら終了)
        }                                                               (継続の場合)
        else{
            if(Sweep == 1){              // スイープが途中で押された場合  (途中でスイープ・ボタンが押された場合)
                Sweep = 0;               // スイープ・ボタン・フラグ・オフ
                BlockCounter = 0;        // 格納ポインタリセット
                Frequency = 10;          // スイープ開始周波数
                SndPacket[0] = 0x53;     // S
                SndPacket[1] = 0x54;     // T                            (最初からやり直し)
                SndPacket[2] = 0x45;     // E
                BTclient.write(SndPacket); // 送信実行
                State = 2;// 初期ステートへ
            }                                                            (継続の場合)
            else{                        // 次の周波数出力 Logスケールの1/10ステップ
                Frequency = Frequency + (long)(Math.pow(10, (int)(Math.log10(Frequency))))/10;
                BlockCounter++;          // ポインタ更新                  (次の周波数を求める)

                SndPacket[0] = 0x53;     // S                            (次の設定周波数を送信バッファにセット)
                SndPacket[1] = 0x4E;     // N
                SndPacket[2] = (byte)Frequency;          // 周波数を送信バッファにセット
                SndPacket[3] = (byte)(Frequency >>> 8);  // バイト単位で4バイト
                SndPacket[4] = (byte)(Frequency >>> 16);
                SndPacket[5] = (byte)(Frequency >>> 24);
                SndPacket[6] = 0x45;// E
                BTclient.write(SndPacket);              // 送信実行       (周波数設定コマンド送信)
                handler.post(new Runnable(){// 測定レベルのテキスト表示
                    public void run(){
                        text1.setText(Long.toString(Frequency));  // 周波数表示 (周波数テキスト表示)
                    }
                });
                // データのグラフ表示
                handler.post(new Runnable(){
                    public void run(){
                        graph.invalidate();// データグラフの再表示  ←―(レベルをグラフとして再表示)
                    }
                });
                State = 3; // 計測繰り返し  ←―(スイープの繰り返し)
            }
        }
      }
      break;
    default:
      State = 0;           // イベント待ちステートへ
      break;
  }
}
}
```

5-7 校正

● 自分自身の周波数特性を計測してみる

PICマイコンのハードウェアとソフトウェア，タブレットのアプリケーションとが完成したら，動作テストを行います．

最初はアナライザ本体の出力と入力のRCAジャックを短いケーブルで接続して行います．アナライザが出力した信号が，アナライザの入力端子に戻ってきます．このレベルを測定します．つまり自分自身の周波数特性を計測します．

第5章 回路や部品の性能チェックに！ポータブル周波数特性アナライザ

リスト5-21 グラフを実際に表示するクラス（BT_FreqAnalyzer.java）

```
/************** グラフを表示するクラス *****************************/
class MyView extends View{
    // Viewの初期化とコンストラクタ設定
    public MyView(Context context){
        super(context);                              ← 初期化
    }
    // グラフ表示実行メソッド
    public void onDraw(Canvas canvas)
    {
        int i, j;
        int xaxis;

        super.onDraw(canvas);
        //背景色の設定
        Paint set_paint = new Paint();
        canvas.drawColor(Color.BLACK);
        /** 座標の表示 青色で表示**/
        set_paint.setColor(Color.BLUE);
        set_paint.setStrokeWidth(1);
        // 縦軸の表示 10本
        for(i=0; i<7; i++){
            for(j=1; j<10; j++){
                xaxis = (int)(Math.log10(j*Math.pow(10,i))*1000/6);
                canvas.drawLine(35+xaxis, 2, 35+xaxis, 702, set_paint);    ← 縦軸の対数目盛りの線の表示
            }
        }                                                                    ← 横軸の表示
        // 横軸の表示 7本
        for(i=0; i<7; i++){
            canvas.drawLine(35, 2+i*100, 1035, 2+i*100, set_paint);
        }
        // Y軸の0dBラインをシアンで描画
        set_paint.setStrokeWidth(1);
        set_paint.setColor(Color.CYAN);
        canvas.drawLine(35, 202, 1035, 202, set_paint);
        // 外枠を白色で描画
        set_paint.setColor(Color.WHITE);                  ← 白枠の表示
        set_paint.setStrokeWidth(2);
        canvas.drawLine(35, 2, 35, 702, set_paint);
        canvas.drawLine(1035, 2, 1035, 702, set_paint);
        canvas.drawLine(35, 2, 1035, 2 ,set_paint);
        canvas.drawLine(35, 702, 1035, 702, set_paint);
        /* 軸目盛の表示 */
        set_paint.setAntiAlias(true);
        set_paint.setTextSize(20f);    // 文字サイズ指定
        set_paint.setColor(Color.WHITE); // 文字色指定
        // X座標目盛
        for(i=0; i<7; i++){
```

● 単体動作の確認と出力レベル調整

　この接続状態でアナライザ本体にACアダプタを接続して電源を供給します．

　Bluetoothスタータ・キットRN-42-SMに接続した緑のLEDが点滅すれば，動作を開始しており，1kHzの正弦波も出力されているはずです．

　オシロスコープを使って正弦波出力の出力レベルを調整します．つまみ付きのボリュームを右いっぱいに回して最大出力にした状態で，正弦波の波形の上下がつぶれていない状態になるようにVR_1を調整します．振幅が5V程度まではきれいな正弦波で出力できるはずです．

リスト5-21 グラフを実際に表示するクラス(`BT_FreqAnalyzer.java`)(つづき)

```
            switch(i){
                case 0:
                    canvas.drawText("10", (int)(Math.log10
                                  (Math.pow(10, i))*1000/6)+21, 721, set_paint);break;
                case 1:
                    canvas.drawText("100", (int)(Math.log10
                                  (Math.pow(10, i))*1000/6)+17, 721, set_paint);break;
                case 2:
                    canvas.drawText("1k", (int)(Math.log10
                                  (Math. pow(10, i))*1000/6)+21, 721, set_paint);break;
                case 3:
                    canvas.drawText("10k", (int)(Math.log10
                                  (Math. pow(10, i))*1000/6)+20, 721, set_paint);break;
                case 4:
                    canvas.drawText("100k", (int)(Math.log10
                                  (Math.pow(10, i))*1000/6)+13, 721, set_paint);break;
                case 5:
                    canvas.drawText("1M", (int)(Math.log10
                                  (Math.pow(10, i))*1000/6)+15, 721, set_paint);break;
                case 6:
                    canvas.drawText("10M", (int)(Math.log10
                                  (Math. pow(10, i))*1000/6)+5, 721, set_paint);break;
                default:
                    break;
            }
        }
        // Y座標目盛
        for(i=-40; i<=20; i+=10){
            canvas.drawText(Integer.toString(i), 0, 215-i*10, set_paint);
        }
        set_paint.setColor(Color.GREEN); // グラフY軸見出し色設定
        canvas.drawText("周波数 (Hz)", 400, 725, set_paint); // 軸見出し指定
        canvas.drawText("dB", 0, 250, set_paint);    // Y軸の単位表示
        // 実際のグラフの表示
        set_paint.setColor(Color.RED);
        for(i=2; i<BlockCounter; i++){
            canvas.drawLine(DispX[i-1]+35, 202-DataBuffer[i-1], DispX[i]+35, 202-DataBuffer[i], set_paint);
        }
    }
}}
```

注釈:
- X軸の周波数目盛りの表示
- Y軸のdB値の目盛り表示
- データ・グラフの表示

● Bluetooth通信動作の確認

スイッチS₁を押したままでリセット・スイッチを押します．これでBluetoothモジュールに「Analyzer」という名称を設定します．いったん電源をOFFにしてから再度ONとします．

タブレットのアプリケーションを起動し，[端末接続]ボタンをタップします．端末リストが表示されたら，「Analyzer」という名称になっている端末を選択します．初めて接続した場合はペアリングの認証ダイアログが表示されますから，ここで「1234」と入力して[OK]とすれば接続開始できるはずです．

すぐ下のメッセージ欄が接続待ちから接続中になり，しばらくして接続完了となれば，正常にBluetoothのペアリングと接続が完了しています．接続失敗となった場合は再度端末接続ボタンをタップします．何度か繰り返す必要がある場合もあります．

接続完了となったら，固定出力ボタンをタップします．これで設定周波数欄に入力されている周波数の正弦波が出力され，下側にあるレベル表示欄に何らかの値が表示されればレベル入力側も正

コラム2　Bluetooth端末には分かりやすい名前を設定する

　Bluetooth通信のプロトコルは，すべてBluetoothスタータ・キットが実行してくれるので特別な制御は必要ありません．ただし端末の名称を付けておいた方が，タブレットから選択をする際に分かりやすくなります．

　そこでコマンド・モードで名称だけを設定する手順を説明します．

(1) リセット後1秒待つ．この遅延を入れないとコマンド・モードにならない
(2) "$$$"コマンド：コマンド・モードにする
(3) "SF,1¥r"コマンド：工場出荷モードに戻す
(4) "SN,Analyzer¥r"コマンド：名称を「Analyzer」とする
(5) "R,1¥r"コマンド：リブートして通常動作状態に戻す

　これらはUSARTで送信すれば設定できます．

　各コマンド送信後に応答が返ってくるので，それを無視する時間を確保する必要があります．そこでコマンド送信ごとに1秒間の遅延を挿入しています．

　これらの設定は，Bluetoothスタータ・キット内のフラッシュ・メモリに書き込まれるので，PICマイコンをリセットする際にスイッチS_1を押しながらリセットした場合だけ実行します．この名称設定は，Bluetoothスタータ・キットを再ペアリングしたあと有効になります．

リスト5-22　実機調整用の修正
リスト5-20の「テキスト表示」の部分を書き換える

```
//  text12.setText(Float.toString(Level));  // 表示
    text12.setText(Integer.toString(temp));   // 実機調整用
```

常動作しています．このレベルはまだ未校正ですから値は正しくありません．

● レベルの校正

　デシベル値の補正ができていない状態なので較正します．手順は次のようにします．

(1) プログラムの修正
　較正のためにA-D変換の生の結果を表示できるようにするため，**リスト5-20**で示した「テキスト表示」の部分を**リスト5-22**のように入れ替えます．実機調整用の行のコメント・アウトをはずし，その上の表示の行をコメント・アウトします

　これでコンパイルし直して実機に書き込んで動作させます．

(2) 校正用の基準となる値の取得
　オシロスコープで，正弦波の波形の振幅が0dB相当の2.19V_{P-P}になるように，つまみ付きボリュームで調整します．このときのレベル表示欄の値をメモします．今回は，660でした．

　次に-20dB相当の0.219V_{P-P}になるようにつまみ付きボリュームで調整し，このときのレベル表示の値を読み取りメモします．今回は，500となりました．

　この二つの値をXとしそのときのdB値をYとして，

$$Y = aX + b$$

という1次式でaとbを求めます．今回は，

$$0 = 660a + b$$
$$-20 = 500a + b$$

という二つの式になります．これからaとbを求めて，

$$Y = 0.125X - 82.5$$

となりました．この式のXに測定値を代入すればデシベル値Yが求められます．

　グラフ化するときの値は，10dBを100ドットで表示するので，上記式を10倍して，

$$Y = 1.25X - 825$$

がグラフの縦軸の値ということになります．プログラムでは整数扱いとするため，次のように計算しています．

リスト5-23 取得した結果で補正計算を行う修正
リスト5-20より抜粋

```
// レベルの実機補正と格納
// 実機測定　0dB=660　－20dB=500　傾き80/10dB
Level = (float)(0.125*temp - 82.5);// デシベルに変換
```

（a）補正計算その1

```
// レベルの実機補正とスケール変換後バッファへ格納
// 実機測定　0dB=660　－20dB=500　傾き　80/10dB　10dBで100ドット
DataBuffer[BlockCounter] = (100*(temp - 660))/80; // バッファへ保存(Y値)
Level = (float)(0.125*temp -82.5);                // デシベルに変換
```

（b）補正計算その2

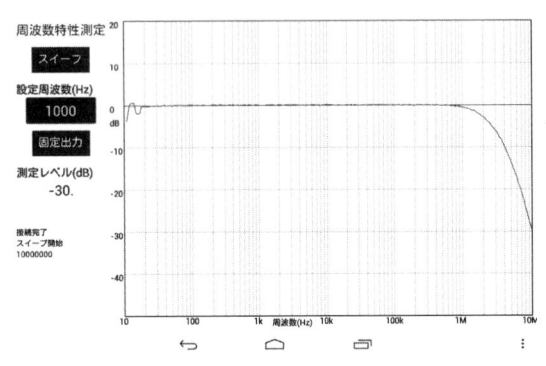

図5-17　本器の周波数特性
20Hz～1MHzまでほぼフラット．オーディオ回路の評価にも使える

$$(100*(temp - 660))/80$$

(3)取得した結果でプログラム修正

この校正結果でプログラムの**リスト5-20**で示した補正計算の部分（2カ所）を**リスト5-23**のように修正します．

修正したあと，(1)で修正した部分をまた元に戻して再コンパイルして書き込みます．今度はデシベル値も正確な値となっているはずです．

(4)スイープ・ボタンで測定

スイープ・ボタンをタップすれば順番に周波数を上昇させながら測定を繰り返し，グラフを描画していきます．実際に測定した結果が**図5-17**になります．これは本器の周波数特性です．図から分かるように20Hzから1MHzまできれいなフラット特性なので，オーディオ装置の評価には十分です．

参考文献

(1) Google Developers；http://developer.android.com

ごかん・てつや

第6章

第3部　Bluetoothモジュール活用事例

PICマイコンでセンサのデータを集めてBluetoothで送信!
Myパソコンでデータ収集!
ワイヤレス百葉箱

使用するプログラム：06_Sample Program　　　　　　　　　　　　後閑 哲也

　本章では，温度，湿度，気圧，明るさの四つの環境データを測定し，Bluetooth無線でパソコンへ無線で送信して表示するシステムを製作します．表示データには，アナログ計測とディジタル情報も追加されています．パソコンのアプリケーションはVisual Basicで製作します．

6-1 こんな装置

● 本器の構成
　写真6-1に本システムの外観を，図6-1に全体の構成を示します．PICマイコンを搭載したボードでセンサによる測定を行い，測定データをPICマイコンからBluetoothを使って無線でパソコンに送信して結果を表示します．
　本システムには，写真6-2に示す二つのBluetoothモジュールを使用しています．RN-42-SM（マイクロチップ・テクノロジー）はワイヤレス・センシング基板に搭載し，PICマイコンとTTLレベルで直結します．また，RN-42-EK（マイクロチップ・テクノロジー）はパソコンとUSBケーブルで接続しています．

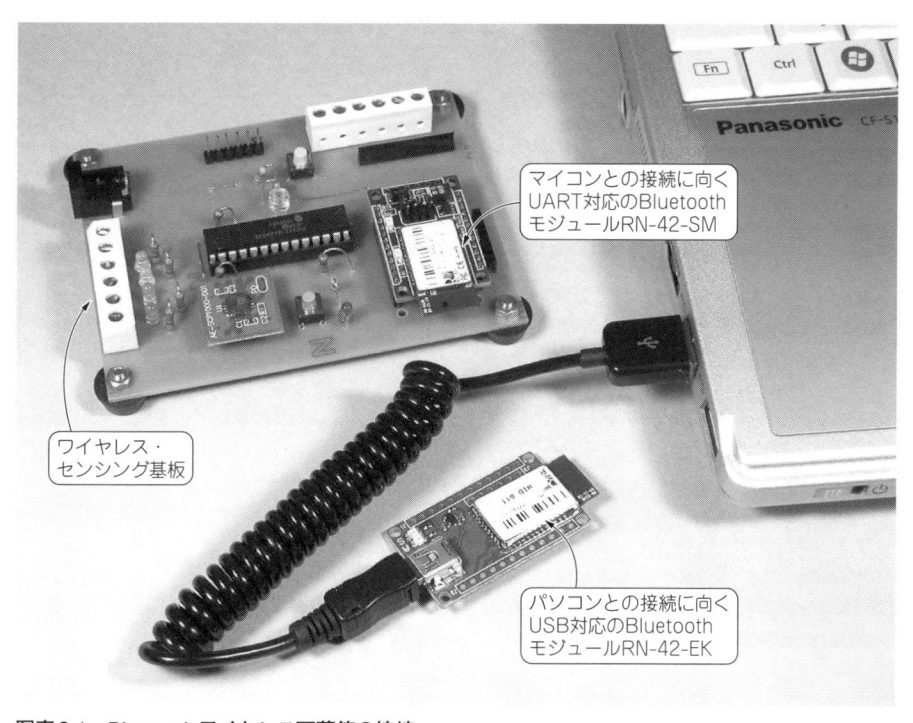

写真6-1　Bluetoothワイヤレス百葉箱の接続

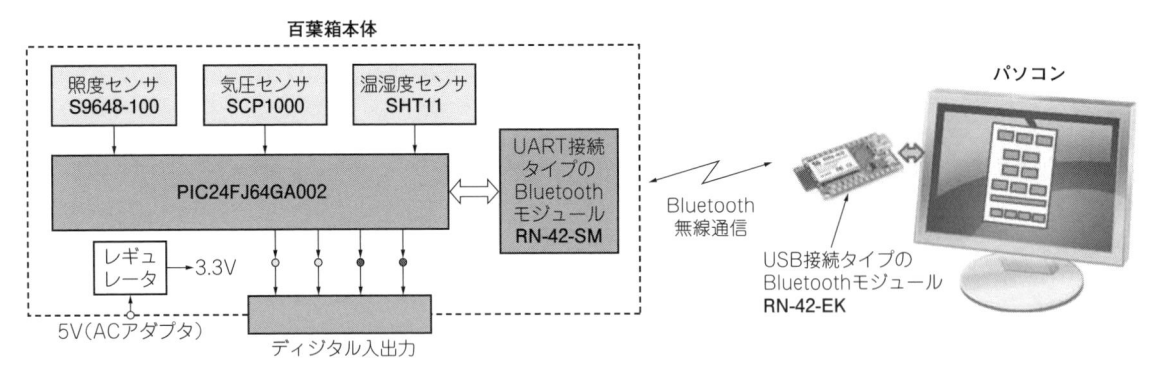

第3部 Bluetoothモジュール活用事例

図6-1 Bluetoothワイヤレス百葉箱の構成

(a) USB接続タイプのRN-42-EK 　　(b) UART接続タイプのRN-42-SM

写真6-2 本システムに使用した二つのBluetoothモジュール

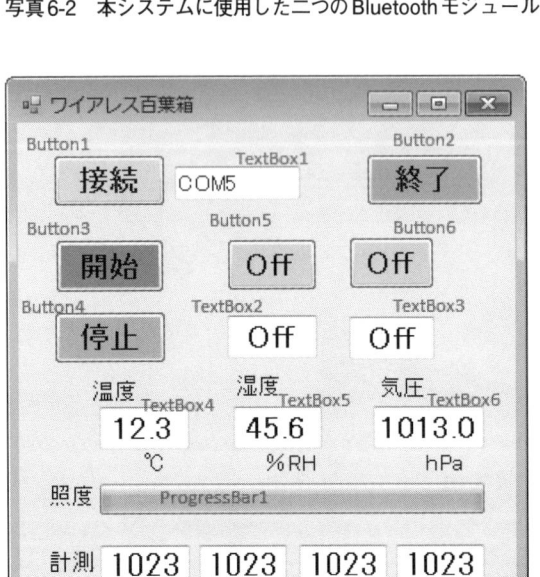

図6-2 各センサの計測値を表示するパソコン用アプリケーション・ソフトウェア

表6-1 Bluetoothワイヤレス百葉箱の機能

機能	機能内容	備考
端末選択	Bluetoothで接続する端末をリストから選択して接続	Bluetoothモジュールがすべて実行する
状態表示	以下の状態を約1秒間隔で更新表示する ①ディジタル状態表示 4点の状態をON/OFFで表示 ②センサ計測値表示 温度，湿度，気圧，照度の表示 ③汎用計測値の表示 4点のアナログ計測値の表示	うち2点はON/OFF制御可能．表示は0～1023の数値
ディジタル制御	2点のON/OFF制御	

● 測定の手順

本器で**図6-1**のパソコン上の画面で［接続］ボタンをクリックすると，自動的に端末を選択して接続します．接続に成功したら，［開始］ボタンをクリックします．すると，一定間隔でパソコンに

表6-2 ワイヤレス・センシング基板の仕様

項　目	仕　様	備　考
電源	● ACアダプタよりDC5Vを供給 ● 3端子レギュレータで3.3Vを生成	消費電流　最大約100 mA
Bluetoothモジュール	RN-42-SM開発ツール ● スタック内蔵 ● 外部接続はUARTインターフェース	マイクロチップ・ テクノロジー製
温度測定	● −40〜124℃：精度±2℃ ● 0〜75℃：精度±1℃ ● 測定分解能：0.01℃（14ビット） 　（製作例での表示は0.1℃ステップとする） ● 応答速度：5〜30秒 ● 変換時間：320 ms（14ビット）	Sensirion社製 SHT11
湿度測定	● 0〜100％RH：精度±5％ ● 20〜80％RH：精度±3％ ● 測定分解能：0.05％（12ビット） 　（製作例での表示は0.1％ステップとする） ● 応答速度：8秒 ● 変換時間：80 ms（12ビット）	
気圧測定	● 300〜1200 hPa：精度±2 hPa ● 600〜1200 hPa：精度±0.5 hPa ● 測定分解能：0.015 hPa（19ビット） 　（製作例での表示は0.1 hPaステップとする） ● 変換時間：556 ms	VTI Technology社製 SCP1000−D01 （単位hPa＝ヘクトパスカル）
照度測定	● 1〜1000 lx（相対値）	浜松ホトニクス製 S9648−100 （単位lx＝ルクス）
ディジタル出力	● 2点のON/OFF出力 ● 3.3 VCMOS出力　20 mA$_{max}$駆動	LEDモニタ内蔵
ディジタル入力	● 2点のON/OFF入力と2点のディジタル出力の状態 ● 3.3 V CMOS入力	LEDモニタ内蔵

ディジタル状態と各センサの情報を送り続けます．

パソコン側では，ディジタル状態と各センサの計測値を表示します（**図6-2**）．さらに，ディジタル制御ボタンをクリックすれば，ON/OFF制御を無線リモコンで行えます．

ボード側の回路は，PICマイコンで制御しています．マイコンは，UARTとA-Dコンバータが内蔵されたタイプを使います．今回は，16ビットPICマイコン PIC24FJ64GA002（28ピン）を使いました．

● **機能仕様**

本器のパソコン側の機能を**表6-1**に示します．ワイヤレス・センシング基板本体のセンサ入力の仕様を**表6-2**に示します．

● **無線通信データのフォーマット**

これらの機能を実現するBluetoothの無線通信データのフォーマットを，**表6-3**に示します．Bluetooth接続後は，送信/受信とも常に64バイト単位で行うことにしました．計測開始コマンドが送信されると，ワイヤレス・センシング基板側でタイマ1をスタートさせ，すべての計測データがそろったら，まとめて状態データとして送信します．これを，計測停止コマンドを受信するまで繰り返します．

図6-2のON/OFFの制御ボタンをクリックすると，制御コマンドが送信されます．これを受信したワイヤレス・センシング基板側では，出力制御を実行します．応答は特になしとしていますが，次の一括状態データで更新された状態が送信されるので，これで状態表示が更新されます．

第3部 Bluetoothモジュール活用事例

表6-3 Bluetooth無線通信データのフォーマット

機　能	パソコン→ワイヤレス百葉箱	パソコン←ワイヤレス百葉箱
計測開始コマンド	開始トリガ・コマンド 「'S', 'B', 'E', ダミー」 ダミーは64バイトにするためのパディング	応答なし 計測実行タイマを起動する
計測停止コマンド	停止コマンド「'S', 'K', 'E', ダミー」 ダミーは64バイトにするためのパディング	応答なし 計測実行タイマを停止する
制御コマンド	「'S', 'C', 'c', 'd', 'E', ダミー」 c：'1'か'2'でチャネル指定 d：'0'がOFF '1'がON ダミーは64バイトにするためのパディング	応答なし 外部出力を制御する
状態データ転送	応答なし	一定間隔で計測データなどを一括送信 「'M', 'A', s1, s2, s3, s4, t1, t2, t3, h1, h2, h3, p1, p2, i1, i2, d1, d2, d3, d4, d5, d6, d7, d8, 'E', ダミー」 ・s1～s4：ディジタル状態 '0'がOFF, '1'がON（制御点は'1'がOFF, '0'がON） ・t1～t3：温度のバイナリ値（上位, 下位, 状態） ・h1～h3：湿度のバイナリ値（上位, 下位, 状態） ・p1～p2：気圧のバイナリ値（上位, 下位） ・i1～i2：照度のバイナリ値（上位, 下位） ・d1～d8：汎用計測のバイナリ値（各点2バイトで上位, 下位） ・ダミーは64バイトにするためのパディング

6-2 ハードウェア

● 構成

製作するワイヤレス・センシング基板本体の構成は，図6-3のようになっています．通信に関することはBluetoothモジュールがすべてを実行してくれるので，制御用のマイコンは簡単なもので済みます．8ビット・マイコンでも十分ですが，将来，データを保存する機能も追加できるようにしました．

これに，次のセンサを接続します．

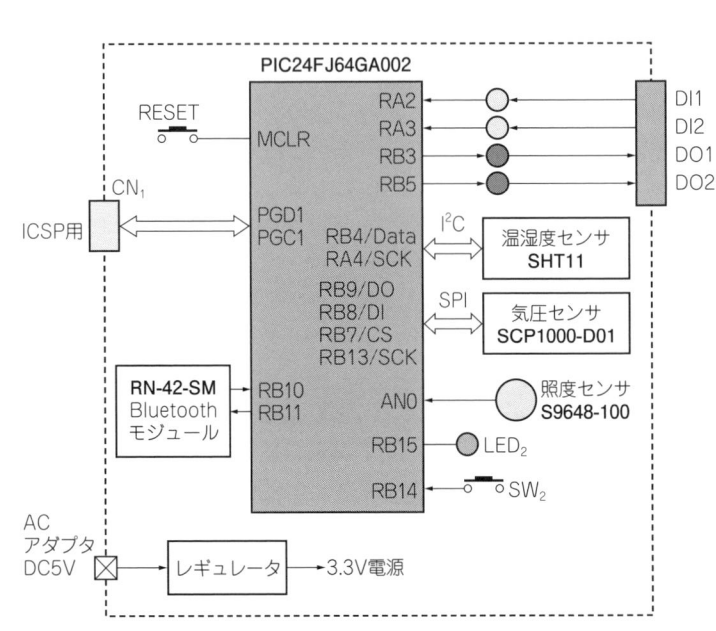

図6-3 ワイヤレス・センシング基板のハードウェア構成

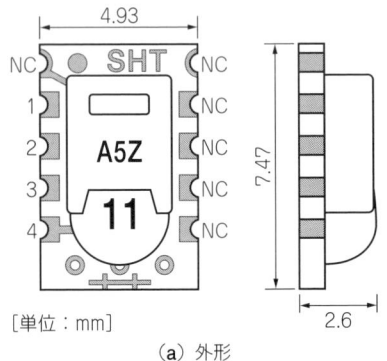

図6-4 ワイヤレス・センシング基板に使った温湿度センサの外形と端子機能（SHT11データシートより）

(a) 外形

(b) 端子機能

No	記号	機　能
1	GND	グラウンド
2	DATA	双方向シリアル・データ（10kΩでプルアップ）
3	SCK	クロック
4	V_{DD}	電源

表6-4 温湿度センサの仕様（SHT11データシートより）

(a) 電源仕様

項目	仕様	標準値
電源	2.4～5.5V	3.3V
消費電流	最大1mA	0.55mA

(b) 温度センサ部

項目	標準値	条件
測定範囲	－40～124℃	－
分解能	0.04℃	12ビットの場合
	0.01℃	14ビットの場合
精度	±0.4℃	－
応答速度	5～30sec	－

(c) 湿度センサ部

項目	標準値	条件
測定範囲	0～100%	%RH
分解能	0.4%	8ビットの場合
	0.05%	12ビットの場合
精度	±3.0℃	－
応答速度	8sec	－

(d) インターフェース仕様

項目	標準値	条件
SCK周波数	0～5MHz	Typ 0.1MHz $V_{DD} > 4.5V$
	0～1MHz	Typ 0.1MHz $V_{DD} < 4.5V$
計測開始から完了までの所要時間	20ms	8ビットの場合
	80ms	12ビットの場合
	320ms	14ビットの場合

(1) 温湿度センサ SHT11 (Sensirion)
(2) 気圧センサ SC1000 (VTI Technology)
(3) 照度センサ S9648-100 (浜松ホトニクス)

前述したように，BluetoothモジュールにはRN-42-SMを使います．Bluetoothモジュール本体は表面実装部品なので，手作業による実装は難しく，このような基板に実装済みのモジュールの方が扱いやすくなります．

電源には5VのACアダプタを使い，3端子レギュレータで3.3Vを生成して全体に供給します．Bluetoothモジュールに最大50mA程度が必要になるので，余裕をみて250mAを供給可能なレギュレータを使いました．

温湿度センサはI²Cインターフェース，気圧センサはSPIインターフェースですが，いずれもデータ転送手順に特殊な部分があるため，I/O端子を"L/H"させてI²CとSPI通信を実装しています．

● センサの使い方

本ワイヤレス・センシング基板に使用しているセンサを紹介します．

(1) 温湿度センサ

ちょっと高価ですが，温湿度センサには温度と湿度の両方をディジタル情報として出力する高精度なタイプを使いました．Sensirion社製のSHT11という製品で，外形と仕様は図6-4，表6-4のようになっています．

ディジタル出力は，温度が14ビット，湿度が12ビットという高分解能であり，本体内部で校正された値で出力されるため高精度な測定ができます．

このセンサの外部インターフェースのデータ転送シーケンスはI²Cと似ていますが，ちょっと特殊な部分があります．それは，マスタとなるPICマイコン側から"Transmission Start"という特別なシーケンスの送信により転送を開始することです．詳細はデータシートを参照してください．計測開始コマンドを送ってから実際のデータが生成されるまで，320ms（14ビットの場合）かかります．

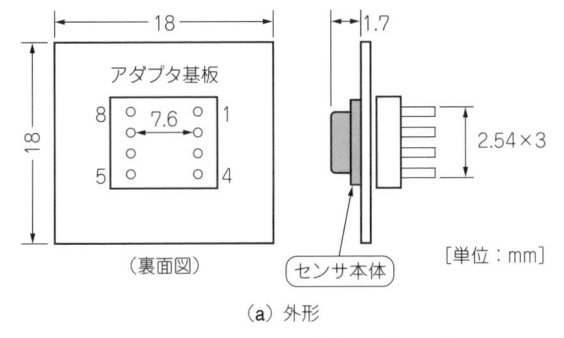

(b) 端子機能

No	記号	機能
1	TRIG	変換トリガ
2	DRDY	データ・レディ
3	SCK	SPIクロック
4	GND	グラウンド
5	MOSI	SPI SI
6	MISO	SPI SO
7	CSB	SPI CS
8	V_{CC}	電源(2.4～3.3V)

図6-5 ワイヤレス・センシング基板で使った気圧センサ・モジュールの外形と端子機能（SCP1000-D01データシートより）

▶データを補正する

これで得られる温度と湿度のデータは，次のような条件で補正して実際の値とする必要があります．電源電圧は，3.3Vの条件とします．

- 温度の14ビット・データの場合
 温度＝0.01×データ－39.7
- 湿度の12ビット・データの場合
 仮湿度
 ＝0.0367×データ－2.0468＋0.0000016×(データ)^2
 湿度
 ＝(温度－25)×(0.01＋0.00008×データ)＋仮湿度

(2) 気圧センサ

気圧センサSCP1000は，センサ本体を変換基板に実装した形になっています．外形ピン配置は，図6-5のようになっています．センサ本体は円盤状の表面実装部品なので，基板に実装して使いやすくしたものです．裏面のピンは，8ピンのDIP ICと同じ形状です．

気圧センサの仕様は，表6-5のようになっています．この表から分かるように，このセンサは気圧と温度を測定できます．気圧は300〜1200hPa，温度は－20〜70℃が測定範囲になっています．今回は気圧測定のみを使っています．この気圧センサの外部インターフェースはSPIシリアル通信です．こちらもPIC内蔵のSPIモジュールは使えず，プログラムI/Oで疑似的なSPI通信にしています．通信は，2バイトまたは3バイトで行います．

こちらも，計測開始コマンドから実際の計測データが生成されるまで約1/1.8秒(＝560ms)かかります．使い方に注意が必要です．詳細はデータシートを参照してください．

(3) 照度センサ

照度センサには，浜松ホトニクス製のS9648-100を使いました．センサの内部構成を図6-6 (a)に示します．内部にIC回路が組み込まれており，2個のフォトダイオードを使って分光特性を補正し，増幅します．

このセンサの出力は電流出力で，両対数で表すと図6-6 (b)のように出力は正確に照度に比例しています．このように，出力電流が照度に両対数で比例するため，電流を電圧に変換するだけでマイコンに入力できます．電流が大き目なので，単純に抵抗の電圧降下だけで電圧に変換しても十分な大きさが得られます．

表6-5 気圧センサの仕様(SCP1000-D01データシートより)

項目	最小	標準	最大	単位	備考
電源電圧	2.4	2.7	3.3	V	－
消費電流	－	25	－	μA	－
測定気圧仕様					
測定圧力範囲	30 300	－	120 1200	kPa hPa	(kPa＝キロパスカル) (hPa＝ヘクトパスカル)
分解能	－	1.5 3	3 6	Pa	高分解能モード 高速モード
出力繰り返し	－	1.8 9	－	Hz	高分解能モード 高速モード
出力データ	－	17 15	－	ビット	高分解能モード 高速モード
測定温度仕様					
測定温度範囲	－20	－	70	℃	
温度精度	－	±1	±2	℃	
出力データ	－	－	14	ビット	

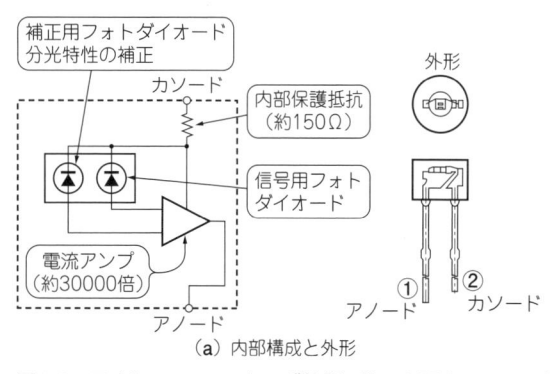

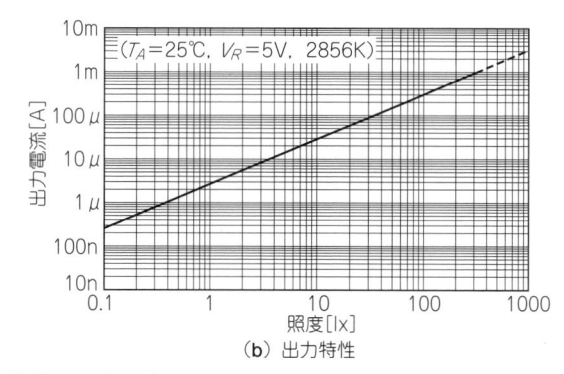

図6-6 ワイヤレス・センシング基板で使った照度センサの内部構成と出力特性(S9648-100データシートより)

(a) 内部構成と外形

(b) 出力特性

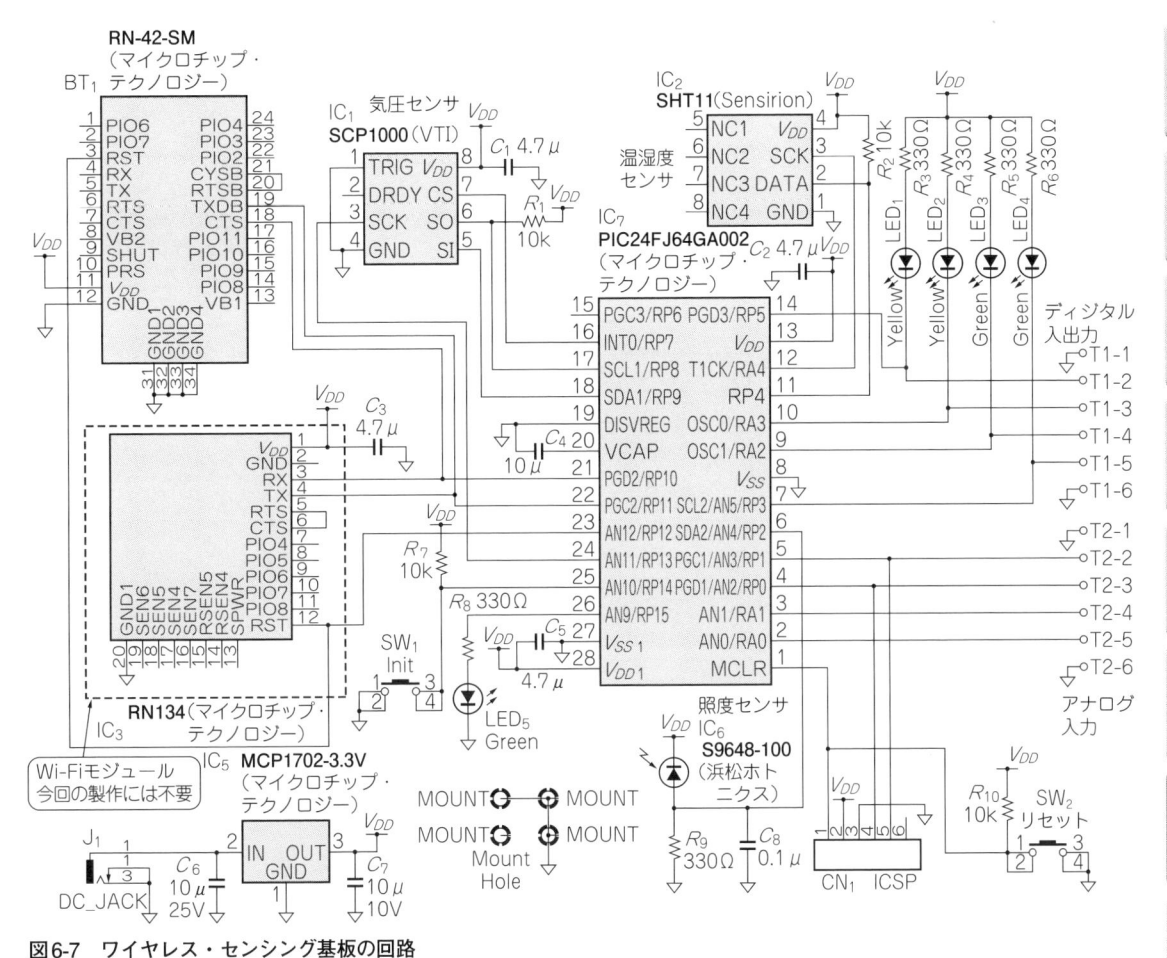

図6-7 ワイヤレス・センシング基板の回路

● 回路設計と組み立て

これらのセンサを接続したワイヤレス・センシング基板の全体構成は，図6-7のような回路になります．

前述したように，使用したPICマイコンは28ピンのPIC24FJ64GA002で，これに各センサを接続しています．温/湿度センサの接続は簡単ですが，データ・ラインのプルアップ抵抗を忘れないようにしてください．

気圧センサはSPIインターフェースですが，データ・ラインのSOにはプルアップ抵抗が必要です．ディジタル入出力は，PICマイコンのピンを直接端子に取り出しています．ここにLEDを接続して，ON/OFF状態をモニタできるようにします．

6-3 PICマイコンのファームウェア

ワイヤレス・センシング基板を実際に制御するPICマイコンのファームウェアを作成します．

● 構成

ファームウェア全体のフローチャートを図6-8に示します．大きくメイン・ルーチンと，UART1の受信割り込み処理とタイマ1の割り込み処理の三つで構成しています．

メイン・ルーチンはリセットでスタートし，各モジュールの初期設定をしたあと，SW$_1$が押されていればBluetoothモジュールの初期設定を行います．これで，Bluetoothモジュールに「Weather Board」という名称が付与されます．この設定は，

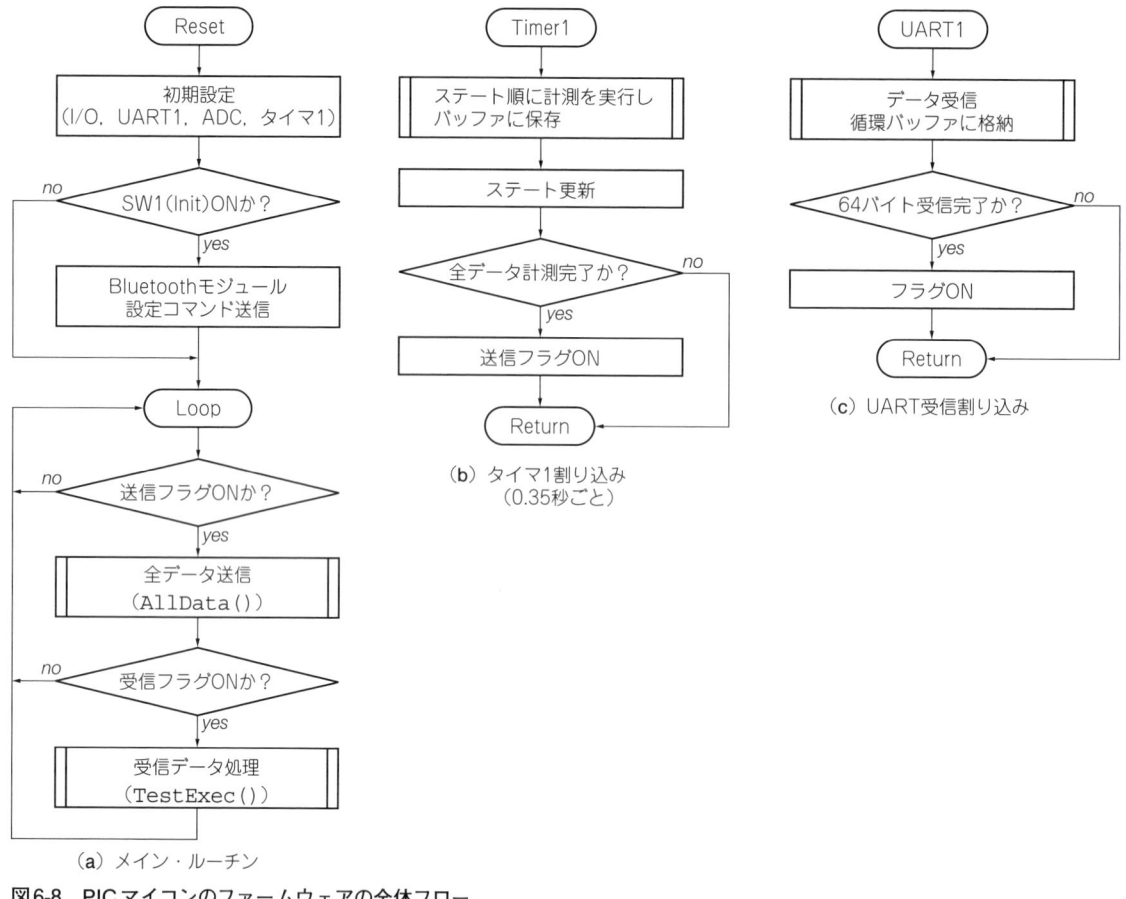

図6-8 PICマイコンのファームウェアの全体フロー

　一度実行すれば記憶されるので，SW₁がOFFである通常の場合は実行しないで，すぐ先の処理に進めるようにしています．
　メイン・ループに入ったら送信フラグがONであるかどうかをチェックし，ONならバッファに格納されている全計測データとディジタル状態を一括で送信します．続いて，UARTの受信フラグがONかどうかをチェックし，ONであれば受信データの処理を実行します．この受信処理では，次の3種類の処理を実行します．

①計測開始コマンドの場合は，タイマ1を350ms周期でスタートさせ計測を開始する
②計測停止コマンドの場合は，タイマ1を停止させる
③ディジタル出力制御の場合は，実際の出力制御を実行する

　0.35秒周期のタイマ1割り込みでは，温湿度と気圧センサの計測に時間がかかるため，ステート関数形式として順番に計測を実行し，バッファに格納します．そして，三つのデータがそろったら送信フラグをセットしてメイン・ルーチンに戻ります．したがって，0.35秒×3回ごとに送信フラグがセットされます．
　メインではこの送信フラグをチェックし，セットされていれば全計測データを一緒に送信しますが，照度と汎用計測はA-Dコンバータによる計測のため短時間で処理できるので，送信データ編集時に計測を実行しています．ディジタル状態もすぐ読めるので，これも送信時に入力しています．
　UART1の受信割り込みは，Bluetoothモジュールからの受信データなので，64バイトの受信データをまとめて受信し，これが完了したら受信フラグをONにしています．

第6章 Myパソコンでデータ収集！ワイヤレス百葉箱

リスト6-1　ファームウェアの宣言部

```
/*******************************************
 * ワイヤレス百葉箱    PIC24FJ64GA002を使用
 * コマンドで下記実行
 *   ①計測の開始、停止
 *   ②外部出力のオンオフ
 *   タイマ1で計測の実行  計測完了で全状態一括送信
 *******************************************/
#include <p24fxxxx.h>          ← コンフィグレーション設定

/* コンフィギュレーションの設定 */
_CONFIG1( JTAGEN_OFF & GCP_OFF & GWRP_OFF &
          BKBUG_OFF & COE_OFF & ICS_PGx1 &
          FWDTEN_OFF & WINDIS_OFF )
/// 8MHz*PLL4=32MHz (Full Speed)
_CONFIG2( IESO_OFF & FNOSC_FRCPLL & FCKSM_
          CSDCMD & OSCIOFNC_ON & IOL1WAY_OFF
          & I2C1SEL_PRI & POSCMOD_NONE )
/** I²C用ピン設定（温湿度センサ用） *********/
#define SCK       LATAbits.LATA4
#define SDA       PORTBbits.RB4
#define TRIS_SDA  TRISBbits.TRISB4
/** SPI用ピン設定（気圧センサ用） ***********/
#define SPICS  LATBbits.LATB7      ← ピン割り付け
#define SPISCK LATBbits.LATB13        疑似I²C、SPI
#define SPISI  PORTBbits.RB8
#define SPISO  LATBbits.LATB9
/* グローバル変数，定数定義 */
#define  Fosc  32
unsigned char State, MState, Flag, SendFlag;
unsigned char RcvBuf[64];
unsigned char SndBuf[64];
unsigned char Temp[3], Humi[3];
int Index, i;                    ← Bluetooth設定用
unsigned long Pascal, Ilumi;        コマンド・リスト
/* Bluetooth設定用コマンド・データ */
unsigned char msg1[] = "$$$";
                               // コマンド・モード指定
unsigned char msg2[] = "SF,1¥r";  // 初期化
unsigned char msg3[] = "SN,WeatherBoard¥r";
                               // APのSSID指定
unsigned char msg4[] = "R,1¥r";   // 再起動
/* 関数プロトタイピング */
   （詳細省略）
```

● Bluetoothモジュールの制御

通信プロトコルについては，Bluetoothモジュール自身が実行するので特別な制御は必要ありません．しかし，端末の名称を付けておくと端末を選択する場合に分かりやすくなるので，コマンド・モードで名称だけを設定します．その手順は，次のようになります．

①リセット後，1秒待つ（この遅延を入れないとコマンド・モードにならない）

②"$$$"コマンドで，コマンド・モードにする

③"SF,1¥r"コマンドで，工場出荷モードに戻す

④"SN,WeatherBoard¥r"コマンドにより，名称を「WeatherBoard」とする

⑤"R,1¥r"コマンドでリブートして，通常動作状態に戻す

これらをUARTで送信すれば設定できますが，各コマンドを送信した後に応答が返ってくるので，それを無視する時間を確保する必要があります．そこで，コマンド送信ごとに1秒間の遅延を挿入しています．

この設定制御を1回行えば，Bluetoothモジュール側でフラッシュ・メモリに記憶してくれるので，PICマイコンをリセットする際に，SW₁を押しながらリセットした場合のみ実行するようにしています．

ただし，この設定をするとそれまでの名称のペアリングが無効になるので，タブレット側のBluetoothの設定で再度ペアリングをし直す必要があります．

● 詳細

作成したファームウェアの内容を詳しく見ていきます．

(1) 宣言部

リスト6-1に，宣言部のソース・コードを示します．最初のコンフィグレーションの設定では，クロック発振を内蔵クロックでPLLありとしているので，32MHzで動作させることになります．

次に，センサ用の疑似I²Cと疑似SPIに使うピンを割り付けます．いずれのセンサも特殊なフォーマットになる部分があるため，PICマイコンに内蔵されているI²CやSPIモジュールが使えませんでした．

その後は，グローバル変数宣言定義とBluetoothモジュール設定用のコマンド文字列の定義になります．最後に，関数プロトタイピングがありますが省略しています．

(2) 初期化部

リスト6-2はメイン関数の初期設定部です．ここでは，内蔵モジュールの初期設定を行っています．特にUART1の送受信ピンは，特定のピンに割り付ける必要があります．

リスト6-2 ファームウェアの初期化部

```
/*********** メイン関数 ***********************/
int main(void)
{
    CLKDIV = 0;                // クロック1/1 32MHz
    /* I/Oの初期設定 */
    AD1PCFG = 0xFFE0;          // AN0 to AN4 only analog ┐
    LATB = 0x0C00;             // LED Off, TX High       │──(入出力ピンの初期化)
    TRISA = 0x000F;            // ポートA                 │
    TRISB = 0x4557;            // ポートB                 ┘
    /** BT Module Reset Off*/
    LATBbits.LATB12 = 1;       // Bluetoothリセット ┐
    delay_ms(500);             // 200msec          │──(BTモジュールのリセット)
    LATBbits.LATB12 = 1;       // リセット解除      ┘
    /* UART1ピン割付 */
    RPINR18bits.U1RXR = 11;    // UART1 RX to RP11 ┐──(UARTのピン割り付け)
    RPOR5bits.RP10R = 3;       // UART1 TX to RP10 ┘
    /* UART1初期設定 115kbps */
    U1MODE = 0x8808;           // UART1初期設定 BRGH=1  ┐
    U1STA = 0x0400;            // UART1初期設定          │
    U1BRG = 34;                // 115kbps@32MHz         │
    IPC2bits.U1RXIP = 4;       // UART1割り込みレベル    │──(UART初期設定,割り込み許可)
    IFS0bits.U1RXIF = 0;       // 割り込みフラグ・クリア  │
    IEC0bits.U1RXIE = 1;       // UART1受信割り込み許可  ┘
    /* A/Dコンバータ初期化 */
    AD1CON1 = 0x80E0;          // manual sample start, auto-convert ┐
    AD1CON2 = 0;               // AVdd, AVss, MUXA only              │
    AD1CON3 = 0x1F05;          // 31 Tad auto-sample, Tad = 5*Tcy    │──(ADC初期設定)
    AD1CHS = 0x0000;           // Channel select Lower 4bits         │
    AD1CSSL = 0;               // No scanned inputs                  ┘
    /*** 擬似I2C, SPIピン初期化 **/
    TRIS_SDA = 0;              // SDA出力モード ┐
    SCK = 0;                   // SCL Low       │──(疑似I²C, SPIのピン初期セット)
    SPISCK = 0;                // SCL Low       │
    SPISO = 0;                 // SDA High      ┘
    /* タイマ1スタート */
    PR1 = 0x5573;              // 0.35sec周期 21875    ┐
    T1CON = 0x0030;            // プリスケーラ1/256     │──(タイマ1の初期設定,割り込み許可)
    IFS0bits.T1IF = 0;         // 割り込みフラグ・クリア │
    IEC0bits.T1IE = 1;         // 割り込み許可          ┘
    /* 変数初期化 */
    Index = 0;                 // バッファ・インデックス初期化
    State = 0;                 // ステート変数リセット
    MState = 0;
    Cmnd(0x1E);                // 温湿度センサ・リセット・コマンド ──(温湿度センサ・リセット)
    Flag = 0;                  // 受信フラグ・クリア
    SendFlag = 0;
```

UART1とタイマ1の割り込みを許可しています．UART1は，通信速度を115.2kbpsとしています．

A-Dコンバータの初期化では，手動変換でチャネルを選択しては変換しています．

タイマ1は350ms周期で動作させていますが，実際の動作開始はタブレットからの計測開始コマンド受信で行っています．

最後に，温湿度センサに対してリセット・コマンドを送信して初期化しています．

(3) メイン・ループ部

リスト6-3に，メイン・ループ部のソース・コードを示します．

全体をステート関数として構成していて，Bluetoothモジュールの設定はSW₁を押しながら

リスト6-3 ファームウェアのメイン・ループ部

```
/************** メイン・ループ *********************/
while(1){                    ← Stateで分岐
 switch(State){
  case 0:                    ← 最初の場合
   if(PORTBbits.RB14 == 0)// SWが押されている場合
   {                         ← SW1が押されている場合のみ実行
    /** Bluetoothモジュール初期化 */
    delay_ms(1000);
    SendCmd(msg1);    // $$$
    delay_ms(1000);
    SendCmd(msg2);           ← BTモジュールに名称を付与する
    SendCmd(msg3);
    SendCmd(msg4);
    /** USART 再設定*/        ← 念のため再設定
    U1MODE = 0x8808;  // UART1初期設定 BRGH=1
    U1STA = 0x0400;   // UART1初期設定
    U1BRG = 34;       // 115kbps@32MHz
   }
   State = 2;         // 次へ
   break;
  case 1:
   State = 2;         // 次へ
   break;
  case 2:                    ← 1秒遅延後State3へ
   delay_ms(1000);    // 接続待ち遅延
   Index = 0;         // バッファ・インデックス初期化
   State = 3;
   break;                    ← 送信フラグがONの場合のみ全状態送信実行
  case 3:
   if(SendFlag){
    AllData();        // データ一括送信
    SendFlag = 0;
   }                         ← 受信完了のフラグがONの場合
   /* 受信コマンド処理 */
   if((Flag == 1) && (RcvBuf[0] == 'S')) {
    SndBuf[0] = 'M';  // 返信マーク保存
    SndBuf[1] = RcvBuf[1];// 返信区別保存
    TestExec();       // コマンド処理実行
    Index = 0;        // バッファ・ポインタ初期化
    Flag = 0;         // 受信完了フラグ・クリア
   }                         ← 受信データ処理を実行
   break;
  default:
   break;
 }
}
```

リセット・スイッチをONにした場合に1回だけしか実行しないようにしています．

いずれの場合もBluetoothの初期化の完了を待つため，1秒遅延した後，ステート3の常時繰り返しループに入ります．

このステート3では，最初に送信フラグをチェッ

リスト6-4 ファームウェアの受信処理関数部

```
/*********************************************
 * 受信データ処理関数
 *********************************************/
void TestExec(void)
{
 /* データ処理 */              ← コマンド種別で分岐
 switch(RcvBuf[1]){            // 受信データで分岐
  /* 計測開始要求の場合 */
  case 'B':                    ← 計測開始コマンドの場合
   MState = 0;
   T1CON = 0x8030;             // 計測タイマスタート
   break;                      ← タイマ1をスタート
  /* 計測停止要求の場合 */
  case 'K':                    ← 計測停止コマンドの場合
   T1CON = 0;                  // 計測タイマ停止
   break;
  /* 出力制御の場合 */
  case 'C':                    ← チャネル番号で分岐
   SndBuf[2] = RcvBuf[2];      // 返信区別保存
   switch(RcvBuf[2]){          // 区別記号で分岐
    case '1':                  // 出力1
     if(RcvBuf[3] == '1'){     // On制御の場合
      LATBbits.LATB5 = 1;
     }                         ← CH1のON
     else{                     // Off制御の場合
      LATBbits.LATB5 = 0;
     }                         ← CH1のOFF
     break;
    case '2':                  // 出力2
     if(RcvBuf[3] == '1'){     // On制御の場合
      LATBbits.LATB3 = 1;
     }                         ← CH2のON
     else{                     // Off制御の場合
      LATBbits.LATB3 = 0;
     }                         ← CH2のOFF
     break;
    default: break;
   }
   break;
  default: break;
 }
}
```

クし，ONになっていれば全状態を送信するAllData()関数を実行します．この送信フラグは，計測開始コマンド受信後にタイマ1で繰り返しONにセットされます．

送信後，今度は受信完了フラグをチェックして受信があったかどうかをチェックします．受信データがあれば，受信データ処理関数TestExec()を実行します．

これが完了したら，ステート3の最初から繰り返します．

リスト6-5 ファームウェアの全データ一括送信関数部

```
/**********************************
 *  データ一括送信関数
 *  状態、計測一括
 **********************************/
void AllData(void){
  int data;

  /** 送信データ準備 **/        ←(返送データ区別をセット)
  SndBuf[0] = 'M';              // 開始マーク
  SndBuf[1] = 'A';              (ディジタル状態データのセット)
  if(PORTBbits.RB5)             // 外部入力1
    SndBuf[2] = '1';
  else
    SndBuf[2] = '0';
  if(PORTAbits.RA3 == 0)        // 外部入力2
    SndBuf[3] = '0';
  else
    SndBuf[3] = '1';
  if(PORTAbits.RA2 == 0)        // 外部入力3
    SndBuf[4] = '0';
  else
    SndBuf[4] = '1';
  if(PORTBbits.RB3)             // 外部入力4
    SndBuf[5] = '1';
  else
    SndBuf[5] = '0';
  /** 計測データ準備 **/   ←(温度データのセット)
  for(i=0; i<3; i++){            // 温度格納
    SndBuf[i+6] = Temp[i];
  }                              (湿度データのセット)
  for(i=0; i<3; i++){            // 湿度格納
    SndBuf[i+9] = Humi[i];
  }                              (気圧データのセット)
  SndBuf[12] = (unsigned char)(Pascal / 256ul);
                                 // 気圧格納
  SndBuf[13] = (unsigned char)(Pascal & 0xFF);
  SndBuf[14] = (unsigned char)(Ilumi >> 8);
                                 // 照度格納
  SndBuf[15] = (unsigned char)(Ilumi & 0xFF);
  /* 汎用計測追加 */   (照度データのセット)
  for(i= 0; i<4; i++){
    data = GetADC(i);            // CH0 to CH3
    SndBuf[16+2*i] = (unsigned char)(data >> 8);
    SndBuf[17+2*i] = (unsigned char)(data & 0xFF);
  }                              (汎用計測データのセット)
  SndBuf[24] = 'E';
  SendStr(SndBuf);               // 送信実行
}                                (送信実行)
```

リスト6-6 ファームウェアのタイマ1の割り込み処理関数

```
/**********************************
 *  タイマ1割り込み処理関数
 *  350msec周期で計測実行
 **********************************/
void __attribute__((interrupt, no_auto_psv))
_T1Interrupt(void){
  unsigned char MSB8, Lower;
                              (ステートで順次進める)
  IFS0bits.T1IF = 0;          // 割り込みフラグ・クリア
  switch(MState){
                              (最初の温度の変換開始)
  case 0:
    Cmnd(0x03);               // 温度計測スタート
    Ilumi = GetADC(4);        // 照度データ取得
    MState = 1;               // 次へ
    break;
  case 1:                     (温度のデータ取得)
    for(i=0; i<3; i++)        // 温度データ取得
      Temp[i] = ReadData();   (湿度の変換開始)
    Cmnd(0x05);               // 湿度計測スタート
    SPICmd(0x03, 0x0C);       // 次の気圧計測トリガオン
    Ilumi = GetADC(4);        // 照度データ取得
    MState = 2;               // 次へ
    break;                    (気圧の変換開始)
  case 2:                     (湿度のデータ取得)
    for(i=0; i<3; i++)        // 湿度データ取得
      Humi[i] = ReadData();
    Ilumi = GetADC(4);        // 照度データ取得
    MState = 3;               // 次へ
    break;
  case 3:                     (気圧のデータ取得)
    if(SPI8bit(0x07) & 0x20){
                              // 気圧計測レディ・チェック
      MSB8 = SPI8bit(0x1F);   // 上位8ビット入力
      Lower = SPI16bit(0x20); // 下位16ビット入力
      Pascal = (unsigned long)MSB8 * 65536+
                  (unsigned long)Lower;
      Pascal = Pascal / 400;  // ヘクトパスカルに変換
    }                         (次の温度変換開始)
    Ilumi = GetADC(4);        // 照度データ取得
    Cmnd(0x03);               // 次の温度計測スタート
    MState = 1;               // 温度データ取得に戻って繰り返し
    SendFlag = 1;             // データ一括送信要求フラグオン
    LATBbits.LATB15 ^= 1;     (送信フラグ・セット)
    break;
  default:
    break;
  }
}
```

(4) 受信データ処理関数部

リスト6-4に，受信データ処理関数部のソース・コードを示します．受信データの2バイト目の文字でコマンド種別を判定して分岐します．

計測開始要求の場合は，タイマ1を開始しているだけです．これでタイマ1の割り込み処理で計測が実行され，計測が完了したらメイン・ループ内で全データの送信が実行されます．計測停止要求の場合も，タイマ1を停止しているだけです．

制御要求の場合は，続くデータでチャネルとON/OFFを区別し，それぞれのポートのON/OFF制御を実行しています．

リスト6-7 ファームウェアのUARTの受信割り込みと送信関数部

```
/*********************************
 *  UART受信割り込み処理関数
 *********************************/
void __attribute__ ((interrupt, no_auto_psv))
                            _U1RXInterrupt(void)
{
 char   data;

 /* 受信エラーチェック */
 IFS0bits.U1RXIF = 0;     // 割り込みフラグ・クリア
 if(U1STAbits.OERR || U1STAbits.FERR) {  ← 受信エラー・チェック
   data = U1RXREG;;
   U1STA &= 0xFFF0;       // エラー・フラグ・クリア
   U1MODE = 0;            // UART1停止
   U1MODE = 0x8808;       // UART1有効化
   Index = 0;
 }
 else {   // 正常受信の場合       ← 64バイトまで受信継続
   if((State > 2)&&(Index<64)){//
     RcvBuf[Index++] = U1RXREG;  // データ取り出し
     if(Index >= 64){           ← バッファに格納
       Flag = 1;                // 受信完了フラグオン
     }                          ← 64バイト完了で受信完了フラグをON
   }
   else // コマンド実行中でない場合
     data = U1RXREG;       // 読み飛ばして無視
 }
}
/*********************************
 *  UART 送信実行サブ関数
 *********************************/
void Send(unsigned char Data){
 while(!U1STAbits.TRMT);  // 送信レディ待ち
 U1TXREG = Data;          // 送信実行
}
/*********************************
 *  Blurtooth文字列送信関数
 *********************************/
void SendStr(unsigned char * str)
{                              ← 64バイト連続で送信実行
 for(i= 0; i<64; i++)    // 64バイト送信
   Send(*str++);         // 送信実行
}
/*********************************
 *  Bluetoothコマンド送信関数
 *  遅延挿入後戻る
 *********************************/
void SendCmd(unsigned char *cmd)
{
 while(*cmd != 0)        // 終端まで繰り返し送信
   Send(*cmd++);         // 送信実行
 delay_ms(1000);         // 返信スキップ用遅延
}                              ← 応答を無視するための遅延
```

(5)全データ一括送信関数部

リスト6-5に，全データ一括送信関数部のソース・コードを示します．ここでは，すべての送信データをバッファにセットし，最後に送信を実行しています．送信は，64バイト単位で実行しています．

状態データは文字の0か1でセットしていますが，計測データはバイナリ値でセットしています．汎用計測は，高速でデータを取得できるため，この格納直前にA-Dコンバータでデータを取得しています．

(6)タイマ1の割り込み処理関数部

リスト6-6に，タイマ1の割り込み処理関数部のソース・コードを示します．この中で計測を実行します．0.35秒の周期割り込みで，温度，湿度，気圧の計測を順番に行います．これは，これらの計測に時間がかかるためで，ステート関数として順番に進めます．

ステート0は最初に1回だけ実行し，温度計測を開始します．その0.35秒後にステート1となって温度を計測した結果を取り出し，バッファに格納します．そして，次の湿度計測とさらにその次の気圧測定を開始させます．

ステート2では湿度データを取り出し，バッファに格納しています．次のステート3では気圧データを取り出し，変換後バッファに格納しています．

ここで送信フラグをセットして，メイン・ループで全データの送信を実行します．最後に，次の温度計測をスタートさせてからステート1に戻って繰り返しています．

(7)UARTの受信割り込みと送信関数部

リスト6-7に，UARTの受信割り込みと送信関数部のソース・コードを示します．

ここでは受信エラー・チェックを行い，エラーがあればUARTを再初期化して継続受信ができるようにしています．正常な場合は，ステートが3の場合だけ受信データをバッファに格納しています．それ以外の場合は，受信データを破棄しています．

64バイトまで受信を継続し，64バイト目を受信すると受信完了フラグをセットしています．

以降は，UART関連の送受信のサブ関数部です．送信データをBluetoothに送るときには，常に64バイトの一定数のデータを送信するようにしてい

疑似I²Cと疑似SPIでセンサからデータを入力するサブ関数や遅延関数については，説明を省略します．

＊　＊　＊

作成したプログラムはMPLAB X IDEでコンパイルし，正常であればPICマイコンに書き込みます．書き込みが完了すれば，自動的に実行を開始します．SW₁を押しながらリセット・スイッチを押せば，Bluetoothモジュールの名称設定を実行しますが，この設定は一度実行すればモジュール内のフラッシュ・メモリに記憶されるので，毎回は行わず，SW₁を押しているときだけ実行します．

6-4 パソコンのアプリケーション・ソフトウェア

Bluetooth経由でワイヤレス・センシング基板を制御するパソコン側のアプリケーションは，Visual Basicを使って製作します．Bluetoothの制御は，COMポートを使った通信プログラムを作ることになりますから，`SerialPort`クラスを使って製作します．

● 全体の構成

アプリケーション・プログラムのFormは，図6-1を基本に構成しています．

(1) 接続ボタン(Button1)

`TextBox1`に入力されたCOMポートを使って，Bluetoothで指定端末と接続します．接続結果は，`TextBox1`に「接続成功」か「接続失敗」のメッセージで表示します．接続する端末の指定は，MACアドレスでプログラム内に記述しています．端末ごとにこれを書き換える必要がありますが，一度セットすれば変更することはまずないため，それほど気にならないと思います．

(2) 終了ボタン(Button2)

アプリケーションを終了します．

(3) 開始ボタン(Button3)

端末に対して，データを測定して送信するように指示します．これで端末側から一定周期でデータが送信されるようになるので，端末側からのデータを受信すると，データごとに指定された位置に指定された形式で表示します．

(4) 停止ボタン(Button4)

端末に対して測定を停止し，送信も停止するように指示します．

(5) DO制御ボタン(Button5, Button6)

タップ時に，現在の状態と反対の制御コマンド

リスト6-8 ポートと速度の設定方法

```
SerialPort1.PortName = TextBox1.Text
                              'COMポート番号取得
SerialPort1.BaudRate = 115200 '通信速度115.2kbps
SerialPort1.RtsEnable = True  'RTS有効化(受信許可)
Try
SerialPort1.Open()            'シリアル・ポート・オープン
---(途中省略)----
'Bluetoothデバイスの接続開始
dLen = Len(Mode)
SerialPort1.Write(Mode, 0, dLen)  '$$$送信
---(途中省略)----
Catch ex As Exception
MsgBox(ex.Message)
End Try
```

表6-6 SerialPortクラスのメンバ

区別	名前	機能内容
プロパティ	BaudRate	通信速度を取得または設定する（デフォルトは9600bos）
	PortName	通信用のポートを取得または設定する（文字列で設定）
	RtsEnable	RTS信号が有効かどうかを取得または設定する（Trueにすると受信許可となる）
	BytesToRead	受信バッファ内のデータのバイト数を取得する
	IsOpen	`SerialPort`オブジェクトが使われているかどうかを取得する
	ReceivedBytesThreshold	`DataReceived`イベントを発生させる入力バッファのバイト数を取得または設定する（デフォルトは1バイト）
メソッド	Close	ポート接続を閉じる
	Open	新しいシリアル・ポート接続を開く
	ReadByte	入力バッファから同期で1バイト読み出す
	Write	出力バッファにデータを書き込む
イベント	DataReceived	データ受信イベントを処理するメソッド

を送信します．送信は，次の一括データ受信時に続けて実行するようにして，半二重通信となるようにしています．状態表示更新は，その次のデータ受信で行います．

(6) 計測値表示

温度，湿度，気圧はそれぞれの単位で表示しています．照度は絶対値表示は難しいのでプログレス・バーで相対値として表示しています．汎用計測値の表示は，10ビットのバイナリ値をそのまま表示しています．

● SerialPort クラスの使い方

Visual Basicでシリアル・ポートを使うには，以前はMSCommコンポーネントを使用しましたが，.NET Framework 2.0以降，SerialPortクラスが追加され，より簡単にシリアル・ポートが使えるようになりました．ここでは，このSerialPortクラスの使い方を説明します．

Visual BasicでSerialPortを使うには，単純にForm上にツール・ボックスのコンポーネントからSerialPortをドラッグするだけです．これで，SerialPort1というインスタンスが生成されて使えるようになります．

このクラスで提供されるプロパティとメソッドはたくさんありますが，本章ではバイト・データで送受信を行うので，**表6-6**のようなわずかなものになります．

SerialPortを使用するには単純にOpenを使えばよいのですが，通信速度や使用するポートなどがデフォルトのプロパティのままではない場合には，それらを設定する必要があります．本章では，**リスト6-8**のようにポートと速度を設定し，RTSを有効化してからオープンしています．RN-42-EKの場合は，このRTSを有効化しないと受信ができません．

バイト送信の手順は簡単で，Writeメソッドを使って指定したデータを指定バイト数だけ送信

リスト6-10　アプリケーションの宣言部

```
Public Class Form1
  Dim dLen, rLen As Integer
  Dim SendBuf(63) As Byte      'COM送信バッファ
  Dim RcvBuf(63) As Byte       'COM受信バッファ
  Dim Temp As Long             '計測データ用変数
  Dim Ondo As Double
  Dim Humi As Double
  Dim Pres As Double
  Dim data As Integer
  Dim DoFlag1, DoFlag2 As Integer '出力制御用フラグ
  Dim StFlag, Busy As Integer
                               'ステート変数ビジー・フラグ
'Bluetoothモジュール設定コマンド定義
  Dim Mode As String = "$$$"   'コマンド・モード
  Dim Factory As String = "SF,1" & vbCr
                               '工場出荷リセット
  Dim Master As String = "SM,1" & vbCr
                               'マスタ・モードにセット
  Dim Message As String = "SO,Q" & vbCr
                               'QCONNECT返送指定
  Dim Reboot As String = "R,1" & vbCr
                               'リブート・コマンド
  Dim Connect As String = "C,000666484F3C" & vbCr
                               '相手デバイスのMACアドレス
  Dim Kill As String = "K," & vbCr  '接続切り離し

'アプリ用コマンド定義
  Dim MsrStart As String = "SBE" + Space(61)
                               '計測開始
  Dim MsrStop As String = "SKE" + Space(61)
                               '計測停止
  Dim Do1On As String = "SC11" + Space(60)
                               'CH1On
  Dim Do1Off As String = "SC10" + Space(60)
                               'CH1Off
  Dim Do2On As String = "SC21" + Space(60)
                               'CH2On
  Dim Do2Off As String = "SC20" + Space(60)
                               'CH2Off
```

リスト6-9　Invokeの使用方法

```
Private Sub SerialPort1_DataReceived(Byval
                                sender ……)
  While SerialPort1.BytesToRead < 64
                                '64バイト受信待ち
  End While
  Try
    SerialPort1.Read(RcvBuf, 0, 64)
                                '64バイト受信実行
    '受信処理関数呼び出し
    Dim address As New DataDelegate(AddressOf
                                DataDisplay)
    Me.Invoke(address, RcvBuf)
  Catch ex As Exception
    MsgBox(ex.Message)
  End Try
End Sub
Delegate Sub DataDelegate(ByVal RcvBuf)
Private Sub DataDisplay(Byval RcvBuf)
        ―――― (省略) ――――
End Sub
```

することができます．

SerialPortを使う場合に難しいのは受信処理で，次のようなことに注意する必要があります．

受信は，割り込みにより常時行われており，受信バッファに蓄えられていきます．受信イベントは，デフォルト状態では1バイトのデータを受信するたびに発生するので，どの時点で受信バッファを読み出すかにより，受信データが途中までしかない場合も起こりえます．したがって，受信データ・ブロックが完了したことを確認してから

受信バッファから読み出す必要があります．これを実現する方法には，受信が完了するまでの時間だけ待つか，BytesToReadを読み出して受信バイト数を確認してから読み出すかになります．

さらに，DataReceivedのイベントはメイン・スレッドではなくセカンダリ・スレッドで発生するため，メインのFormのボタンやテキスト・ボックスに表示させようとするとスレッドの例外エラーが発生します．このため，メインのFormに表示させる場合には，Invokeを使ってメイン

リスト6-11　アプリケーションの接続ボタンのイベント処理部

```
Private Sub Button1_Click(ByVal sender As
-----------) Handles Button1.Click
'COMポートの起動        　すでに使用中ならいったんクローズ
If SerialPort1.IsOpen = True Then
                        　すでに使用中ならクローズする
  SerialPort1.Close()
Else                   　ポートの設定
  SerialPort1.PortName = TextBox1.Text
                              'COMポート番号取得
  SerialPort1.BaudRate = 115200
                              '通信速度115.2kbps
  SerialPort1.RtsEnable = True 'RTS有効化(受信許可)
  Try                   　ポートのオープン
    SerialPort1.Open()  'シリアル・ポート・オープン
    StFlag = 1                 'ステート1
    'Bluetoothデバイスの接続開始   BTモジュールを
    dLen = Len(Mode)            コマンド・モードにする
    SerialPort1.Write(Mode, 0, dLen)   '$$$送信
    For i = 0 To 200000000           '遅延
    Next
    If RcvBuf(0) = 0 Then       '接続できなかった場合
      TextBox1.Text = "接続不可"
      Close()           　応答がなければ接続不可として終了
    End If
    '工場リセット      　工場出荷時の状態にリセット
    dLen = Len(Factory)
    SerialPort1.Write(Factory, 0, dLen)
                              '工場リセット送信
    For i = 0 To 100000000           '遅延
    Next
    'マスターモードに設定    　マスタ・モードにセット
    dLen = Len(Master)
    SerialPort1.Write(Master, 0, dLen)
                              'マスタ・モード設定
    For i = 0 To 200000000           '遅延
    Next                 コンフィグ・タイマなし
    'コンフィギュタイマなしに設定  にして常時コマンドモード
    dLen = Len(Config)          に設定可能とする
    SerialPort1.Write(Config, 0, dLen)
                              'コンフィギュ・タイマなし設定
    For i = 0 To 200000000           '遅延
    Next

    'メッセージ設定　接続時にQCONNECTで応答
    dLen = Len(Message)       　接続時メッセージ出力設定
    SerialPort1.Write(Message, 0, dLen)  '設定
    For i = 0 To 200000000           '遅延
    Next
    'リブート                 　リブートして設定を有効化する
    dLen = Len(Reboot)
    SerialPort1.Write(Reboot, 0, dLen)
                              'マスタ・モード設定
    For i = 0 To 1000000000          '遅延
    Next
    '$$$コマンド送信後　折り返し受信
    dLen = Len(Mode)          　再度コマンド・モードにする
    SerialPort1.Write(Mode, 0, dLen)   '$$$送信
    For i = 0 To 200000000           '遅延
    Next
    '指定アドレスデバイスと接続
    StFlag = 2
    dLen = Len(Connect)       　MACアドレス指定で接続
    SerialPort1.Write(Connect, 0, dLen)  '設定
    '接続完了待ち
    While SerialPort1.BytesToRead < 18
    'TRYING\r\nQCONNECT\r\n  受信待ち
    End While                 　接続メッセージの受信待ち
    ' TRYING\r\nQCONNECT受信
    rLen = SerialPort1.Read(RcvBuf, 0,
                SerialPort1.BytesToRead)
    If RcvBuf(8) = &H51 Then       '文字Q確認
      StFlag = 3       'ステート3
      DoFlag1 = 0               '出力制御フラグ・リセット
      DoFlag2 = 0               正常接続完了でステートを3にする
      Busy = 0                  '処理中ビジー・フラグ・リセット
      TextBox1.Text = "接続成功"    '接続完了
    Else
      StFlag = 1
      TextBox1.Text = "接続失敗"   '接続不可の場合
    End If                     接続異常ならメッセージ表示のみ
  Catch ex As Exception
    MsgBox(ex.Message)
  End Try
End If
End Sub
```

にポストして実行するようにする必要があります．

これらを満足させる方法として，本章では**リスト6-9**のように64バイト固定長のデータを受信完了するまで待ち，受信したら Delegate を使って Invoke することで，受信データ処理関数の DataDisplay メソッドに受信データの RcvBuf を渡すようにしています．

● アプリケーションの詳細

作成したアプリケーションの詳細を説明します．

(1) 宣言部

リスト6-10に，宣言部のプログラムを示します．ここでは，グローバル変数以外に，Bluetooth用のコマンド・メッセージと，アプリケーション用のコマンド・メッセージを定義しています．アプリケーション用のコマンドは常に64バイト固定長とするため，Spaceを必要バイト数だけ追加しています．

(2) 接続ボタンのイベント処理部

リスト6-11に，接続ボタンのイベント処理部のプログラムを示します．最初にシリアル・ポートがすでに使用中かどうかをチェックし，使用中ならいったんクローズして，再度接続ボタン入力待ちとします．

未使用であれば，速度とポートを設定し，RTSを有効化してからオープンします．RTSを有効にしないと受信できません．正常にオープンできたら，すぐBluetoothモジュールの接続動作を開始します．その手順は次のとおりです．

なお，コマンドごとに応答メッセージが返ってくるので，それを無視するため遅延時間を挿入しています．

①コマンド・モードにする
　ここで正常に応答があれば先に進みますが，応答がない場合は接続不可能としてメッセージを出力してすぐアプリ終了とする．
②工場出荷時の状態にリセットする
③マスタ・モードにセットする
④コンフィグ・タイマを0にしてコンフィグ・タイマを無効にする

リスト6-12　アプリケーションの各ボタンのイベント処理部

```
Private Sub Button3_Click(ByVal sender As ------)
                       Handles Button3.Click
 '計測開始要求送信
 SerialPort1.Write(MsrStart, 0, 64)   '計測開始のコマンドの送信
 DoFlag1 = 0
 DoFlag2 = 0
 Busy = 0
End Sub
Private Sub Button4_Click(ByVal sender As ------)
                       Handles Button4.Click
 '計測停止要求送信    '計測停止のコマンドの送信
 SerialPort1.Write(MsrStop, 0, 64)
End Sub
Private Sub Button5_Click(ByVal sender As ------)
                       Handles Button5.Click
 '出力制御用フラグのセット
 If Button5.Text = "On" Then
   DoFlag1 = 1   '制御要求フラグのセットのみ
 Else
   DoFlag1 = 2
 End If
End Sub
Private Sub Button6_Click(ByVal sender As ---------)
                       Handles Button6.Click
 '出力制御用フラグのセット
 If Button6.Text = "On" Then
   DoFlag2 = 1   '制御要求フラグのセットのみ
 Else
   DoFlag2 = 2
 End If
End Sub
Private Sub Button2_Click(ByVal sender As ------)
                       Handles Button2.Click
 '終了処理       '受信処理の完了を待つ
 While Busy = 1        '受信処理完了待ち
 End While             '計測停止コマンド送信
 StFlag = 1                   'ステート1
 SerialPort1.Write(MsrStop, 0, 64)
                              '計測停止コマンド
 For i = 0 To 200000000       '遅延
 Next
 'Bluetoothデバイスの切り離し開始
 dLen = Len(Mode)     'コマンド・モードに設定
 SerialPort1.Write(Mode, 0, dLen)  '$$$送信
 For i = 0 To 200000000       '遅延
 Next
 dLen = Len(Kill)     '接続切り離し
 SerialPort1.Write(Kill, 0, dLen)  '$$$送信
 For i = 0 To 200000000       '遅延
 Next
 SerialPort1.Close()          'クローズ
 Close()
End Sub
```

第3部 Bluetoothモジュール活用事例

リスト6-13 アプリケーションの受信イベント処理と受信データ処理部

```
Private Sub SerialPort1_DataReceived(ByVal sender
As -------------) Handles SerialPort1.DataReceived
  'ステート1の場合  読み飛ばし                  ステートが1の間
  If StFlag = 1 Then                            は受信データ破棄
    If SerialPort1.BytesToRead > 0 Then
      rLen = SerialPort1.Read(RcvBuf, 0, 64)
    End If   ステートが3の場合は64バイト受信完了まで待つ
  'ステート3の場合  バッファに格納し受信処理実行
  ElseIf StFlag = 3 Then
    While SerialPort1.BytesToRead < 64
                                       '64バイト受信待ち
    End While
    Try                           64バイト受信データ読み出し
      Busy = 1                     '受信処理中ビジーオン
      SerialPort1.Read(RcvBuf, 0, 64)
                                   '64バイト受信実行
      '受信処理関数呼び出し
      Dim address As New DataDelegate(AddressOf
                                       DataDisplay)
      Me.Invoke(address, RcvBuf)
    Catch ex As Exception         DelegateとInvokeで受信
      MsgBox(ex.Message)          処理関数呼び出し
    End Try
  End If
End Sub                           Delegate用メソッド
Delegate Sub DataDelegate(ByVal RcvBuf)
Private Sub DataDisplay(ByVal RcvBuf)
  '受信データの処理        受信データのヘッダ確認
  If RcvBuf(0) = &H4D Then       'Mの確認
    ' ***** 状態の応答の場合 *****
    If RcvBuf(1) = &H41 Then     'Aの確認
      'Xが0か1でオンオフ表示制御
      If RcvBuf(3) = &H30 Then   ディジタル状態の表示
        TextBox2.BackColor = Color.Red
      Else
        TextBox2.BackColor = Color.Green
      End If
        (一部省略)               ディジタル状態の表示
      If RcvBuf(5) = &H31 Then
        Button6.BackColor = Color.Red
        Button6.Text = "On"
      Else
        Button6.BackColor = Color.Green
        Button6.Text = "Off"
      End If
    ' ***** 計測応答の場合 *****
    '温度データ変換と表示          計測値の表示
    Temp = RcvBuf(6) * 256 + RcvBuf(7)
    Ondo = 0.01 * Temp - 39.7
    TextBox4.Text = Ondo.ToString("F1")
    '湿度データ変換と表示
    Temp = RcvBuf(9) * 256 + RcvBuf(10)
    Humi = 0.0367 * Temp - 2.048
    Humi += (Ondo - 25.9) * (0.01 + 0.00008 * Temp)
    TextBox5.Text = Humi.ToString("F1")
    '気圧データ変換と表示
    Temp = RcvBuf(12) * 256 + RcvBuf(13)
    Pres = Temp
    TextBox6.Text = Pres.ToString("F1")
    '照度データ変換と表示
    Temp = RcvBuf(14) * 256 + RcvBuf(15)
    If (Temp < 1024) Then
      ProgressBar1.Value = Temp
    End If
    '汎用計測追加表示              汎用計測値の表示
    data = RcvBuf(16) * 256 + RcvBuf(17)
    TextBox7.Text = data.ToString("F0")
          (一部省略)
          data = RcvBuf(22) * 256 + RcvBuf(23)
    TextBox10.Text = data.ToString("F0")
    '***********************************************
    '出力制御  半二重とするため受信後送信
    If DoFlag1 = 1 Then
      SerialPort1.Write(Do1Off, 0, 64)
      DoFlag1 = 0
    ElseIf DoFlag1 = 2 Then       出力制御の送信実行
      SerialPort1.Write(Do1On, 0, 64)
      DoFlag1 = 0
    End If
        (一部省略)
          Busy = 0 '受信処理中ビジーオフ
    End If
  End If
End Sub
End Class
```

これでいつでもコマンド・モードに設定できるようになり，終了処理後に再接続を可能にできます．

⑤接続したときメッセージを出力するようにQという文字をセットする

⑥リブートして設定を有効化する

このあと，実行終了待ちの長めの遅延が必要です．

⑦再度コマンド・モードにする

⑧MACアドレス指定で接続を開始する

⑨接続完了メッセージの受信（QCONNECT）を待ち，受信完了メッセージを確認して正常なら接続成功メッセージを表示し，ステート3に進める．異常なら，接続失敗メッセージを表示するだけとする．

受信メッセージは「TRYING¥r¥nQCONNECT¥r¥n」になるので，9文字目のQを確認して接続完了と判定しています．

（3）その他のボタンのイベント処理部

リスト6-12に，その他のボタンのイベント処理部のプログラムを示します．

開始と停止のボタンの場合は，対応するコマンドをデバイス側に送信しているだけです．

出力制御ボタンの処理では，実際の制御コマンドの送信は行わず，フラグをセットしているだけです．実際のコマンド送信は受信処理の中で実行しています．

終了ボタンの処理では，現在実行中の受信処理の完了を待ってから計測停止コマンドを送信し，クローズして終了しています．

（4）受信スレッドと受信データ処理関数部

リスト6-13に，受信スレッドと受信データ処理関数部のプログラムを示します．

受信スレッドでは，ステート1の場合とステート3の場合に分かれ，ステート1の場合は受信データを破棄するだけとしています．

ステート3の場合は，まず64バイトの受信を完了するまで待ってから，受信データをバッファに取り出します．そして，Delegate と Invoke を使って受信データ処理メソッドの DataDisplay に受信データを渡しています．

受信データ処理メソッドでは，最初に受信データのヘッダ部を確認して，正しければ以降の処理を実行します．4点のディジタル状態の表示をしたあと，計測値をメッセージで表示しています．その際，値の変換が必要なものは変換後に数値で表示しています．照度は相対値で表示するためプログレス・バーを使っています．

汎用計測については，特に計測単位もないので，0から1023の単純な10ビットのバイナリ数値で表示しています．

表示がすべて完了した後，ディジタル制御があ

コラム Bluetoothの実験に向いているのは スマートフォン？タブレット？それともパソコン？

Bluetoothは基本的に1対1の無線通信です．片側が例えばカンタンI/O実験ボードのような組み込み機器としたとき，Bluetoothのマスタ側となる機器には何が適しているのでしょうか？

実験という観点で見た場合は，操作のしやすさと実験用アプリケーションが容易に準備できるという意味でパソコンがよいのですが，Bluetooth機能がついていないことがあります．

Bluetooth機能をあらかじめ内蔵しているノート・パソコンは，使いやすい実験装置です．内蔵されていない場合は，安価なBluetoothドングルや今回使用したRN-42-EKのようなUSB接続のBluetoothモジュールを追加します．いずれにしても実験環境が簡単で確実にそろえられる構成とすべきでしょう．そうでないと何を実験しているかわからなくなります．

Bluetooth通信に成功するためには，プロファイルが同じものどうしを組み合わせる必要があります．実験に使用したBluetoothスタータ・キットは多くのパソコンやスマホが備えるSPP対応品です．ほかのプロファイルを使う場合には，それをサポートしているものかどうかを，まず確認しなければなりません．

モバイル機器で実験するなら，Bluetooth機能を持つスマートフォンかタブレットです．AndroidのBluetooth機能はSPPプロファイルを必ずサポートしていますから問題なく使えます．

今回のような簡単な実験は，スマートフォンでもタブレットでも問題なくできますから，特にどちらということはありません．表示が見やすいという意味ではタブレットの方が使いやすいですし，携帯性という意味ではスマートフォンがよいでしょう．

アプリケーションを作成して，本格的な機能を組み込むときには，最近では処理能力的な差はほとんどありません．表示能力でスマートフォンにするかタブレットにするかがほぼ決まると思います．

データをグラフィクス表示したり，操作や表示項目が多い場合はタブレットのほうが適しています．また，データを収集するような使い方では，パソコンとの連携も考慮しておく必要があります．なんといってもデータ処理はパソコンのほうが便利です．これもスマートフォン，タブレットいずれもUSB経由かWi-Fi経由でできますから問題ないでしょう．

る場合には，制御コマンドを送信して制御を実行しています．応答となる状態表示は次の受信で行われることになるので，最大1秒程度遅れて表示されます．操作も約1秒間隔でしかできません．

＊　＊　＊

以上が，パソコンのVisual Basicを使ったアプリケーションの全体です．

● テスト方法

ワイヤレス・センシング基板の動作テストは，次の手順で行います．

(1) ワイヤレス・センシング基板本体の電源を接続

これで，Bluetoothモジュールの緑のLEDが点滅すれば動作しています．

(2) パソコン側にRN-42-EKモジュールをUSBで接続

接続した後，デバイス・マネージャでCOMポートの番号を確認しておきます．

(3) アプリケーションを起動し接続

アプリケーションを起動した後，(2)で確認したCOMポート番号を入力してから接続ボタンをクリックします．これでしばらくして接続成功と表示されれば，正常に接続が完了しています．

この間，RN42-EKモジュールの緑LEDが高速フリッカを行い，接続が完了すると連続点灯に変わります．

(4) [開始]ボタンをクリックすると1秒後に状態が更新され，現在状態が表示される

データ送受信の際には，RN-42-EKモジュールの赤LEDが点滅します．また，ワイヤレス・センシング基板側のボード上の赤LEDも点滅します．

(5) 出力制御ボタンをクリックすると，現在状態と反対の制御が実行され，ボタンの色が赤と緑で切り替わる

ワイヤレス・センシング基板ボード上の緑LEDがON/OFFに合わせて点灯，消灯します．

(6) 状態入力の端子をGND接続すれば状態がONとなり赤点灯する

(7) 汎用計測の入力端子に電圧(0Vから3.3V)を加えれば，電圧に応じて汎用計測の表示が変化する

(8) [停止]ボタンをクリックすると状態の更新が停止し，受信動作も停止する

(9) [終了]ボタンをクリックすると計測停止コマンドを送信し，接続を切り離してからクローズして終了する

＊　＊　＊

以上で，すべての動作を確認できます．

第3部 Bluetoothモジュール活用事例

第7章

4チャネル入力，15サンプル/秒，分解能62.5μV

タブレットで大画面表示！ポータブル・データ・ロガー

使用するプログラム：07_Sample Program

後閑 哲也

18ビット分解能のΔΣ型 A-DコンバータMCP3424で測定したデータを，PICマイコンのメモリにログ・データとして保存し，Bluetoothによる無線通信でタブレットに送って表示する装置を作ります．タブレットに接続されたときにデータを一括して送信し，タブレットでグラフ化します（図7-1）．

図7-1のCH-1にはオフセット付きの正弦波を入力し，CH-2にはオフセット付きの矩形波を入力しています．サンプリングは1秒としているので，いずれも1Hz以下の周波数としています．

7-1 こんな装置

写真7-1に，本器の外観を示します．Nexus 7タブレットと，PICマイコンで制御するワイヤレス・データ収集基板とで構成されています．四角の黒い部品は，リチウム・イオン蓄電池です．バッテリには，アルカリ電池3本または4本を使用しても大丈夫です．

● 全体の構成

図7-2に，本器の構成を示します．

ワイヤレス・データ収集基板のBluetoothモジュールには，RN-42-SM（第6章参照）を使っています．TTLレベルのUARTに直結できるので，PICマイコンからも簡単に制御ができます．

ワイヤレス・データ収集基板の制御は，PICマイコンで行います．マイコンは，UARTを内蔵した28ピンのものであればどれでも使えます．今回は収集したデータを保存するため，RAMの多い16ビットのPIC24FJ64GA002を使いました．

● 機能と仕様

本器の機能を表7-1に示します．ログ・データを700回分グラフに表示しますが，サンプリング間隔は自由に設定できるようにします．

ワイヤレス・データ収集基板の仕様は，表7-2

図7-1 ポータブル・データ・ロガーで波形を観測してタブレットで表示させた（100データ/div, 10秒/div）

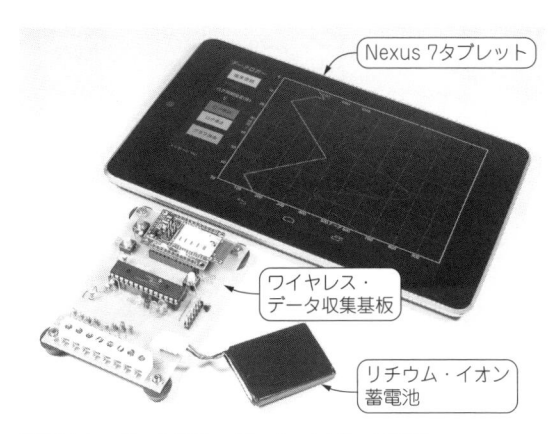

写真7-1 ポータブル・データ・ロガーの外観

117

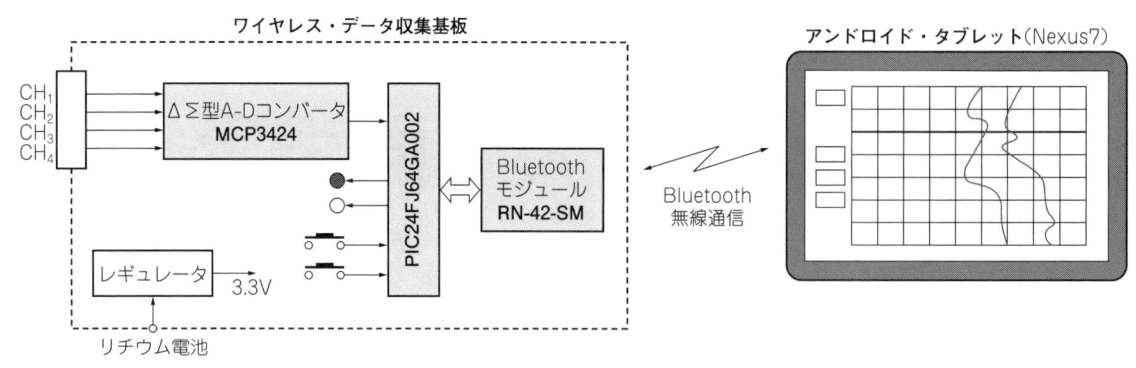

図7-2 ポータブル・データ・ロガーの構成

表7-1 本器の機能

機能	内容	備考
端末選択機能	Bluetoothで接続する端末をリストから選択して接続	Bluetoothモジュールがすべて実行する
ログ開始とグラフ表示	・ログ間隔を設定して，ログ開始ボタンをタップすることにより計測開始コマンドを送信する ・タブレットがBluetoothで接続中は，3秒ごとに本体から送信されるログ結果をグラフで表示する ・グラフ表示はログ700回分とする	ワイヤレス・データ収集基板側でログを開始し，3秒ごとにログ・データを一括送信する
ログ停止	ログ停止ボタンをタップすることで，計測停止コマンドを送信する．これによりログ動作が停止する	ワイヤレス・データ収集基板でログを中止する
グラフ消去	現在表示中のグラフを消去しログ・バッファをクリアする．メッセージもクリアする	－

表7-2 ワイヤレス・データ収集基板の仕様

項目	仕様	備考
電源	リチウム・イオン蓄電池から供給 3端子レギュレータで3.3Vを生成	消費電流：送信時最大約65mA
Bluetoothモジュール	RN-42-SM 開発ツール ・スタック内蔵 ・外部接続はUARTインターフェース	－
計測入力	4チャネル差動入力 最大入力電圧：±2.048V（正側のみ使用する） 分解能：16ビット（2バイトで納めるため） 変換レート：15sps	MCP3424を使用 入力アンプ・ゲインは1/1で使用
スイッチ	汎用スイッチ2個 S1：初期スタート時のRN-42-SMの設定制御用	－
表示	LED2個 　赤：Bluetooth送受信目印 　緑：サンプリング動作目印	－
データ保存	・4チャネルの計測結果をRAMに700回分保存する ・保存は16ビット符号付きで行う	RAM容量制限のため700サンプリングとしている

のようにしました．ΔΣ型A-Dコンバータの4チャネルのデータを700回分メモリに保存します．これは，PICマイコンのRAMが8Kバイトであることと，グラフ表示が1000×700であることにより制限されています．つまり，横軸方向で1000サンプルの4チャネル分は8Kバイトには納まらないため，縦軸で700サンプルとしています．

● 無線通信データ・フォーマット

　これらの機能を実現するBluetoothの無線通信

表7-3 無線通信データ・フォーマット

機　能	タブレット→ワイヤレス・データ収集基板	タブレット←ワイヤレス・データ収集基板
計測開始コマンド	開始トリガ・コマンド 「'S'，'L'，p1，p2，'E'，ダミー」 　p1：周期下位 　p2：周期上位 （ダミーは64バイトにするためのパディング）	・応答なし ・計測実行タイマを指定周期で起動する
計測停止コマンド	停止コマンド 「'S'，'K'，'E'，ダミー」 （ダミーは64バイトにするためのパディング）	・応答なし ・計測実行タイマを停止する
状態データ転送	応答なし	・一定間隔で計測データを一括送信 「'M'，n，d0……d1499，'E'　ダミー」 　n：'1'から'4'のいずれか（チャネル番号） 　d0からd1499：該当チャネルのバッファ・データ 　　（バッファ内は下位バイト，上位バイト順． 　　ダミーは1500バイトとするためのパディング） ・チャネル1から4まで連続して送信する

のデータ・フォーマットは，**表7-3**のとおりです．

Bluetooth接続後，タブレットからの送信は常に64バイト単位で行い，ワイヤレス・データ収集基板からは，常に1500バイトを送信します．

計測開始コマンドが送信されるとワイヤレス・データ収集基板側でタイマ1をスタートさせ，指定されたログ周期ごとに計測を全チャネルで実行し，メモリに保存します．さらに，3秒ごとにログ結果を一括して送信します．これを計測停止コマンドが来るまで繰り返します．

7-2 ハードウェア

● ハードウェア構成

製作したワイヤレス・データ収集基板のハードウェアを**図7-3**に示します．Bluetoothモジュールには，マイクロチップ・テクノロジーのRN-42-SMを使います．

電源には3.7Vのリチウム・イオン蓄電池を使い，3端子レギュレータで3.3Vにして全体に供給します．Bluetoothモジュールには最大約50mA程度が必要なので，余裕を見て250mAを供給できるレギュレータを使いました．

ΔΣ型A-DコンバータはI²Cインターフェースになっているので，PICマイコンに内蔵されているI²Cモジュールを使って接続します．

ログ間隔の時間精度を良くするため，クロックには8MHzのセラミック発振子を使い，内蔵PLLで4倍にして32MHzのフルスピードとしています．こうすると時間精度が内蔵クロックより改善され，115.2kbpsのBluetoothとの通信速度にも余裕で対応できます．

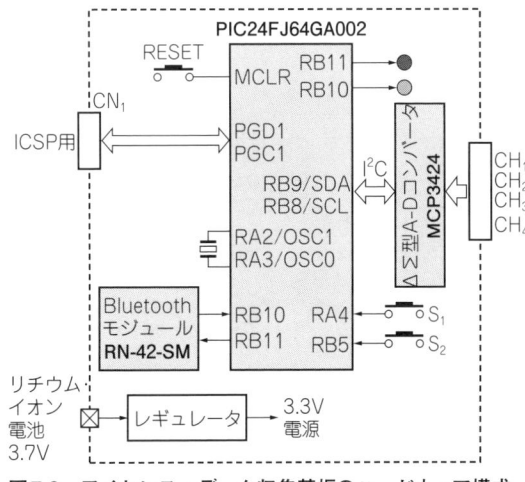

図7-3 ワイヤレス・データ収集基板のハードウェア構成

● ΔΣ型A-Dコンバータの使い方

A-D変換には，I²C接続の18ビット分解能を持つΔΣ型A-Dコンバータ MCP3424（マイクロチップ・テクノロジー）を使います．

このA-Dコンバータは，最も簡単な構成で使える高性能かつ安価なものです．SOICという14ピンの小型パッケージになっていて，次のような特徴を持っています．

- 18ビット分解能のΔΣ型A-Dコンバータ
- 外部インターフェースはI²C
- 4チャネルの差動入力でプラス/マイナスどちらの極性も入力可能
- 変換ごとに内部オフセットとゲインを自動補正
- 高精度電圧リファレンス内蔵：2.048V ± 0.05%
- 可変ゲイン・アンプ内蔵：ゲイン1, 2, 4, 8倍
- クロック用発振器内蔵
- 変換は1回ごとまたは連続の指定が可能
- 低消費電流：145μA（V_{DD} = 3V動作時）
- 単電源：2.7～5.5V
- 動作温度範囲：-40～125℃

MCP3424の内部構成を図7-4に示します。マイコンとの接続インターフェースはI²Cです。ΔΣ型A-Dコンバータ以外に，4段階のゲイン可変のアンプと2.048V ± 0.05%という高精度のリファレンス電圧を内蔵しているので，外付け部品は必要ありません．

このA-Dコンバータのアナログ部の仕様を表7-4に，I²Cインターフェース部の仕様を表7-5に示します．

MCP3424は，PICマイコンからコマンドを送信して内部コンフィグレーション・レジスタを書き換えることにより，各種の動作モードを設定します．A-D変換の結果を読み出す必要もあるので，I²Cの通信では送信と受信両方の動作をします．

(1) コンフィグレーションの設定方法

A-Dコンバータの動作モードを指定するコンフィグレーションを設定するため，PICマイコンからI²Cで送信します．このときの送信データ・フォーマットは，図7-5のようになります．

I²CマスタとなるPICマイコンから，7ビット・

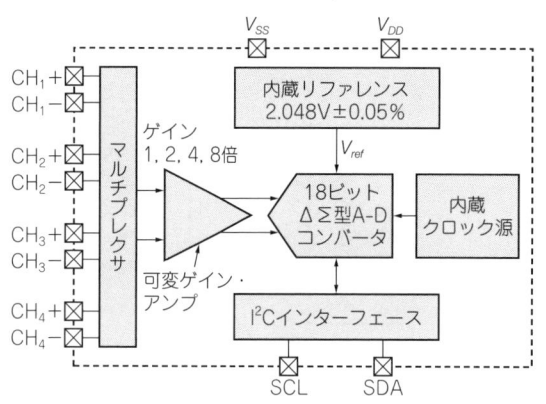

図7-4 A-DコンバータMCP3424の内部構成

表7-5 A-DコンバータMCP3424のI²Cインターフェースの仕様

項　目	仕　様	備　考
入力電圧	"H" スレッショルド	$0.7V_{DD}$ 以上	
	"L" スレッショルド	$0.3V_{DD}$ 以下	
出力電圧	"L" レベル	0.4V 以下	
標準モード	クロック周波数	0～100kHz	
高速モード	クロック周波数	0～400kHz	
超高速モード	クロック周波数	0～3.4MHz	Cb = 100pF

表7-4 A-DコンバータMCP3424のアナログ部の仕様

項　目		仕　様	備　考
電源	動作電源電圧 V_{DD}	2.7～5.5V	-
	動作電流	標準155μA，最大180μA	V_{DD} = 5V
		145μA	V_{DD} = 3V
	待機電流	0.1μ～0.5μA	-
入力	差動電圧範囲	± 2.048V	V_{in}間の電位差
	入力インピーダンス	2.25MΩ	差動入力間
		25MΩ	対GND間
	入力絶対定格	V_{SS} - 0.3V ～ V_{DD} + 0.3V	-
変換レート	12ビットのとき	176～240sps	分解能1mV
	16ビットのとき	11～15sps	分解能62.5μV
	18ビットのとき	2.75～3.75sps	分解能15.625μV
精度，誤差	リファレンス電圧	2.048V	-
	ゲイン誤差	標準0.05%，最大0.35%	Ref, PGA誤差含む
	オフセット誤差	15μ～40μV	PGA = 1

アドレス+Writeモード(0)で1バイトのデータを送信します．アドレスは「0xD0」が標準で，固定アドレスとなります．下位3ビットは工場出荷時に設定が可能で，注文で指定します．指定しない場合は「000」というアドレスになります．

続いて送信する1バイトのデータがコンフィグレーション・データで，図7-5に示す構成になっています．これによりA-Dコンバータのチャネルと動作モードが決まります．

このコンフィグレーションで特徴的なのは，A-Dコンバータの分解能を4種類から選択できることです．このビット数により変換速度，つまりサンプリング・レートが変わり，少ないビット数ほどサンプリング・レートが大きくなり高速になります．

変換のモードも，自立的に連続で変換を繰り返す連続変換モードと，マイコン側から変換開始を指定したときに変換するワンショット・モードの2種類から選択できます．

可変ゲイン・アンプのゲインも，1倍，2倍，4倍，8倍の4種類から選択できます．

(2) データの読み出し

変換結果のデータを読み出す場合には，分解能によってビット数が異なるので，読み出すデータ・バイト数も異なってきます．この読み出しフォーマットを図7-6に示します．

18ビット分解能の場合は，図7-6(a)のようにデータ部が3バイトです．最初のバイトは，上位2ビット分が右詰でセットされ，上位6ビットには最上位ビット(D17)である符号と同じ値がセットされます．2バイト目は，データのD15からD8まで

での8ビット分がセットされています．3バイト目は，D7からD0の8ビットがセットされています．

これにより変換結果のデータを取得できますが，その後のバイトにはコンフィグレーションのデータがセットされています．レディ・ビットをチェックするためです．

データ転送を終了させるには，マスタ側となるPICマイコンがNACKを返してからストップ条件を出力する必要があります．マスタ側がNACKを

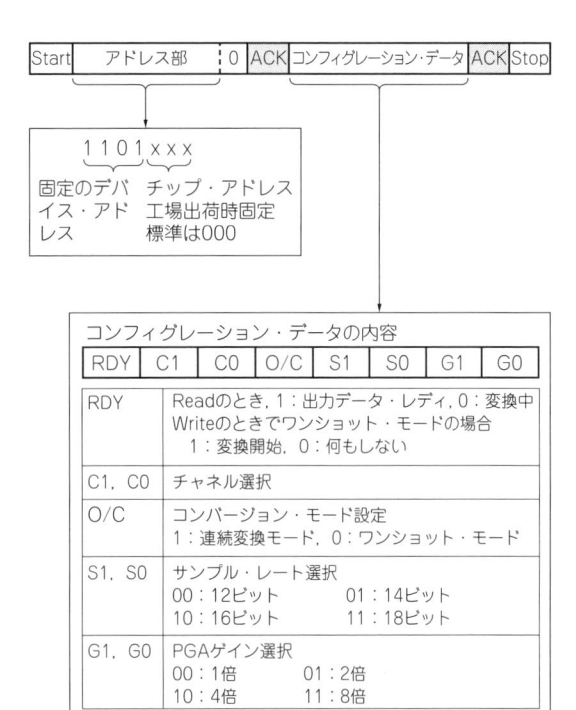

図7-5 A-DコンバータMCP3424のコンフィグレーション設定コマンド

```
Start | アドレス部 | 0 | ACK | コンフィグレーション・データ | ACK | Stop
```

1101xxx
- 固定のデバイス・アドレス
- チップ・アドレス 工場出荷時固定 標準は000

コンフィグレーション・データの内容

	RDY	C1	C0	O/C	S1	S0	G1	G0
RDY	Readのとき，1：出力データ・レディ，0：変換中 Writeのときでワンショット・モードの場合 1：変換開始，0：何もしない
C1, C0	チャネル選択
O/C	コンバージョン・モード設定 1：連続変換モード，0：ワンショット・モード
S1, S0	サンプル・レート選択 00：12ビット 01：14ビット 10：16ビット 11：18ビット
G1, G0	PGAゲイン選択 00：1倍 01：2倍 10：4倍 11：8倍

```
Start | 1101000 | 1 | ACK | XXXXXXD17D16 | ACK | D15-----D8 | ACK | D7-----D0 | ACK | Configuration | NACK | Stop
```
XはD17と同じ値が繰り返される
必ずNACKをマスタから送る必要がある

(a) 18ビット分解能の場合

```
Start | 1101000 | 1 | ACK | D15-----D8 | ACK | D7-----D0 | ACK | Configuration | NACK | Stop
```
- 14ビット分解能の場合，XXD12……D8
- 12ビット分解能の場合，XXXXD11…D8

必ずNACKをマスタから送る必要がある

(b) 16, 14, 12ビット分解能の場合

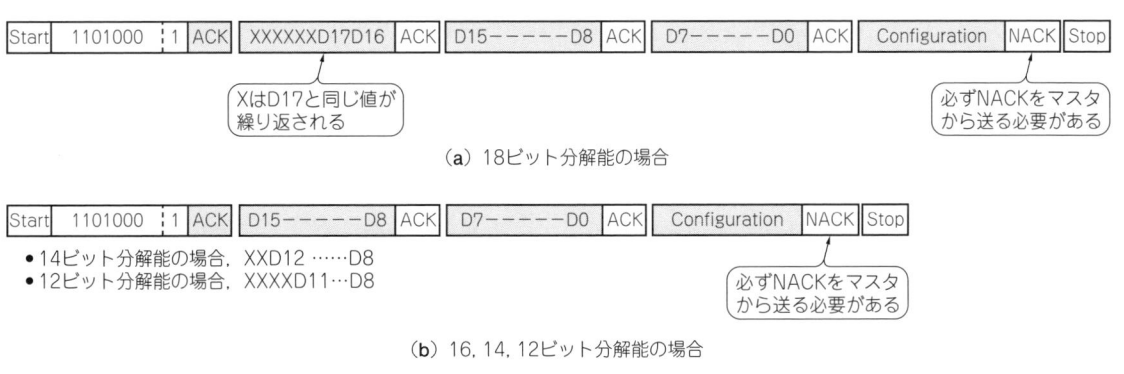

図7-6 A-DコンバータMCP3424の出力データ・フォーマット

表7-6 A-DコンバータMCP3424の分解能を16ビットに設定したときの入力電圧と出力コード

入力電圧	出力コード	備考
2.048V 以上	0111111111111111	上限値のまま
2.048V − 約62.5μV	0111111111111111	正の最大値
約62.5μV	0000000000000001	正の最小値
0V	0000000000000000	−
約−62.5μV	1111111111111111	負の最大値
−2.048V + 約62.5μV	1000000000000001	負の最小値
−2.048V 以下	1000000000000000	下限値のまま

リスト7-2 A-Dコンバータ(MCP3424)から変換データを取り込むときのPICマイコンのプログラム(I^2C通信用関数)

```
CmdI2C(0x88);          // 16ビットでチャネル1指定100ms待ち
GetDataI2C(Result, 2); // 3バイトのデータ取得
CmdI2C(0xA8);          // 16ビットでチャネル2指定100ms待ち
GetDataI2C(Result, 2); // 3バイトのデータ取得
```

リスト7-1 A-Dコンバータの制御関数

```
/***********************************************
 * ADCコンフィグレーション設定サブ関数(I2C)
 *   Addrss + Config
 *   Config = RDY+C1+C0+O/C+S1+S0+G1+G0
 *     RDY: 1=Read Ready   1=Write One Shott
 *                                  Conv Start
 *     C1,0: Channel Address O/C:0=OneShott
 *     S1,0: 11=18bit 10=16bit 01=14bit 00=12bit
 *     G1,0: Gain 00=x1 01=x2 10=x4 11=x8
 ***********************************************/
void CmdI2C(unsigned char data){
    IdleI2C1();
    I2C1CONbits.SEN = 1;            // スタート出力
    while(I2C1CONbits.SEN);         // スタート終了待ち
    DataTrans(0xD0);                // アドレス送信
    DataTrans(data);                // コマンド・データ送信
    I2C1CONbits.PEN = 1;            // ストップ出力
    while(I2C1CONbits.PEN);         // ストップ終了待ち
}
/***********************************************
 * ADC変換データ取得サブ関数(I2C利用)
 *   18bitの場合 (Sign+1bit)+8bit+8bit+Config
 *   16bitの場合 (Sign+7bit)+8bit+Config
 ***********************************************/
void GetDataI2C(unsigned char *Buffer, unsigned char CNT){
    unsigned char i;
    IdleI2C1();                     // アイドル待ち
    I2C1STATbits.I2COV = 0;         // エラー・クリア
    I2C1CONbits.SEN = 1;            // スタート出力
    while(I2C1CONbits.SEN);         // スタート終了待ち
    DataTrans(0xD1);                // アドレス送信Readモード
    for(i=0; i<CNT; i++) {          // 複数バイト連続受信
        I2C1CONbits.ACKDT = 0;      // ACK設定
        I2C1CONbits.RCEN = 1;       // 受信許可
        while(I2C1CONbits.RCEN);    // 受信待ち
        I2C1CONbits.ACKEN = 1;      // ACK返送
        Buffer[i] = I2C1RCV;        // 受信データ取得
        IdleI2C1();                 // アイドル待ち
    }
    I2C1CONbits.ACKDT = 1;          // NACK設定
    I2C1CONbits.RCEN = 1;           // 受信許可
    while(I2C1CONbits.RCEN);        // 受信待ち
    I2C1CONbits.ACKEN = 1;          // NACK返送
    Buffer[i] = I2C1RCV;            // 受信データ取得
    IdleI2C1();                     // アイドル待ち
    I2C1CONbits.PEN = 1;            // ストップ出力
    while(I2C1CONbits.PEN);         // ストップ終了待ち
}
/** アイドル待ちサブ関数 ***/
void IdleI2C1(void){
    while(I2C1CONbits.SEN || I2C1CONbits.PEN || I2C1CONbits.RCEN
       || I2C1CONbits.ACKEN || I2C1STATbits.TRSTAT);
}
/** 1バイト送信サブ関数 ***/
void DataTrans(unsigned char sData){
    I2C1TRN = sData;                // data送信
    while(I2C1STATbits.TBF);        // 送信終了待ち
    while(I2C1STATbits.ACKSTAT);    // ACK返送待ち
    IdleI2C1();                     // アイドル待ち
}
```

(注釈: DataTrans(0xD0); → アドレスとコンフィグレーション・データの送信, Buffer[i] = I2C1RCV; → データの受信, Buffer[i] = I2C1RCV; → コンフィグレーションの受信)

返さないとA-Dコンバータからの送信が終了とならず，永久にコンフィグレーション・データが繰り返し出力されます．逆に，NACKを返送すればそのバイトで通信が終了します．

16ビット以下の分解能の場合は，**図7-6**(b)のようにデータ部は2バイトで構成できるので，出力データも2バイトになります．14，12ビット分解能の場合の上位の空いたビットには，データの最上位ビットの符号と同じ値がセットされます．

取得されたデータは，正/負両方の場合があり，今回使用する16ビット分解能で可変ゲイン・アンプのゲインが1倍の場合には，**表7-6**のような形式でデータが変換されます．

正の上限値が+2.048Vで，負の下限値は−

2.048Vになり，その範囲外の場合には上下限値のまま同じ値となります．この形式であれば，絶対値を求める場合，負の値のときは，0と1を反転させて1を加えるだけで求められます．しかし今回は，正の値のみとして使っています．

16ビットの場合には，**表7-6**のようにゲインが1倍の場合には，最小分解能が62.5μVになります．

このA-DコンバータのインターフェースはI^2C通信です．ファームウェアで**リスト7-1**のようなI^2C通信用の関数を作成しました．I^2Cの基本の手順どおりです．

A-Dコンバータのコンフィグレーションは，PICマイコンからの出力で行われるので，I^2Cの出力関数`CmdI2C()`を使います．A-Dコンバータからの変換結果を入力するためには，`GetDataI2C()`関数を使います．複数バイトの入力が必要なので，指定したバイト数だけ入力する関数です．そして，最後の入力データにはNACKを返送します．

実際に，このA-Dコンバータからデータを取り込むときのPICマイコンのプログラムは，**リスト7-2**のようにします．

まず，コンフィグレーションを出力して，16ビットの連続変換モードとチャネル指定をします．そして，16ビットの場合は12spsから15spsですから，変換終了までに余裕をみて，約100ms待ってからデータを入力します．

あらかじめResultという3バイトのバッファを用意しておき，ここに受信データを格納します．データは**図7-6**(b)のフォーマットで入力されるので，データ2バイト，コンフィグレーション1バイトが格納されることになります．

● 回路設計と組み立て

ワイヤレス・データ収集基板の回路を**図7-7**に示します．PICマイコンには，28ピンのPIC24FJ64GA002を使っています．ΔΣ型A-Dコンバータの入力は，1kΩの抵抗を介して直接端子台に接続しています．また，A-Dコンバータ用の電源には簡単なフィルタを挿入してノイズ対策をしました．

グラウンドもアナログ用とディジタル用とは分離し，R_{17}のジャンパで1個所で接続しています．RN-42-SMモジュールとの接続はUARTになりますから，これは自由にピン割り付けができるので

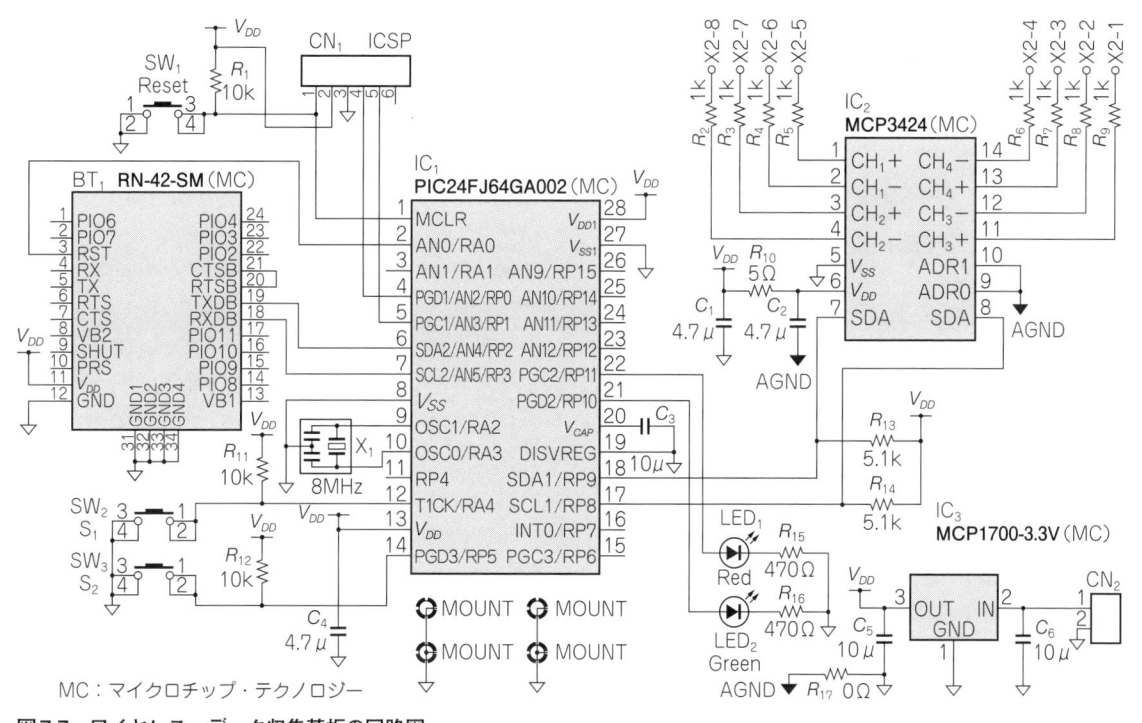

図7-7 ワイヤレス・データ収集基板の回路図

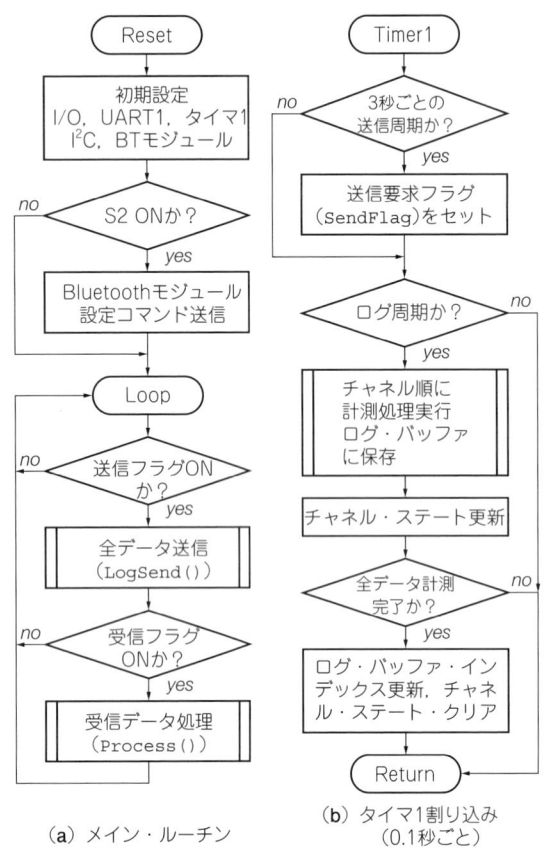

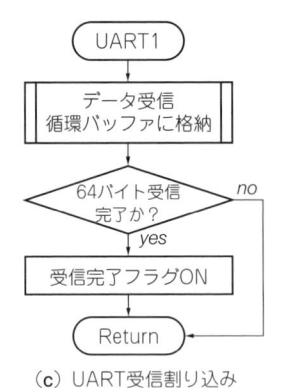

図7-8 PICマイコンのファームウェア全体

(a) メイン・ルーチン
(b) タイマ1割り込み（0.1秒ごと）
(c) UART受信割り込み

メイン・ループに入ったら，送信フラグがONであるかをチェックし，ONならログ・バッファに格納されている全計測データをチャネルごとに1500バイトずつ一括で送信します．データを受信するタブレット側でグラフ表示します．

続いて，受信フラグがONかどうかをチェックし，ONであれば受信データの処理を実行します．この受信処理では，次の2種類の処理を実行します．

(1) 計測開始コマンドの場合はログ・バッファをクリアした後，タイマ1を100ms周期でスタートさせて計測を開始する．
(2) 計測停止コマンドの場合はタイマ1を停止させる．実際の停止は，ログ・データの受信完了後に実行している．

100ms周期のタイマ1の割り込みでは，まず3秒ごとの送信周期になったら，送信要求フラグ（SendFlag）をセットしてメイン・ルーチンで送信を実行するようにします．

次に，ログ周期になったかどうかを判定し，ログ周期になったら計測開始フラグ（MsrFlag）をセットして，ΔΣ型A-Dコンバータで計測を開始します．A-Dコンバータによる計測にはチャネルごとに100msという時間がかかるため，ステート関数形式として割り込みごとに順番に1チャネル分の計測を実行し，バッファに格納します．4チャネル分のデータの計測とログ・バッファへの格納が終わったら，ステートをクリアし，ログ・バッファのポインタを更新して次のログ周期になるのを待ちます．

UART1の受信割り込みは，Bluetoothモジュールからの受信データなので，64バイトのデータを

配置のしやすいピンに接続します．

7-3 PICマイコンのファームウェア

● 全体構成

図7-8に，PICマイコンのファームウェアの流れを示します．大きくメイン・ルーチン，UART1の受信割り込み処理，タイマ1の割り込み処理の三つで構成しています．

メイン・ルーチンはリセットでスタートし，各モジュールの初期設定をしたあと，S₂が押されていればBluetoothモジュールの初期設定を行います．これで，Bluetoothモジュールに「Data Logger」という名称が付与されます．この設定は，一度実行すれば記憶されるので，S₂がOFFである通常の場合は実行しないですぐ先の処理に進みます．

まとめて受信し，これが完了したら受信完了フラグをONにしています．

メイン・ルーチンでこの受信完了フラグをチェックし，ONとなっていれば受信データ処理を実行します．

● Bluetoothモジュールの制御

無線通信のプロトコルはすべて，Bluetoothモジュール自身が実行するので，特別な制御は必要ありませんが，端末の名称を付けておいた方が端末選択をする場合に分かりやすくなりますので，コマンド・モードで名称だけを設定します．その手順は次のようになります．

① リセット後，1秒待つ（この遅延を入れないとコマンド・モードにならない）
② "$$$"コマンドで，コマンド・モードにする
③ "SF,1¥r"コマンドで，工場出荷モードに戻す
④ "SN,DataLogger¥r"コマンドで，名称を「DataLogger」とする
⑤ "R,1¥r"コマンドでリブートして，通常動作状態に戻す

これらをUART1で送信すれば設定できますが，各コマンド送信後に応答が返ってくるので，それを無視する時間を確保します．そこで，コマンド送信ごとに1秒間の遅延を挿入しています．

この設定制御は，1回行えばBluetoothモジュール側がフラッシュ・メモリに記憶してくれるため，PICマイコンをリセットする際にスイッチS_2を押しながらリセットした場合のみ実行します．

この設定をするとそれまでの名称のペアリングが無効となるので，再度タブレット側のBluetoothの設定でペアリングをし直す必要があります．

● ファームウェアの詳細

(1) 宣言部の詳細

宣言部のプログラムを**リスト7-3**に示します．最初のコンフィグレーションでは，クロックを8MHzの外付け発振器でPLLありとしているので，32MHzで動作させることになります．

次に，Bluetooth用の送受信バッファと4チャネルのログ・バッファの配列を定義しています．ログ・バッファは大きなサイズなので，far領域を含めて確保しています．あとは，Bluetoothモジュール設定用のコマンド・メッセージの定義です．

リスト7-3 宣言部の詳細

```
#include <p24Fxxxx.h>
/* コンフィグレーションの設定 */
_CONFIG1( JTAGEN_OFF & GCP_OFF & GWRP_OFF &
          BKBUG_OFF & COE_OFF & ICS_PGx1&
          FWDTEN_OFF & WINDIS_OFF )
/* 8MHz*PLL4=32MHz (Full Speed) */
_CONFIG2( IESO_OFF & FNOSC_PRIPLL & FCKSM_
          CSDCMD & OSCIOFNC_OFF & IOL1WAY_OFF
          & I2C1SEL_PRI & POSCMOD_HS)

/* グローバル変数，定数定義 */
#define        Fosc       32
unsigned char RcvBuf[64];
unsigned char SndBuf[64];        ← ログ・バッファの
unsigned char Temp[64];             定義はfarで行う
__attribute__((far)) unsigned char
        CH1Log[1500];// ログ格納用バッファ
__attribute__((far)) unsigned char
                        CH2Log[1500];
__attribute__((far)) unsigned char
                        CH3Log[1500];
__attribute__((far)) unsigned char
                        CH4Log[1500];
unsigned char ChanFlag = 0;
unsigned char Result[5];
unsigned char Flag, State, MsrFlag, StopFlag,
                                    SendFlag;
int Index, BFIndex, i, j, Period, Interval,
                                 SendInterval;
unsigned char chan;
float Value;

/* Blutooth設定用コマンドデータ */
const unsigned char msg1[] = "$$$";
                        // コマンド・モード指定
const unsigned char msg2[] = "SF,1¥r";
                        // 初期化
const unsigned char msg3[] =
                        "SN,DataLogger¥r";
                        // APのSSID指定
const unsigned char msg4[] = "R,1¥r";
                        // 再起動

/* 関数プロトタイピング */
(詳細省略)
```

(2) メイン関数の初期設定部

メイン関数の初期設定部のプログラムを**リスト7-4**に示します．ここでは，内蔵モジュールの初期設定を行っています．

最初に，Bluetoothモジュールのリセット・ピンを200msだけ"L"としてリセットしています．

リスト7-4 メインの初期設定部の詳細

```
/*********** メイン関数 **************************/
int main(void)
{
    /* I/Oの初期設定 */
    AD1PCFG = 0xffff;        // すべてディジタル
    CLKDIV = 0;              // クロック 1/1
    TRISA = 0xFF1C;          // RA2-4のみ出力
    TRISB = 0x022F;          // RB0-2,3,5,6,9のみ入力
    /* BTモジュールリセット */        ┐BTモジュールの初期化
    LATAbits.LATA0 = 0;
    delay_ms(200);                   ┐UARTのピン指定と初期化
    LATAbits.LATA0 = 1;
    /* UART1ピン割付 */              ┐UARTの受信割り込み許可
    RPINR18bits.U1RXR = 2;   // UART1 RX to RP2
    RPOR1bits.RP3R = 3;      // UART1 TX to RP3
    /* UART1初期設定 115kbps */
    U1MODE = 0x8808;         // UART1初期設定
                                          BRGH=1
    U1STA  = 0x0400;         // UART1初期設定
    U1BRG  = 34;             // 115kbps@32MHz
    IPC2bits.U1RXIP = 4;     // UART1割り込みレベル
    IFS0bits.U1RXIF = 0;     // 割り込みフラグクリア
    IEC0bits.U1RXIE = 1;     // UART1受信割り込み許可

    /* I2Cの初期設定 */
    I2C1CON = 0x8000;        // I2Cイネーブル
    I2C1BRG = 0x25;          // 400kHz@Fcy=16MHz
    /* タイマ1初期設定 内部,1/256,Fcy=16MHz */
    T1CON = 0x0030;          // 内部クロック 1/256
    PR1 = 6250;              // 100msタイマ
    SRbits.IPL = 2;
    IPC0bits.T1IP = 5;       // 割り込みレベル = 5
    IFS0bits.T1IF = 0;
    IEC0bits.T1IE = 1;       // 割り込み許可
    /* 変数初期化 */
    Index = 0;               // 受信バッファ用ポインタ
    BFIndex = 2;      ┐タイマ1の  // ログ・バッファ用
                       初期設定と     ポインタ
                       割り込み許可
    ChanFlag = 0;     ┘可       // 計測チャネル切り替え用
    State = 0;               // ステート関数用
    MsrFlag = 0;             // 計測中フラグ
    Period = 0;              // ログ周期
    Interval = 0;            // リグ周期用割り込み
                                      回数カウンタ
    StopFlag = 0;            // ログ停止要求フラグ
    SendFlag = 0;            // 送信要求フラグ
    SendInterval = 30;       // 3秒送信間隔用カウンタ
```

リスト7-5 メイン・ループ部の詳細

```
/*********** メイン・ループ ***************/
while(1) {                  ┐ステートで進める
    /* ステートで遷移 */
    switch(State){          ┐リセット時にS2が押
        case 0:              されている場合のみ
            if(PORTBbits.RB5 == 0)
                // S2が押されていた場合のみ実行
            {               ┐BTモジュールの名称設定
                /** Bluetoothモジュール初期化 */
                delay_ms(1000);
                SendCmd(msg1);   // $$$
                delay_ms(1000);
                SendCmd(msg2);   // 工場出荷時リセット
                SendCmd(msg3);   // 名称付与
                SendCmd(msg4);   // リブート
                /** USART 再設定 */
                                 // 念のため
                U1MODE = 0x8808;
                                 // UART1初期設定 BRGH=1
                U1STA  = 0x0400;
                                 // UART1初期設定
                U1BRG  = 34;
                                 // 115kbps@32MHz
            }
            State = 2;      // 次へ
            break;
        case 1:
        case 2:
            delay_ms(1000);  // 処理完了待ち遅延
            Index = 0;       // 受信バッファ・ポインタ初期化
            State = 3;       // 次へ
            break;          ┐BT処理完了待ち
        case 3:
            /****** 常時実行ループ ********/
            if(SendFlag){    // 送信開始要求オンの場合
                LogSend();   // 全チャネル・データ一括送信
                SendFlag = 0;// 要求フラグ・クリア
            }               ┐送信要求フラグがONの場合送信実行
            /* 受信コマンド処理 */
            if(Flag == 1){   // 受信完了で処理実行
                Flag = 0;    // 完了フラグ・クリア
                if(RcvBuf[0] == 'S'){ // 先頭S確認
                    Process();   // コマンド処理実行
                    Index = 0;   // バッファ・ポインタ初期化
                }
            }
            break;
        default:            ┐受信データがある場合
            break;           受信データ処理実行
    }
}
```

UART1の送受信ピンは，特定のピンに割り付ける必要があるので注意が必要です．通信速度は115.2kbpsとしています．

タイマ1は100ms周期で動作させていますが，実際のカウント開始はタブレットからの計測開始コマンド受信処理で行っています．UART1の受信とタイマ1の割り込みを許可しています．

(3) メイン・ループ部の詳細

メイン・ループ部のプログラムを**リスト7-5**に示します．全体をステート関数として構成してあり，Bluetoothモジュールの設定はスイッチS_2を押しながらリセット・スイッチをONにした場合に1回だけしか実行しないようにしています．

いずれの場合も，Bluetoothの初期化完了を待つため，1秒遅延した後にステート3の常時繰り返しループに入ります．

このステートでは，最初に送信要求フラグをチェックし，ONになっていれば全状態を送信する`LogSend()`関数を実行します．この送信要求フラグは，計測開始コマンドを受信した後，タイマ1で3秒ごとに繰り返しONにセットされます．

送信後，今度は受信完了フラグをチェックして，受信があったかどうかをチェックします．受信データがあれば，受信データ処理関数`Process()`を実行します．

この実行が完了したら，ステート3の最初から繰り返します．

(4) 受信データ処理関数 Process() の詳細

受信データ処理関数部のプログラムは，**リスト7-6**となります．受信データの2バイト目の文字でコマンド種別を判定して分岐します．

ログ計測開始要求の場合は，ログ・バッファをすべてクリアしてからタイマ1を開始しています．これによりタイマ1の割り込み処理で計測が実行され，3秒ごとにメイン・ループ内で全データの送信が実行されます．計測停止要求の場合は，タイマ1を停止しているだけです．

(5) ログ・データ一括送信関数部の詳細

ログ・データ一括送信関数部のプログラムを**リスト7-7**に示します．

ここではチャネルごとにヘッダをバッファにセットし，チャネルのログ・バッファ1500バイト全体を一括で送信します．チャネル送信ごとに

リスト7-6 受信データ処理関数部の詳細

```
void Process(void)
{
  /* データ処理 */               // コマンド種別で分ける
  switch(RcvBuf[1]){             // 受信データ種別で分岐
    /* ログ開始要求の場合 */     // ログ周期を数値に変換
    case 'L':
      Period = RcvBuf[2] + RcvBuf[3] * 256;
                                 // 周期設定 秒単位
      Interval = Period * 10;
      for(i=0; i<1500; i++){
        CH1Log[i] = 0;
        CH2Log[i] = 0;           // ログ・バッファ
        CH3Log[i] = 0;           //  をクリア
        CH4Log[i] = 0;
      }
      ChanFlag = 0;              // チャネル・リセット
      MsrFlag = 0;               // 計測中フラグ・リセット
      BFIndex = 2;               // バッファ・ポインタ・リセット
      StopFlag = 0;              // ログ停止要求リセット
      T1CON = 0x8030;            // タイマ1スタート
      break;
    /* ログ停止要求の場合 */
    case 'K':
      StopFlag = 1;              // ログ停止要求セット
      break;                     // タイマ1割り込み
                                 //  処理で停止させる
    default: break;
  }
}
```

200msの遅延を挿入して，タブレット側での格納処理時間を確保しています．これがないと，タブレット側でオーバーフローしてエラーになります．

(6) タイマ1の割り込み処理関数の詳細

タイマ1の割り込み処理関数のプログラムを**リスト7-8**に示します．

最初にログ周期になったかどうかをチェックし，周期の場合は`MsrFlag`をONにします．そして，3秒周期になったかどうかをチェックし，なっていれば送信要求フラグ`SendFlag`をONにします．

続いて，`MsrFlag`がONの間，ステート変数`ChanFlag`に基づいてチャネルごとに変換開始と結果データの取得を実行します．これをタイマ1の100ms周期で順次進めていきます．4チャネル全部のデータ取得が完了したら，`MsrFlag`をオフとして次のログ周期を待ちます．

さらに，ログ・バッファのポインタを更新して次のログに備えます．最後に，計測停止フラグがONになっていたら，タイマ1を停止させてログを

第3部 Bluetoothモジュール活用事例

リスト7-7 ログ・データ送信関数部．CH1からCH4まで一括で送信する

```
void LogSend(void){           // データ部送信
    LATBbits.LATB10 = 1;      // 目印LEDオン
    CH1Log[0] = 'M';          // CH1送信データ・セット
    CH1Log[1] = '1';          ← CH-1の送信
    CH1Log[1402] = 'E';
    for(i=0; i<1500; i++)
                              // CH1ログ・データ一括送信
        Send(CH1Log[i]);      タブレット側の
    delay_ms(200);            表示処理待ち
                              // タブレット処理時間確保用
    CH2Log[0] = 'M';          // CH2送信データ・セット
    CH2Log[1] = '2';          ← CH-2の送信
    CH2Log[1402] = 'E';
    for(i=0; i<1500; i++)
                              // CH2ログ・データ一括送信
        Send(CH2Log[i]);
    delay_ms(200);            タブレット側の
    CH3Log[0] = 'M';          表示処理待ち
                              // CH3送信データ・セット
    CH3Log[1] = '3';          ← CH-3の送信
    CH3Log[1402] = 'E';
    for(i=0; i<1500; i++)
                              // CH3ログ・データ一括送信
        Send(CH3Log[i]);      タブレット側の
    delay_ms(200);            表示処理待ち
    CH4Log[0] = 'M';          // CH4送信データ・セット
    CH4Log[1] = '4';          ← CH-4の送信
    CH4Log[1402] = 'E';
    for(i=0; i<1500; i++)
                              // CH4ログ・データ一括送信
        Send(CH4Log[i]);      タブレット側の
    delay_ms(200);            表示処理待ち
    LATBbits.LATB10 = 0;      // 目印LEDオフ
}
```

リスト7-9 UARTの送受信関数部．常に64バイト取り込む

```
void __attribute__((interrupt, no_auto_psv))
_U1RXInterrupt(void){
    char data;
    /* 受信エラー・チェック */
    IFS0bits.U1RXIF = 0;      // 割り込みフラグ・クリア
    if(U1STAbits.OERR || U1STAbits.FERR) {
        data = U1RXREG;;
        U1STA &= 0xFFF0;      // エラー・フラグ・クリア
        U1MODE = 0;           // UART1停止
        U1MODE = 0x8808;      // UART1有効化
        Index = 0;            受信エラーなら
    }                         UARTの再初期化
    else {                    // 正常受信の場合
        if((State > 2)&&(Index<64)){
            RcvBuf[Index++] = U1RXREG;
                              // データ取り出し
            if(Index >= 64){
                              // 64バイト受信完了の場合
                Flag = 1;     // 受信完了フラグオン
            }
                              64バイト受信するまで待つ
        }
        else                  // コマンド実行中でない場合
            data = U1RXREG;   // 読み飛ばして無視
    }
}
/*UART 送信実行サブ関数*/
void Send(unsigned char Data){
    while(!U1STAbits.TRMT);   // 送信レディ待ち
    U1TXREG = Data;           // 送信実行
}
/*Bluetoothでデータを一括送信する関数*/
void SendData(unsigned char * ptr){
    for(i= 0; i<1500; i++)    // 1500バイト送信
        Send(*ptr++);         // 送信実行
}                             1500バイトを一気に送信
/*Bluetoothコマンド送信関数．遅延挿入後戻る*/
void SendCmd(const unsigned char *cmd){
    while(*cmd != 0)          // 終端まで繰り返し送信
        Send(*cmd++);         // 送信実行
    delay_ms(1000);           // 返信スキップ用遅延
}                             送信後の応答を無視する
                              ため1秒遅延を挿入
```

中止します．ここで出力するのは，ログが途中で途切れるのを防ぐためです．

(7) UARTの送受信関数部の詳細

UARTの送受信関数部のプログラムを**リスト7-9**に示します．

ここでは，受信エラー・チェックを行い，エラーがあればUART1を再初期化して継続受信ができるようにしています．正常な場合は，ステート3の場合だけ受信データを循環バッファに格納

しています．それ以外の場合は，受信データを破棄しています．64バイトまで受信を継続し，64バイト受信で受信完了フラグをセットしています．

以降は，UART1関連の送受信のサブ関数部です．送信データをBluetoothに送るときには，常に1500バイトの一定数のデータを送信します．

* * *

以上が，主要な処理プログラム部で，残りは遅延関数だけなので説明は省略します．

リスト7-8　タイマ1の割り込み処理部．100msごとに割り込みを発生させて，CH0からCH4まで順次に変換してバッファに格納する

```
void __attribute__((interrupt, auto_psv))
_T1Interrupt(void)
{
    IFS0bits.T1IF = 0;          // 割り込みフラグ・クリア

    Interval--;                 // ログ・タイミング・カウンタ更新
    if(Interval == 0){          // ログ・タイミングか？
        Interval = Period * 10; // 周期カウンタ更新
        MsrFlag = 1;            // 計測中フラグオン
    }
    SendInterval--;             // 送信用カウンタ更新
    if(SendInterval == 0){      // 送信タイミングか？
        SendInterval = 30;      // カウンタ再セット 3秒
        SendFlag = 1;           // 送信要求フラグオン
    }
    /****** ログ実行 (5回の割り込みで一巡) ********/
    if(MsrFlag){                // 計測中の場合か？
        LATBbits.LATB11 ^= 1;
                                // 目印赤LED反転表示
        switch(ChanFlag){
        case 0:
            CmdI2C(0x88);       // CH1変換開始
            ChanFlag++;         // 0->1
            break;
        case 1:
            GetDataI2C(Result, 2);
            /* 変換結果取得とバッファ格納 */
            CH1Log[BFIndex] = Result[0];
                                // CH1のデータ保存
            CH1Log[BFIndex+1] = Result[1];
            CmdI2C(0xA8);       // CH2換開始
            ChanFlag++;         // 1->2
            break;
        case 2:
            GetDataI2C(Result, 2);
            /* 変換結果取得とバッファ格納 */
            CH2Log[BFIndex] = Result[0];
                                // CH2のデータ保存
            CH2Log[BFIndex+1] = Result[1];
            CmdI2C(0xC8);       // CH-2のデータ取得
            /* CH3の変換開始 16bit */
            ChanFlag++;         // 2->3
            break;
        case 3:
            GetDataI2C(Result, 2);
            /* 変換結果取得とバッファ格納 */
            CH3Log[BFIndex] = Result[0];
                                // CH3のデータ保存
            CH3Log[BFIndex+1] = Result[1];
            CmdI2C(0xE8);       // CH-3のデータ取得
            /* CH4の変換開始 16bit */
            ChanFlag++;         // 3->4
            break;
        case 4:
            GetDataI2C(Result, 2);
            /* 変換結果取得とバッファ格納 */
            CH4Log[BFIndex] = Result[0];
                                // CH4のデータ保存
            CH4Log[BFIndex+1] = Result[1];
            ChanFlag++;         // 4->5
            break;
        default:
            break;
        }
        /* 全チャネル計測終了のチェック */
        if(ChanFlag > 4){       // 終了か？
            MsrFlag = 0;        // 計測中フラグ・リセット
            ChanFlag = 0;       // 5->0
            BFIndex += 2;       // バッファ・ポインタを進める
            if(BFIndex > 1400)  // バッファいっぱいか？
                BFIndex = 2;    // 最初に戻す
            if(StopFlag)        // ログ停止要求ありか
                T1CON = 0;      // タイマ停止
        }
    }
}
```

このプログラムをMPLAB X IDEでコンパイルして，正常であればPICマイコンに書き込みます．書き込みが完了すれば自動的に実行を開始します．

S₂を押しながらリセット・スイッチを押せば，Bluetoothモジュールの名称設定を実行しますが，この設定は一度実行すればモジュール内のフラッシュ・メモリに記憶されるので毎回は行わず，S₂を押しているときだけ実行します．

7-4　タブレットのアプリケーション

最後は，タブレット側のアプリケーション（以降アプリ）です．Android OSのもとで動作するアプリを作成することになるので，Eclipse + Android SDKという環境でJava言語を使って作成しました．

● 全体の構成

アプリケーションの構成を図7-9に示します．

全体は，三つのJava実行ファイルで構成されていて，Bluetoothの端末探索と送受信を制御する部分は独立ファイル構成としています．Googleの例題を基本にしているので，他のBluetoothを使うアプリにも少し手直しするだけで使えます．

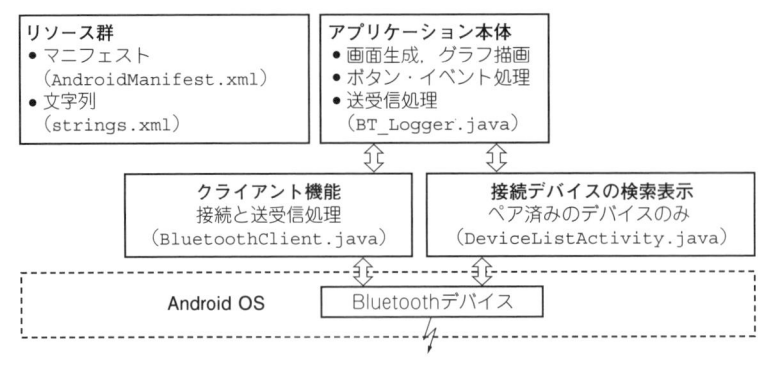

図7-9 アプリケーションの全体構成

　この他にリソースがありますが，レイアウトはプログラムですべて記述しているのでリソースにはありません．文字列のリソースも表題のみです．マニフェストが重要な働きをしています．
　Androidタブレットには標準でBluetoothが実装されていて，それを駆動するためのAPIも標準で用意されているので，これを使って制御します．

● 画面構成と機能
　アプリケーションの機能はボタンに対応させているので，画面の構成から説明します．画面は**図7-10**のようにしました．左側がアプリケーション用のボタンとメッセージ領域で，右側はグラフ表示領域です．機能は，すべてボタンをタップするとスタートします．
　ボタンと画面に対応する機能は，**表7-7**のようにしました．Bluetoothの制御以外はすべてアプリケーション本体で実行しています．

● Bluetoothの制御
　Bluetoothの制御についてはGoogleのAndroid Developersに詳しく解説されているので，これに

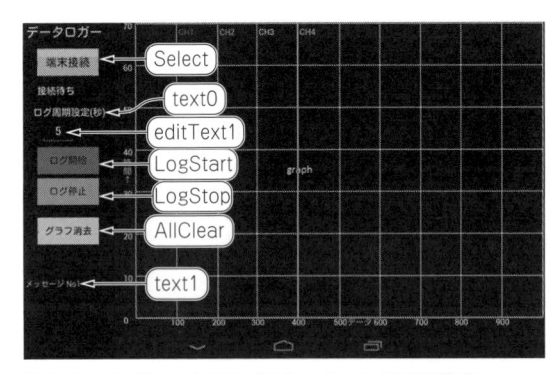

図7-10 タブレットのアプリケーションの画面構成

表7-7 タブレット側の機能一覧

ボタン名称	機　　能	備　考
端末接続	・最初にBluetoothで接続する端末を選択し，接続する ・選択できる端末は，ペアリング済みのものに限定 ・接続状態をtext0のメッセージ領域に下記のように表示する 　「接続待ち→接続中→接続完了または接続失敗」	・選択可能端末は，ダイアログで表示する ・Bluetoothが無効になっている場合は，ダイアログで有効化を促す
ログ開始	端末側に計測開始コマンドを送信し，ログ・データ収集を開始させる．これにより端末側から3秒間隔で返送されるログ・データをグラフとして表示する	－
ログ停止	端末側に計測停止コマンドを送信し，ログ・データ収集を停止させる	－
グラフ表示	・4チャネルのログ・データをグラフで表示する ・横軸はデータの値を0から999の範囲で表示する 　正の値のみ表示することとし，符号を除外した15ビットを10ビットに変換して表示する ・縦軸は700ドットとし，1ドット1サンプルとして表示する ・表示は，グラフの下側が最初のサンプリング時とし，順次上側に移動するように描画する	タブレットの画面サイズは1280×800

沿って作成します．その他にネットでサーチすれば，いくつか製作例も紹介されているのでそれらを参考にできます．

このプログラムは，第6章の製作例と受信処理以外は同じですので，受信処理以外は省略します．

受信は，**リスト7-10**のようにスレッドで常時実行を継続するようにし，1500バイトを受信完了したら，呼び出し元に受信データを返します．この受信データは，メイン・アプリのハンドラで受け取り，受信データ処理を開始します．

以上がBluetoothの制御部の全体となります．次は，これらを実際に使って機能を実行するアプリケーション本体部になります．

● アプリケーション本体部の詳細
（1）最初の部分「宣言部」

アクティビティのフィールド変数の宣言部では，Bluetooth用の送受信バッファとGUI用のクラス変数を定義しているだけなので詳細は省略します．

（2）アクティビティが呼び出されたとき最初に実行するメソッドonCreate()

リスト7-11はonCreate()メソッドで，画面をフルスクリーンでタイトルなしに設定し，コンポーネントの生成と描画をします．最後に，グラフ部の表示をします．

このアプリケーションでは，グラフ表示とコンポーネント表示を同じ画面で行うので，EclipseのGUIツールを使わず，直接プログラムで記述して画面を構成します．続いて，ボタンのイベント定義とイベント処理メソッドを生成し，最後にBluetoothの実装を確認する処理をします．

（3）アクティビティの状態遷移に伴う処理部

アクティビティの状態遷移部を**リスト7-12**に示します．ここではスタート時の処理が重要で，ここで第6章で説明したBluetoothが有効化されているかどうかのチェック処理を行っています．

まだ有効でなかった場合は，ダイアログを表示させて有効化します．それによるイベント処理を`onActivityResult`の中で実行します．

（4）接続ボタン・タップのイベント処理と接続処理

接続ボタン・タップのイベント処理と接続処理部を**リスト7-13**に示します．

ここで，Bluetoothとの接続処理を開始します．

リスト7-10 受信データの処理

```
/**** 受信を待ち，バッファからデータ取り出し処理 ****/
/**** 常に1500バイトを受信するまで繰り返す        ****/
public void run() {
  byte[] buf = new byte[1500];
                          // 受信バッファの用意
  byte[] Rcv = new byte[1500];
                          // 取り出しバッファの用意
  int bytes, Index, i;    // 受信バイト数他
  Index = 0;              // バイト・カウンタ・リセット
  /***** 受信繰り返しループ *****/
  while (true) {
    try {
                // 1500バイト受信完了まで受信繰り返し
      while(Index < 1500){
        InputStream input = BTsocket.getInputStream();
        bytes = input.read(buf);   // 受信実行
        for(i=0; i<bytes; i++){
                    // 受信バイト数だけ繰り返し
          Rcv[Index]=buf[i];
                    // バッファ・コピー
          if(Index < 1500)
                    Index++;
                    // バイト・カウンタ更新
        }
      }
      Index = 0;      // バイト・カウンタ・リセット
      /**** 取り出したデータを返す ****/
      handler.obtainMessage(MESSAGE_READ,
      1500, -1,
      Rcv).sendToTarget();
    }
    catch (IOException e) {
        setState(STATE_NONE);
                    // 状態返送
        break;
    }
  }
}
```

接続ボタンの処理では，単純に接続相手の探索と接続のアクティビティを起動しているだけです．そのアクティビティからの通知に応じて，接続状態を表示処理するハンドラ部が**リスト7-13**の後半になります．

ハンドラ部では，接続中の場合はその進捗状態をメッセージで表示し，受信完了の場合は受信したデータの処理をする`Process()`メソッドを呼び出します．

（5）ログ開始，停止とグラフ消去のボタンのイベント処理部

その他のボタンのイベント処理を**リスト7-14**に

リスト7-11 onCreate () メソッド

```
/************* 最初に実行されるメソッド ********/
@Override
public void onCreate(Bundle savedInstanceState)
{                          ┌両面横固定のフルスクリーン┐
    super.onCreate(savedInstanceState);
    /* フルスクリーンの指定 */
    getWindow().clearFlags(WindowManager.
    LayoutParams.FLAG_FORCE_NOT_FULLSCREEN);
    getWindow().addFlags(WindowManager.
    LayoutParams.FLAG_FULLSCREEN);
    requestWindowFeature(Window.FEATURE_NO_
    TITLE);
    /*** レイアウト定義 *******/
    LinearLayout layout = new
    LinearLayout(this);
    layout.setOrientation(LinearLayout.
    HORIZONTAL);
    layout.setBackgroundColor(Color.BLACK);
    setContentView(layout);    ┌両面の各コンポー┐
    /**** サブレイアウト *****/   └ネントの生成  ┘
    LinearLayout layout2 = new
    LinearLayout(this);
    layout2.setOrientation(LinearLayout.
    VERTICAL);
    layout2.setGravity(Gravity.LEFT);
    /*** 見出しテキスト表示 ****/
    text = new TextView(this);  ┌表題の表示┐
    text.setLayoutParams(new
    LinearLayout.LayoutParams(220,WC));
    text.setTextSize(23f);
    text.setTextColor(Color.YELLOW);
    text.setText(" データロガー ");
    layout2.addView(text);
    // 接続ボタン作成           ┌接続ボタ ┐
    Select = new Button(this);  └ンの表示┘
    Select.setBackgroundColor(Color.CYAN);
    Select.setTextColor(Color.BLACK);
    Select.setTextSize(20f);
    Select.setText("端末接続");
    LinearLayout.LayoutParams params = new
    LinearLayout.LayoutParams(150, WC);
    params.setMargins(35,20, 0,0);
    Select.setLayoutParams(params);
    layout2.addView(Select);    ┌メッセージ用テキス┐
    // 接続結果表示テキスト       └ト・ボックスの表示┘
    text0 = new TextView(this);
    text0.setTextColor(Color.WHITE);
    text0.setTextSize(17f);
    text0.setLayoutParams(params);
    text0.setText("接続待ち");
    layout2.addView(text0);

         (一部省略)

    layout.addView(layout2);    ┌グラフの表示実行┐
    // グラフ描画
    graph = new MyView(this);   ┌ボタンのイベント・┐
    layout.addView(graph);      └メソッドの生成  ┘
    // ボタンイベント組み込み
    Select.setOnClickListener((OnClickListener)
    new SelectExe());
    AllClear.setOnClickListener((OnClickListen
    er) new ClearExec());
    LogStart.setOnClickListener((OnClickListen
    er) new LogStartExec());
    LogStop.setOnClickListener((OnClickListener)
    new LogStopExec());        ┌Bluetoothデバイ┐
    // Bluetoothが有効な端末か確認 └ス実装の確認  ┘
    BTadapter = BluetoothAdapter.
    getDefaultAdapter();
    if (BTadapter == null) {
        text0.setTextColor(Color.YELLOW);
        text0.setText("Bluetoothをサポートしていない");
    }
}
```

示します．

ログ開始ボタン処理では，Text1に設定されたログ周期を取得し，数値に変換した後，送信バッファにセットしています．さらに，64バイトになるようにパディングをしてから計測開始コマンドとして送信します．

ログ停止ボタン処理では，単純にログ停止コマンドを送信します．

グラフ消去ボタン処理では，ログ受信バッファを全消去してから，グラフを再描画して消去しています．メッセージ・ボックスも消去します．

(6) 受信データ処理部

受信データ処理メソッドProcess()を**リスト7-15**に示します．ここで，すべての受信データ処理を実行します．

最初に，受信データの先頭文字がMである場合のみ処理をします．次に，受信2バイト目で処理を分岐します．これがチャネル番号になるので，チャネルごとに分岐します．それぞれ，1500バイトの受信データから，700個のログ・データの数値に変換して表示用バッファに保存します．

4チャネルすべての受信が完了したら，グラフを描画します．

(7) グラフ描画処理

リスト7-16は，グラフを実際に表示するクラス部です．最初に全体の背景色を黒とし，グラフの

リスト7-12　アクティビティ遷移処理

Bluetoothが有効でなければダイアログを起動し移行する	
Bluetoothが有効になっていればクラスを生成しハンドラを生成	
アクティビティが終了したときはBluetoothも接続切断	
端末選択ダイアログから戻りの処理	
アドレスで指定されたリモートに接続	
Bluetooth有効化ダイアログからの戻り処理	
クライアント・クラスを生成しハンドラ生成	
有効化できなかった場合はメッセージ表示	

```
/************ アクティビティ開始時（ストップからの復帰時） ***********/
@Override
public void onStart() {
    super.onStart();
    if (BTadapter.isEnabled() == false) {// Bluetoorhが有効でない場合
        // Bluetoothを有効にするダイアログ画面に遷移し有効化要求
        Intent BTenable = new Intent(BluetoothAdapter.ACTION_REQUEST_ENABLE);
        // 有効化されて戻ったらENABLEパラメータ発行
        startActivityForResult(BTenable, ENABLEBLUETOOTH);
    }
    else {
        if (BTclient == null) {
            // BluetoothClientをハンドラで生成
            BTclient = new BluetoothClientB(this, handler);
        }
    }
}
/********* アクティビティ再開時（ポーズからの復帰時） ****************/
@Override
public synchronized void onResume() {
    super.onResume();
        // 特に処理なし
}
/****** アクティビティ破棄時 **********/
@Override
public void onDestroy() {
    super.onDestroy();
    if (BTclient != null) {
        BTclient.stop();
    }
}
/*********** 遷移ダイアログからの戻り処理 *********************/
public void onActivityResult(int requestCode, int resultCode, Intent data) {
    switch (requestCode) {
        // 端末選択ダイアログからの戻り処理
        case CONNECTDEVICE:                     // 端末が選択された場合
            if (resultCode == Activity.RESULT_OK) {
                String address = data.getExtras().getString(DeviceListActivity.
                DEVICEADDRESS);
                // 生成した端末に接続要求
                BluetoothDevice device = BTadapter.getRemoteDevice(address);
                BTclient.connect(device);    // 端末へ接続
            }
            break;
        // 有効化ダイアログからの戻り処理
        case ENABLEBLUETOOTH:                // Bluetooth有効化
            if (resultCode == Activity.RESULT_OK) {
                // 正常に有効化できたらクライアントをハンドラで生成
BTclient = new BluetoothClientB(this, handler);
            }
            else {
Toast.makeText(this, "Bluetoothが有効ではない", Toast.LENGTH_SHORT).show();
finish();
            }
            break;
        default: break;
    }
}
```

リスト7-13 接続ボタンのイベント処理と接続処理

```
/********* 接続ボタン・イベント・クラス *********/
class SelectExe implements OnClickListener{
    public void onClick(View v){
        // デバイス検索と選択ダイアログへ移行
Intent Intent = new Intent(BT_Logger.this,
DeviceListActivity.class);
        // 端末が選択されて戻ったら接続要求するようにする
        startActivityForResult(Intent,
CONNECTDEVICE);
    }
}
/** BT端末接続処理のハンドラで戻り値メッセージごとの処理
実行 **/
private final Handler handler = new Handler()
{
    // ハンドル・メッセージごとの処理
    @Override
    public void handleMessage(Message msg) {
        switch (msg.what) {
            case BluetoothClientB.MESSAGE_
                STATECHANGE:
                switch (msg.arg1) {
                    case BluetoothClientB.STATE_
                        CONNECTED:
                            text0.setTextColor(Color.
                            GREEN);
                            text0.setText("接続完了");
                            break;
                    case BluetoothClientB.STATE_
                        CONNECTING:
                            text0.setTextColor(Color.
                            WHITE);
                            text0.setText("接続中");
                            break;
                    case BluetoothClientB.STATE_
                        NONE:
                            text0.setTextColor(Color.
                            RED);
                            text0.setText("接続失敗");
                            break;
                }
                break;
            // BT受信処理
            case BluetoothClientB.MESSAGE_READ:
                RcvPacket = (byte[])msg.obj;
                Process();
                break;
        }
    }
};
```

- デバイス発見処理を起動
- ステート遷移中の場合
- 接続完了の場合
- 接続中の場合
- 接続失敗の場合
- 受信データ処理
- データ受信完了の場合

リスト7-14 その他のボタンのイベント処理

```
/****** ログ開始ボタン・イベント処理サブクラス ******/
class LogStartExec implements OnClickListener{
    public void onClick(View x){
        SndPacket[0] = 0x53;    // S
        SndPacket[1] = 0x4C;    // L
        // 設定ログ周期の取得と送信バッファへのセット
        SpannableStringBuilder peri =
        (SpannableStringBuilder)editText1.
        getText();
        Period = Integer.parseInt(peri.
        toString());
        SndPacket[2] = (byte)Period;
        // 下位セット
        SndPacket[3] = (byte)(Period >> 8);
        // 上位セット
        SndPacket[4] = 0x45;    // E
        for(i=5; i<64; i++)
            SndPacket[i] = 0;
        BTclient.write(SndPacket); // 送信実行
    }
}
/****** ログ停止ボタン・イベント処理サブクラス ******/
class LogStopExec implements OnClickListener{
    public void onClick(View x){
        SndPacket[0] = 0x53;    // S
        SndPacket[1] = 0x4B;    // K
        SndPacket[2] = 0x45;    // E
        for(i=3; i<64; i++)
            SndPacket[i] = 0;
        BTclient.write(SndPacket); // 送信実行
    }
}
/******* 全消去処理サブクラス *******/
class ClearExec implements OnClickListener{
    public void onClick(View x){
        for(i=0; i<700; i++){
            CH1Log[i] = 0;
            CH2Log[i] = 0;
            CH3Log[i] = 0;
            CH4Log[i] = 0;
        }
        handler.post(new Runnable(){
            public void run(){
                graph.invalidate();
                // データ・グラフの再表示
            }
        });
        text0.setText("");
        text1.setText("");
    }
}
```

- 計測開始コマンド・セット
- 64バイトのパディング追加
- 計測開始コマンド送信
- ログ周期をテキスト・ボックスから取得し数値に変換
- 計測停止コマンドをセットし64バイトのパディング追加
- 計測停止コマンド送信
- ログ受信バッファ全クリア
- グラフ消去
- メッセージ消去

目盛り線は青として描画します．x軸，y軸共に等間隔で描画しています．その後，白色線で外枠を描画します．

次に，x軸とy軸の目盛りと軸の表題を表示しています．さらに，4チャネルのグラフの色とチャネル番号の説明を表示し，最後に4チャネルのデータでグラフを描画します．常に，700サンプル分全体を表示します．

リスト7-15　受信データ処理の詳細

```
/** 受信データ処理メソッド **/
public void Process(){                    ┌コマンドで分岐┐
    if(RcvPacket[0] == 0x4D){// M
        switch(RcvPacket[1]) {
        /* ログ・データ受信，グラフ表示 */
        case 0x31:  // 1の場合
            Index = 0;            ◄──┤CH-1ログの受信│
            for(j=4; j<1404; j+=2){
                temp = (int)
RcvPacket[j]*256+(int)(RcvPacket[j+1] & 0x7F);
                if((RcvPacket[j+1] & 0x80) != 0)
                    temp += 128;
                if(temp < 0)       ┌16ビット数値に変換し┐
                    temp = 0;      │てログ・バッファに保存│
                CH1Log[Index++] = temp;
            }                         ┌CH-1ログ┐
            text0.setText("CH1受信"); │の受信完了│
            break;                    │メッセージ│
        /* ログ・データ受信，グラフ表示 */
        case 0x32:  // 2の場合
            Index = 0;            ◄──┤CH-2ログの受信│
            for(j=4; j<1404; j+=2){
                temp = (int)
RcvPacket[j]*256+(int)(RcvPacket[j+1] & 0x7F);
                if((RcvPacket[j+1] & 0x80) != 0)
                    temp += 128;
                if(temp < 0)       ┌16ビット数値に変換し┐
                    temp = 0;      │てログ・バッファに保存│
                CH2Log[Index++] = temp;
            }
            text0.setText("CH2受信"); ┌CH-2ログ┐
            break;                    │の受信完了│
        /* ログ・データ受信，グラフ表示 */ │メッセージ│
        case 0x33:  // 3の場合
            Index = 0;            ◄──┤CH-3ログの受信│
            for(j=4; j<1404; j+=2){
                temp = (int)
RcvPacket[j]*256+(int)(RcvPacket[j+1] & 0x7F);
                if((RcvPacket[j+1] & 0x80) != 0)
                    temp += 128;
                if(temp < 0)       ┌16ビット数値に変換し┐
                    temp = 0;      │てログ・バッファに保存│
                CH3Log[Index++] = temp;
            }
            text0.setText("CH3受信"); ┌CH-3ログ┐
            break;                    │の受信完了│
        /* ログ・データ受信，グラフ表示 */ │メッセージ│
        case 0x34:  // 4の場合
            Index = 0;            ◄──┤CH-4ログの受信│
            for(j=4; j<1404; j+=2){
                temp = (int)
RcvPacket[j]*256+(int)(RcvPacket[j+1] & 0x7F);
                if((RcvPacket[j+1] & 0x80) != 0)
                    temp += 128;
                if(temp < 0)       ┌16ビット数値に変換し┐
                    temp = 0;      │てログ・バッファに保存│
                CH4Log[Index++] = temp;
            }
            ┌CH-4ログ┐
            │の受信完了│→ text0.setText("CH4受信");
            │メッセージ│   handler.post(new Runnable(){
                           public void run(){
                               graph.invalidate();
                                   // データ・グラフの再表示
                           }});
            break;                    ┌グラフの表示┐
        default: break;
        }
    }
}
```

7-5 動作テスト

　PICマイコンのハードウェアとソフトウェア，およびタブレットのアプリケーションが完成したら，いよいよ動作テストです．

　動作テストは，最初はワイヤレス・データ収集基板の入力である端子台に，2V以下の何らかの電圧を加えて行います．

　ワイヤレス・データ収集基板にリチウム・イオン蓄電池を接続して電源を供給します．これにより，RN-42-SMモジュールの緑のLEDが点滅すれば動作を開始しています．

　次に，Bluetoothの通信動作の確認をします．ワイヤレス・データ収集基板のスイッチS_2を押し

たまま，リセット・スイッチをONにします．これでBluetoothモジュールに「DataLogger」という名称を設定します．いったん電源をOFFとしてから再度ONとします．

　タブレットのアプリケーションを起動し，［端末接続］ボタンをクリックします．端末リストが表示されたら，「DataLogger」という名称になっている端末を選択します．初めて接続した場合は，ペアリングの認証ダイアログが表示されますから，ここで「1234」と入力してOKとすれば接続開始できるはずです．

　すぐ下のメッセージ欄が接続待ちから接続中になり，しばらくして接続完了となれば，正常にBluetoothのペアリングができたことになります．接続失敗となった場合は，再度端末接続ボタンを

リスト7-16　グラフ描画処理の詳細

```
/****　グラフを描画するクラス　****/
class MyView extends View{
         // Viewの初期化
    public MyView(Context context){
         super(context);              ← クラス初期化
    }
         // グラフ描画実行メソッド
    @SuppressLint("DrawAllocation")
    public void onDraw(Canvas canvas){
         super.onDraw(canvas);
         Paint set_paint = new Paint();
         //背景色の設定
         canvas.drawColor(Color.BLACK);   背景色は黒
         // 座標の表示 青色で表示
         set_paint.setColor(Color.BLUE);   座標は青で描画
         set_paint.setStrokeWidth(1);    縦軸表示
         for(i=0; i<=10; i++)   // 縦軸の表示 10本
              canvas.drawLine(30+i*100, 2, 30+i*100,
              702, set_paint);
         for(i=0; i<7; i++)   // 横軸の表示 7本   横軸表示
              canvas.drawLine(30, i*100+2, 1030,
              i*100+2, set_paint);
         // 外枠ライン白色で描画         外枠白色表示
         set_paint.setColor(Color.WHITE);
         set_paint.setStrokeWidth(2);
         canvas.drawLine(30, 2, 30, 702, set_
         paint);
         canvas.drawLine(1030, 2, 1030, 702,
         set_paint);
         canvas.drawLine(30, 2, 1030, 2 ,set_
         paint);
         canvas.drawLine(30, 702, 1030, 702,
         set_paint);
         // 軸目盛りの表示         目盛り文字の設定
         set_paint.setAntiAlias(true);
         set_paint.setTextSize(20f);
         set_paint.setColor(Color.WHITE);
         for(i=1; i<10; i++)   // X座標目盛り   横軸目盛
canvas.drawText(Integer.toString(i*100),    り描画
15+i*100, 720, set_paint);
         for(i=0; i<=7; i++)   // Y座標目盛り
canvas.drawText(Integer.toString(i*10), 0,
715-(i*100), set_paint);          縦軸目盛り描画
         set_paint.setColor(Color.GREEN);
         canvas.drawText("データ", 550, 720, set_
         paint);
         canvas.drawText("時", 0, 340, set_paint);   軸見出
         canvas.drawText("間", 0, 360, set_paint);   し描画
         canvas.drawText("↑", 0, 380, set_paint);
         // グラフ説明表示
         set_paint.setColor(Color.RED);
         canvas.drawText("CH1", 135, 30, set_
         paint);
         set_paint.setColor(Color.GREEN);
         canvas.drawText("CH2", 235, 30, set_
         paint);
         set_paint.setColor(Color.YELLOW);
         canvas.drawText("CH3", 335, 30, set_
         paint);
         set_paint.setColor(Color.CYAN);
         canvas.drawText("CH4", 435, 30, set_
         paint);                       グラフ色と
         // 実際のグラフの表示           チャネルの
         for(i=2; i<700; i++){        対応表示
set_paint.setColor(Color.RED);
         canvas.drawLine(30+CH1Log[i-1]/32,702-
         i,30+CH1Log[i]/32,702-(i+1),set_paint);
         set_paint.setColor(Color.GREEN);
         canvas.drawLine(30+CH2Log[i-1]/32,702-
         i,30+CH2Log[i]/32,702-(i+1),set_paint);
         set_paint.setColor(Color.YELLOW);
         canvas.drawLine(30+CH3Log[i-1]/32,702-
         i,30+CH3Log[i]/32,702-(i+1),set_paint);
         set_paint.setColor(Color.CYAN);
         canvas.drawLine(30+CH4Log[i-1]/32,702-
         i,30+CH4Log[i]/32,702-(i+1),set_paint);
         }                             グラフ表示縦方
    }                                  向に下から表示
}}
```

クリックします．何度か繰り返す必要がある場合もあります．

接続完了となったら，ログ開始ボタンをタップすれば，ログ表示が開始され，グラフ表示が開始されます．短時間のログの場合はログ周期を1～数秒に設定します．長時間のログであれば必要なログ周期に設定します．実際に測定した例を図7-1に示します．

第8章

第3部　Bluetoothモジュール活用事例

Bluetooth，SDカード，ラインの3入力！スタンドアロンでも使える

タブレットで再生＆操作！
MP3オーディオ・ステーション

使用するプログラム：08_Sample Program

後閑 哲也

　Bluetoothモジュールを使って，タブレット「Nexus 7」から音楽再生と音源切り替えの制御をする「MP3オーディオ・ステーション」を製作しました（図8-1）．タブレットに保存した音源をBluetooth経由で再生するだけではなく，SDメモリーカード（以下，SDカード）に保存したMP3の再生，パソコンやテレビなど汎用外部入力からの再生もできます．音源の切り替えや音量設定などの制御は，タブレットからBluetoothで操作します．

　Bluetoothモジュール「RN-52」（マイクロチップ・テクノロジー）は，オーディオ用のプロファイルに対応しており，オーディオ・データと制御用データを同時に送受信できます．さらに，コーデックを内蔵しており音楽データをスピーカに出力できます．

8-1　MP3オーディオ・ステーションのシステム構成

　製作したMP3オーディオ・ステーションの外観を写真8-1に示します．図8-2に示すように，タブレット（Nexus 7），メイン・ボード，スピーカから構成されます．メイン・ボードには，MP3デコーダ・ボードとBluetoothモジュール RN-52の評価ボード RN-52-EKを利用しました．

　MP3オーディオ・ステーションは，
- 音源1：タブレットに保存した音楽をBluetooth経由で再生する
- 音源2：SDカードに保存したMP3データを再生する

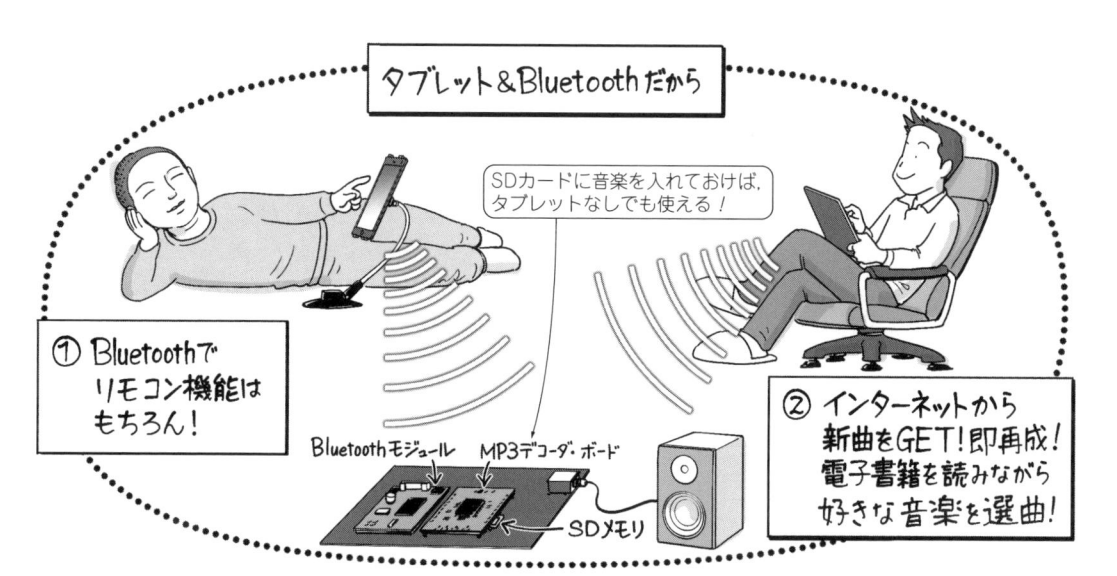

図8-1　タブレット（Nexus 7）からBluetoothで音楽データをワイヤレス転送＆再生

第3部　Bluetoothモジュール活用事例

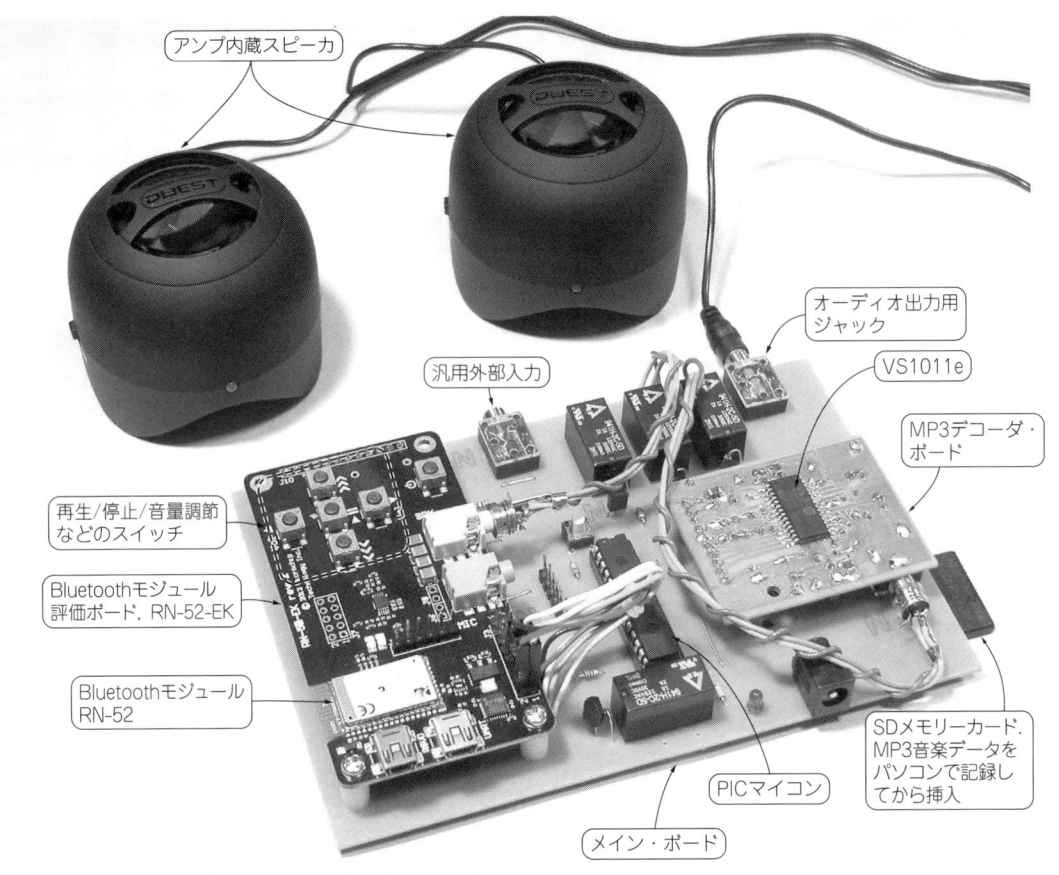

写真8-1　Bluetooth対応！ MP3オーディオ・ステーション

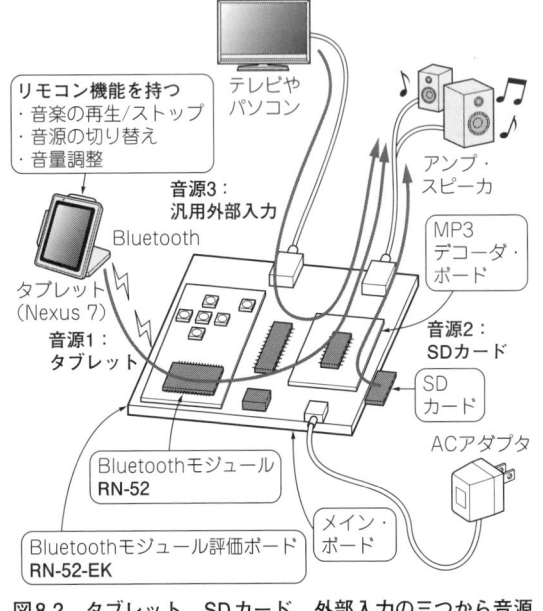

図8-2　タブレット，SDカード，外部入力の三つから音源を選択！ 音楽のスタート/再生，音源切り替え，音量調整はタブレットから操作！

・音源3：汎用外部入力からの音を鳴らす

の三つの音源を選べます．どの音源を使うかはタブレットから切り替えます．音楽の再生/停止，音量調整などもタブレットで操作します．メイン・ボードにはアンプ内蔵スピーカを接続します．

● メイン・ボードの仕様

メイン・ボードの仕様を**表8-1**に示します．

電源はACアダプタからDC5Vを供給し，レギュレータで3.3Vに変換します．Bluetoothモジュールには「RN-52-EK」を使います．

基板に挿入するSDカードには，MP3形式の音楽データをパソコンからコピーしておき，MP3デコーダIC VS1011e（VLSI社）で再生します．MP3デコーダとSDカードの両方でSPI通信をするので，2個のSPIモジュールとUARTを内蔵している16ビット・マイコン「PIC24FJ64GA002」を使います．

138

第8章 タブレットで再生＆操作！MP3オーディオ・ステーション

表8-1 メイン・ボードの仕様

項　目	機能・仕様	備　考
電源	DC5VのACアダプタより供給する	メイン・ボード内部のレギュレータで3.3Vに変換する
音声出力	ステレオ・ジャックで出力する． 音源切り替えはリレーで制御する	出力はヘッドホン駆動レベルとする
マイコン	2個のSPIモジュールとUARTを内蔵している16ビット・マイコン「PIC24FJ64GA002-I/SP」を使う	28ピン，マイクロチップ・テクノロジー
MP3デコーダ	VS1011eをMP3デコーダ・ボードに実装する． 外部メモリとしてSDカードを使う． FATファイル・システムで制御（2Gバイト以上も可能）	VLSI社 マイクロチップ・テクノロジーのFATライブラリを使う
Bluetooth	Bluetoothモジュール評価ボード「RN-52-EK」を使う	マイクロチップ・テクノロジー
汎用外部入力	ステレオ・ジャックで入力する． 音量調整にはディジタル・ポテンショメータICを使う	入力はヘッドホン端子との接続を想定

表8-2 タブレットのアプリケーション仕様
Bluetooth接続する機能と曲を再生する機能を持つ．音源によって制御する内容が異なる

区　分	ボタン名称	機　能	備　考
システムの制御	端末接続	最初にBluetoothで接続する端末を選択し接続する． 選択できる端末はペアリング済みのものに限定． 接続状態をメッセージ領域に下記で表示する． 「接続待ち→接続中→接続完了または接続失敗」	選択可能端末はダイアログで表示する． Bluetoothが無効になっている場合はダイアログで有効化を促す
	音源選択 ・MP3プレーヤ ・Bluetooth機器 ・外部機器	音源を三つの中から選択する 選択したものが赤色に変わる	端末接続した後で有効となる
Bluetooth再生制御 （音源1）	開始／停止	再生の開始と停止を交互制御	Bluetooth経由でコマンド送信PICマイコン側でRN-52をコマンド・モードにして制御
	前の曲 次の曲	トラック送り制御	
	音量アップ 音量ダウン	音量の制御	
MP3プレーヤの制御 （音源2）	音量アップ 音量ダウン	音量の制御 1タップごとに2dB単位でアップダウンする． ・最大は0dB　・最小は−85dB	50段階で制御
	低音アップ 低音ダウン	1タップごとに150Hz以下の周波数部のレベルを1dB単位でアップダウンする． 最低は0dBでフラット特性，最大は15dBアップ	16段階で制御
	高音アップ 高音ダウン	1タップごとに5kHz以上の周波数部のレベルを1.5dB単位でアップダウンする． 最低は0dBでフラット特性，最大は10.5dBアップ	8段階で制御
	次の曲選択	SDカード内の次のMP3ファイルを探索する指示を送信する	応答として曲情報を返送する
	曲情報表示	次の曲選択ボタンをタップするか，曲終了による自動の曲送りを実行する． ファイルがあった場合に応答として曲情報を表示する	曲情報 ・曲名 ・バンド名／演奏者名 ・アルバム名／映画名
外部機器の制御 （音源3）	音量アップ 音量ダウン	Bluetooth経由でディジタルで可変抵抗を制御	—
	外部機器制御	Bluetooth経由でON/OFF制御	出力はリレー接点

● タブレットからの操作内容

タブレットのアプリケーションの仕様を**表8-2**に示します．システム制御と各音源選択時の制御に大きく分かれます．

システム制御は，Bluetooth接続する機能と使う音源を選ぶ機能を持ちます．各音源を選択したときの制御内容は**表8-2**に記しました．

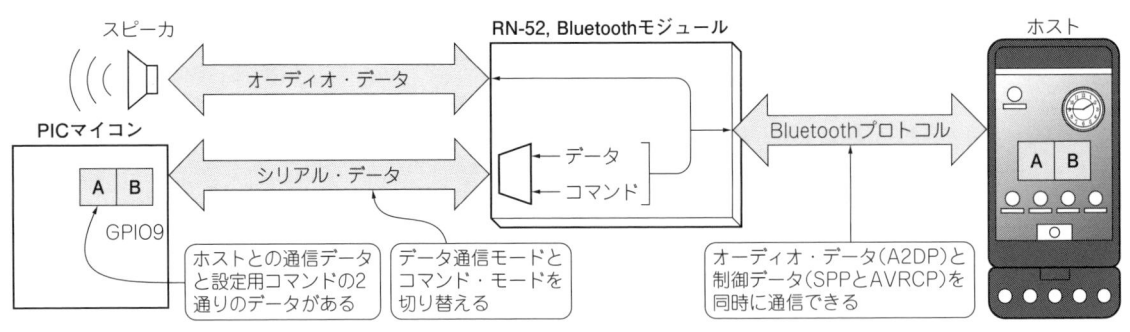

図8-3 BluetoothモジュールRN-52でオーディオ・データと制御データを同時にやりとり

表8-3 タブレットからメイン・ボードを操作するときに使うコマンド一覧（BluetoothのSPPプロファイルによるデータ通信モード）

機能		コマンド（タブレット→メイン・ボード）	応答（メイン・ボード→タブレット）
音源切り替え	MP3再生	「S1E」	なし
	Bluetooth再生	「S2E」	
	汎用入力再生	「S3E」	
Bluetooth再生（音源1）	開始/停止	「SZE」	なし
	前の曲へ	「SYE」	
	次の曲へ	「SXE」	
	音量アップ	「SVE」	
	音量ダウン	「SWE」	
MP3再生制御（音源2）	音量アップ	「SUE」	なし
	音量ダウン	「SLE」	
	低音アップ	「SBE」	
	低音ダウン	「SCE」	
	高音アップ	「SHE」	
	高音ダウン	「SIE」	
	曲送り	「SNE」	MA<曲名>¥r¥n<バンド名>¥r¥n<アルバム名>¥r¥n,0xFF（名称なしのときは¥r¥nのみ）（常に512バイト一定長で送信）
	再生終了による自動曲送り	なし	
汎用外部入力（音源3）	音量アップ	「SPE」	なし
	音量ダウン	「SQE」	
	汎用制御ON	「SOE」	
	汎用制御OFF	「SFE」	

● データ通信の仕様

インターフェースの構成を**図8-3**に示します．Bluetoothで，オーディオ・データの再生と操作コマンドのやり取りが同時にできます．シリアル・データ通信はUARTで外部マイコンと接続して，GPIO9ピンでデータ通信モードとコマンド・モードを切り替えて動作します．

データ通信モードでタブレットから制御指令を受信したら，マイコンからGPIO9ピンを操作してコマンド・モードに切り替えて制御を実行します．その後データ通信モードに戻ってタブレットからのデータ受信を待ちます．

▶データ通信フォーマット

タブレットとメイン・ボード間のBluetooth通信データ・フォーマットを**表8-3**に示します．文字'S'を開始記号，文字'E'を終了記号として，常に3文字のデータを送信します．音量と音質の変更コマンドの応答はなしです．MP3の曲送りの制御がなされた場合は，曲名とバンド名，アルバム名をタブレットに送信します．名称がない場合には改行を送信します．応答データの終了は0xFFのデータで，常に512バイトのデータを送

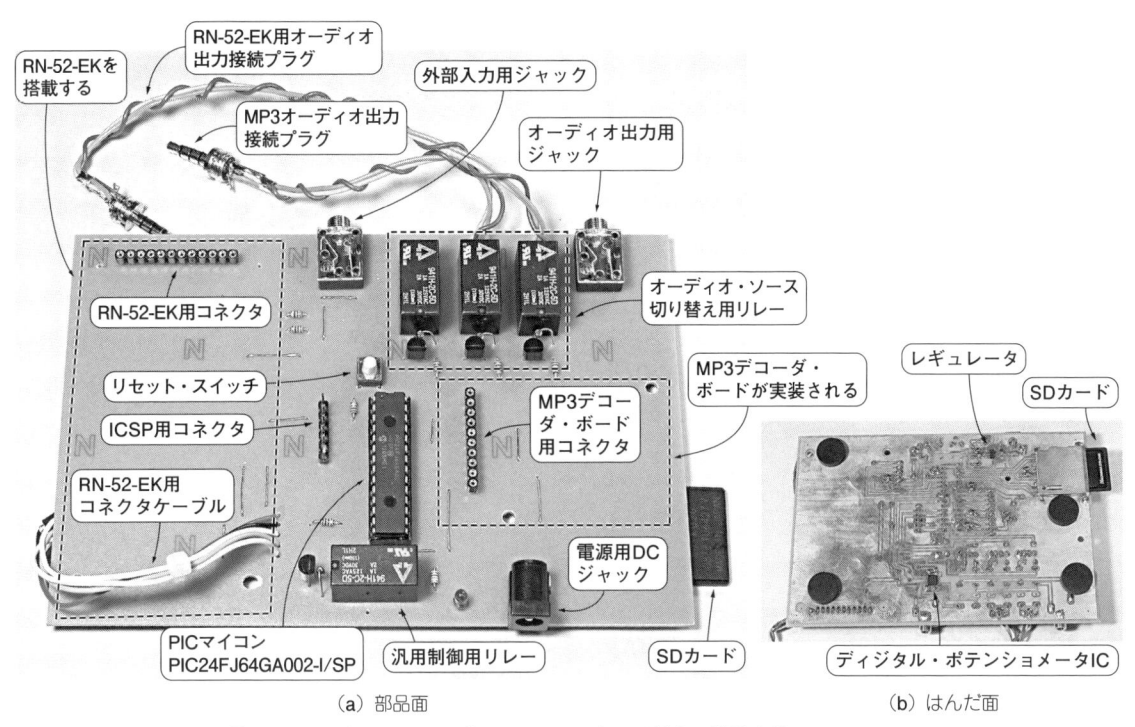

第8章 タブレットで再生&操作！MP3オーディオ・ステーション

写真8-2 ハードウェア① メイン・ボード．オーディオ・ソースを切り替える機能を持つ

表8-4 Bluetoothのオーディオ・プロファイルで利用できるコマンド（RN-52用）（コマンド・モードで使う）

種別	コマンド	機能内容
SET コマンド	S|,<hexValue>¥r	オーディオ出力先の切り替え
	S-,<string>¥r	正規化する名称設定
	SA,<0,1,2,4>¥r	認証方法の指定デフォルトは1
	SC,<hexvalue>¥r	サービス・クラスの指定
	SD,<hexvalue>	探索プロファイルのマスク
	SF,1¥r	工場出荷時リセット
	SK,<hexvalue>¥r	接続プロファイルのマスク
	SN,<string>¥r	デバイス名称の設定
	SP,(string)¥r	PINコードの設定
GET コマンド	D¥r	基本設定の表示
	G<command>¥r	指定コマンドの設定値の表示
	H¥r	ヘルプ表示
	V¥r	ファームウェアのバージョン表示

種別	コマンド	機能内容
ACTION コマンド	+¥r	エコー表示のON/OFF
	@,flag	モジュール探索許可，禁止
	A,<TelNo>¥r	電話番号に電話をする
	AV+¥rAV-¥r	音量アップ，ダウン
	AT+¥rAT-¥r	トラックの送り，戻り
	AP¥r	再生開始/停止
	B¥r	Bluetoothの再接続
	C¥r	電話呼び出し応答
	E¥r	電話切断
	HV,<value>¥r	電話用音量設定
	K,<hexvalue>¥r	現在の接続切断
	M,<flag>¥r	ホールド/ミュートの切り替え
	Q¥r	接続中状態の検索
	R,1¥r	リブート
	Y,<flag>¥r	スピーカとマイクの音量を戻す

信します．曲名などはMP3の規格により文字コードがUTF8なので，日本語の場合には3バイトで1文字となります．

▶コマンド・モード

表8-4にオーディオ・プロファイルで設定されているコマンドを示します．今回は，ACTIONコマンドの音量調整やトラック送りなどを使います．

8-2 ハードウェア①：メイン・ボード

● 全体像

メイン・ボードの外観を**写真8-2**に，部品表を

表8-5 メイン・ボードの部品表（Bluetoothモジュール評価ボード以外の部品はすべて数百円）

記号	品名	値・型名	数量	参考単価[円]
IC$_1$	PICマイコン	PIC24FJ64GA002-I/SP（秋月電子通商）	1	330
IC$_2$	レギュレータ	MCP1700T-3302E/MB（マイクロチップ・テクノロジー SOT-89型）	1	40
IC$_3$	ディジタル・ポテンショメータ	MCP4661-103E/ST（マイクロチップ・テクノロジー）	1	130
BT$_1$	Bluetoothモジュール評価ボード	RN-52-EK（マイクロチップ・テクノロジー）	1	17,000
LED$_1$	発光ダイオード	φ3，赤色	1	—
MP3Decoder	-	MP3デコーダ・ボード	1	表8-7参照
SD-CARD	SDカード・ソケット	SDカード・スロット（秋月電子通商）	1	150
Tr$_1$，Tr$_2$，Tr$_3$，Tr$_4$	トランジスタ	2SC1815相当	4	10
D$_1$，D$_2$，D$_3$，D$_4$	ダイオード	1S2076A相当	4	10
R$_1$，R$_6$	抵抗	10kΩ，1/6W	2	—
R$_2$	〃	330kΩ，1/6W	1	—
R$_3$，R$_7$，R$_8$，R$_9$	〃	2.2kΩ，1/6W	4	—
R$_4$，R$_5$	〃	5.1kΩ，1/6W	2	—
C$_1$，C$_4$，C$_5$，C$_7$，C$_8$	チップ型セラミック・コンデンサ	10μF，16～25V	5	25
C$_2$	〃	1μF，25～50V	1	10
C$_3$，C$_6$，C$_9$	〃	4.7μF，16～25V	3	10
CN$_1$	ピン・ヘッダ（オス）	6ピン，シリアル・ピン・ヘッダ	1	—
J$_1$	電源ジャック	S-G9312#01（SMK）またはHEC3900（HOSIDEN）	1	100
J$_2$，J$_3$	ステレオ・ジャック	基板用ミニ	2	100
JP$_1$，JP$_2$	ジャンパ	3ピン，シリアル・ピン・ヘッダ	2	—
—	ジャンパ・プラグ	2ピン，ジャンパ	2	—
SW$_1$	スイッチ	基板用タクト・スイッチ	1	—
K$_1$，K$_2$，K$_3$，K$_4$	リレー	941H-2C-5D（秋月電子）	4	100
Bluetoothモジュール用	シリアル・ピン・ヘッダ	12ピン，2mmピッチ　メス・オス	各1	—
Bluetoothモジュール用	シリアル・ピン・ハウジング	3ピン，ピン付き	2	—
MP3デコーダ・ボード用	シリアル・ピン・ヘッダ	2.54mmピッチ，10ピン	1	—
—	ステレオ・ミニ・プラグ	φ2.5	2	200
—	ICソケット	28ピン，スリム（IC1用）	1	20
—	感光基板	NZ-P12K（サンハヤト）	1	600
—	ゴム足，ケーブル，カラー・スペーサ		少々	—

表8-5に示します．ボードの右側はMP3デコーダ・ボードを実装するスペースで，この下のはんだ面側にSDカードを実装します．左側はRN-52-EKを実装するスペースです．

メイン・ボードの構成を図8-4に，回路を図8-5に示します．回路図からパターン図を作成し，プリント基板を自作しました．

● Bluetoothモジュール評価ボード搭載部

RN-52-EKは，TX，RX以外にGPIO9ピンがあります．これをPICマイコンのRA3ピンに接続してプログラムでモードの切り替えができるようにします．

● PICマイコン

16ビット・マイコンのPIC24FJ64GA002を使います．ピン割り付け機能により，内蔵モジュールの入出力ピンをRPnピンに自由に割り付けできます．RN-52-EKはUARTで接続します．SDカードはSPIで接続して高速アクセスを可能とします．MP3デコーダ・ボードに実装されているVS1011eはSPIで接続します．汎用オーディオ入力の音量調整用としてディジタル可変抵抗IC（ディジタル・ポテンショメータIC）をI^{2}Cで接続します．音源の切り替えはリレーで行います．

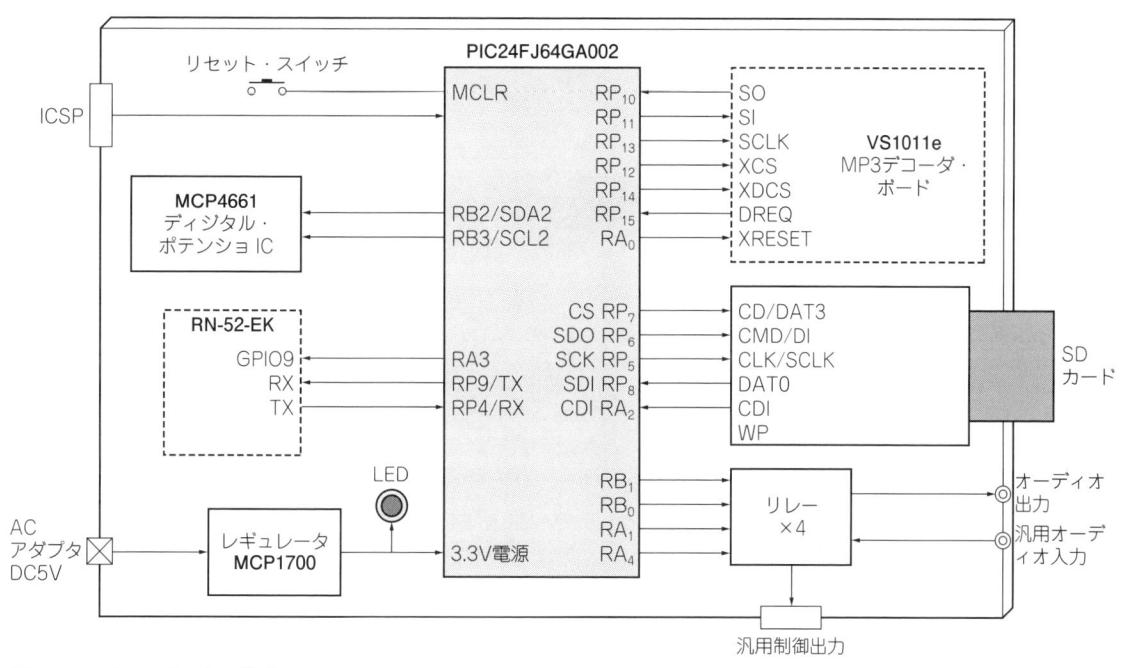

第8章 タブレットで再生&操作！MP3オーディオ・ステーション

図8-4 メイン・ボードの構成

● 電源

電源はACアダプタから5Vを供給し，3端子レギュレータで3.3Vを生成します．電流の最大値が150mA程度なので，250mA対応のレギュレータを使います．

● MP3デコーダ・ボード

メイン・ボードとMP3デコーダ・ボードの接続は，VS1011eの標準回路図どおりにしています．リセット・ピン XRESETをPICマイコンのRA0ピンに接続し，プログラムでリセットできるようにします．音源切り替え用のリレーは，動作電圧が5Vで電流も30mAと大きいので，PICマイコンの出力にトランジスタを追加して制御します．

● 音量調整用のディジタル可変抵抗IC

ディジタル可変抵抗IC MCP4661（マイクロチップ・テクノロジー）の内部構成とピン配置を図8-6に示します．2個のディジタル可変抵抗ICが3端子フリーで接続されていて，P0WとP1W端子が摺動接点です．

このディジタル可変抵抗ICの摺動にはI²Cでポテンショメータの位置を10ビット（有効9ビット）で書き込みます．転送フォーマットを図8-7に示します．最初のバイトがアドレスで，デバイス・アドレスは「0101」の固定です．＜A2：A0＞がチップ・アドレスで，今回は「000」とします．次のバイトがメモリ・アドレスとコマンド（「00」）とデータ最上位2ビットです．メモリ・アドレスが設定ポテンショメータで決まり，「0000」か「0001」となります．データの上位2ビットの内，10ビット目は無効で常時0としておきます．3バイト目がポテンショメータ・データの下位8ビットで，摺動端子の位置がスライドします．この値は内蔵EEPROMに保存されるので，電源OFF後も保持されます．

8-3 ハードウェア②：Bluetoothモジュール評価ボード「RN-52-EK」

Bluetoothモジュール評価ボード「RN-52-EK」を写真8-3に示します．メイン・ボードに挿して使用します．このキットに搭載されているRN-52モジュールは，表面実装パッケージで裏面にも端子があります．通常のはんだ付けはできないため，Bluetoothモジュール評価ボード「RN-52-EK」を使うのが便利です．

第3部　Bluetoothモジュール活用事例

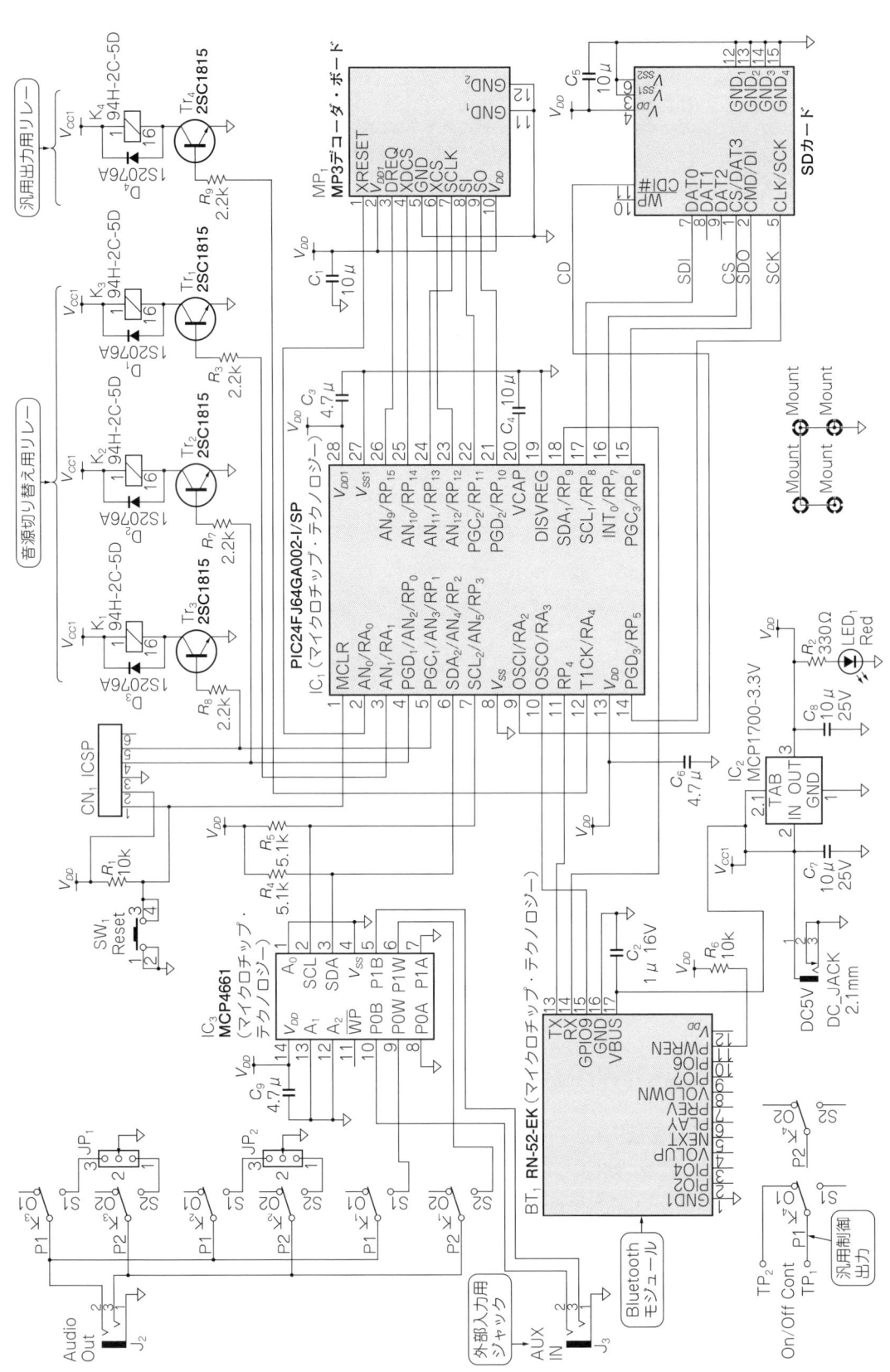

図8-5　メイン・ボードの回路

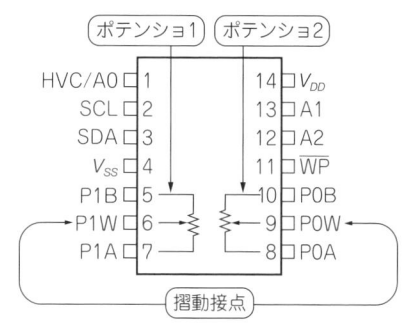

ピン名称	機能内容	ピン名称	機能内容
HVC/A0	高電圧コマンド/I²Cアドレス0	P0A	ポテンショ0 端子A
SCL	I²Cクロック	P0W	ポテンショ0 端子W
SDA	I²Cデータ	P0B	ポテンショ0 端子B
V_{SS}	グラウンド	$\overline{WP}$	EEPROM書き込み保護
P1B	ポテンショ1 端子B	A2	I²Cアドレス2
P1W	ポテンショ1 端子W	A1	I²Cアドレス1
P1A	ポテンショ1 端子A	V_{DD}	電源

図8-6 ディジタル・ポテンショメータIC MCP4661には2個の可変抵抗が内蔵されている

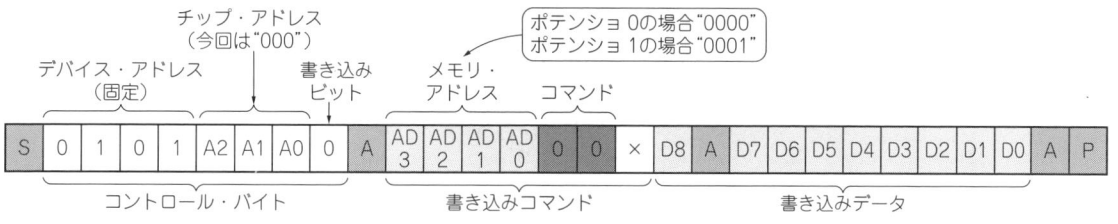

図8-7 I²Cでデータを送信して，可変抵抗の調整位置をEEPROMに書き込める

● オーディオ・プロファイルに対応

RN-52は，Bluetooth Ver.3.0に準拠しています．対応するプロファイルを次に示します．

- A2DP（Advanced Audio Distribution Profile）：ステレオ再生
- AVRCP（Audio/Video Remote Control Profile）：メディア・プレーヤのリモコン制御
- HFP（Hands-Free Profile）/HSP（Headset Profile）：ケータイやスマホからの電話呼び出しへの応答
- SPP（Serial Port Profile）：シリアル・データ通信

2チャネルのオーディオ入出力を持ち，16Ωスピーカ用出力アンプを内蔵しています．コーデックの出力として，S/PDIFとI²Sインターフェースを備えます．

内部構成を図8-8に，RN-52の仕様を表8-6に示します．オーディオ・コーデックとアンプ内蔵なので，直接オーディオの入出力ができます．また，外部コーデックも使えます．汎用の入出力ピンも用意されているので，モジュールと外部機器を直接接続してマイコンから制御できます．

● パワー・アンプやマイク・アンプも搭載ずみ

マイクとスピーカ用のジャックとオーディオ・アンプが実装済みです．基板から直接スピーカやヘッドホンを駆動しマイクで通話できます．また，6個のスイッチにより曲送りや音量調整もできます．

USBコネクタが二つあり，一つはファームウェア更新用です．もう一つはパソコンに接続して電源供給とコマンド設定に使います．外部マイコンと接続する場合は，J3コネクタのUARTピンを使います．ボードへの電源供給はUSBか，VBUSピンに5Vを供給します．汎用I/Oピンは実装されているスイッチに割り当てられています．

8-4 ハードウェア③：MP3デコーダ・ボード

MP3デコーダ・ボードを写真8-4に，部品表を表8-7に示します．心臓部のMP3デコーダIC VS1011eは基板のはんだ面側に実装しました．MP3デコーダ・ボードはメイン・ボードに挿して使います．

MP3デコーダ・ボードの回路を図8-9に示します．電源はコネクタ経由で3.3Vを供給し，ステレオ・ジャックからオーディオ信号を出力します．VS1011eのSOICパッケージの場合は，オーディオをコンデンサ経由で出力する必要があります．

ヘッドホンやステレオ・アンプに接続するには

第3部 Bluetoothモジュール活用事例

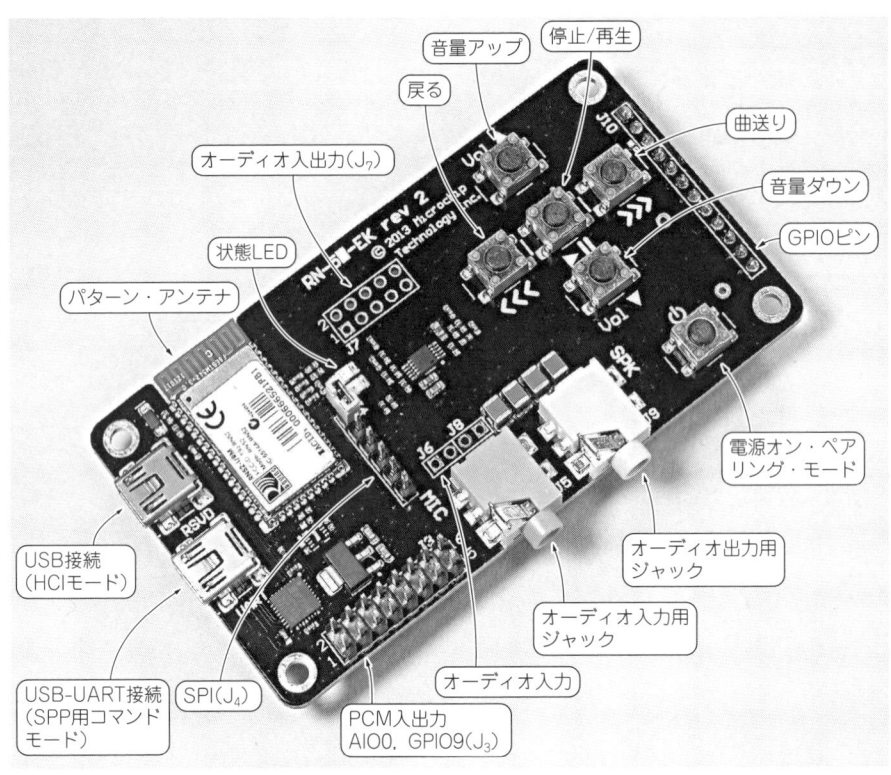

写真8-3 ハードウェア② オーディオ出力に必要な部品が搭載されたBluetoothモジュール評価ボード「RN-52-EK」

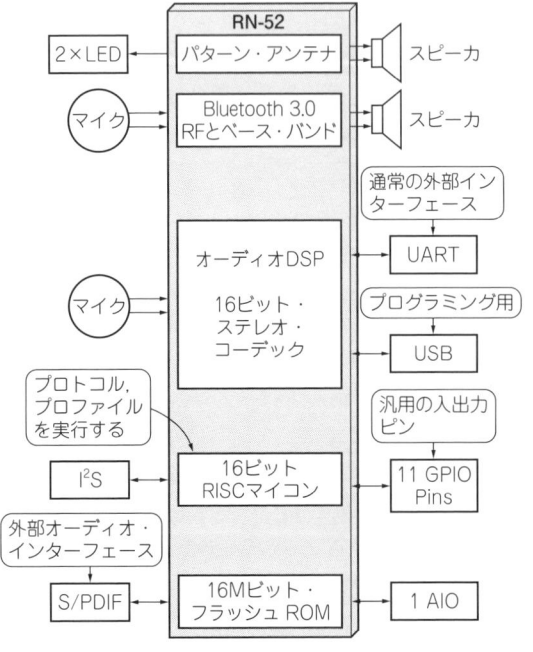

図8-8 使用したBluetoothモジュール RN-52の内部構成

表8-6 使用したBluetooth 3.0対応モジュール RN-52の仕様

項　目	値など
準拠標準	Bluetooth 3.0　Class2
周波数帯域	2.4G～2.48GHz
変調方式	GFSK，PI/4-DQPSK，8DPSK
最大転送速度	3Mbps
外部インターフェース	UART，GPIO，AIO，USB，SPI，スピーカ，マイク
電波到達範囲	10m
RF送信電力	4dBm
受信感度	-85dBm　@0.1％BER
外形	$25.0 \times 13.5 \times 2.7$mm
重量	1.2g
供給電源	$3.0～3.6V_{DC}$
消費電流	$30mA_{typ}$（使用プロファイルによる異なる）
スタンバイ電流	0.5mA以下
動作温度範囲	$-40℃～85℃$

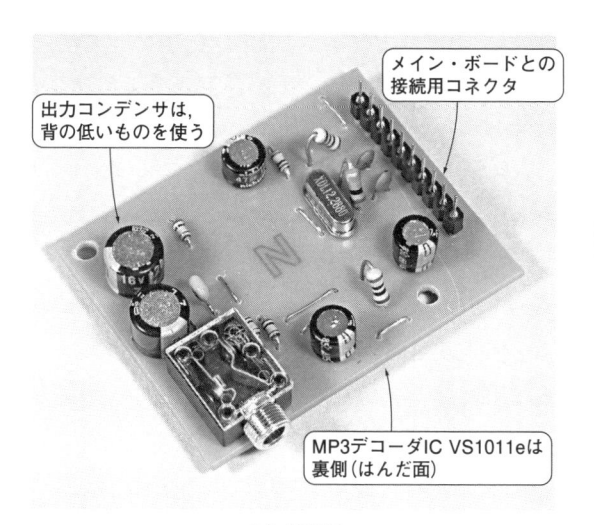

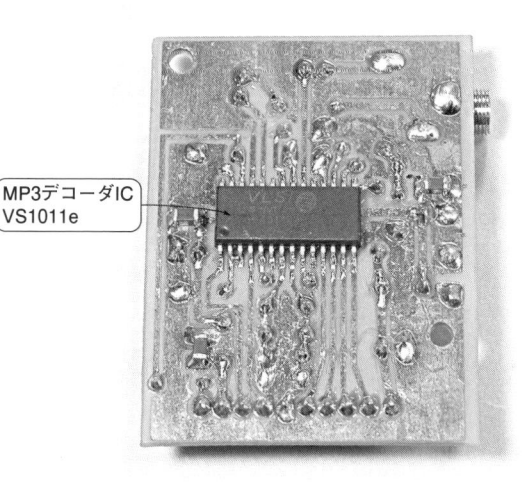

第8章　タブレットで再生＆操作！MP3オーディオ・ステーション

写真8-4　ハードウェア③ MP3デコーダ・ボード…はんだ面にMP3デコーダIC VS1011eを搭載

（a）部品面
（b）はんだ面

- 出力コンデンサは，背の低いものを使う
- メイン・ボードとの接続用コネクタ
- MP3デコーダIC VS1011eは裏側（はんだ面）
- MP3デコーダIC VS1011e

表8-7　MP3デコーダ・ボードの部品表

記号	品名	値・型名	数量	参考単価 [円]
IC_1	MP3デコーダIC	**VS1011e**, SOIC（秋月電子通商）	1	600
R_1, R_2, R_4, R_5	抵抗	100kΩ, 1/6W	4	—
R_3		1MΩ, 1/6W	1	—
R_6, R_7		10Ω, 1/6W	2	—
R_8	ジャンパ	リード線	1	—
C_1, C_4, C_5	電解コンデンサ	47μF, 16V	3	40
C_2, C_3, C_6	大容量セラミック・コンデンサ	チップ型, 10μF, 16〜25V	3	25
C_7, C_8	セラミック・コンデンサ	22pF	2	10
C_9, C_{10}	電解コンデンサ	120μF, 16V	2	20
C_{11}	積層セラミック・コンデンサ	0.1μF, 50V	1	10
X_1	クリスタル発振子	HC49US型, 12.288MHz	1	50
CN_1	1列ピン・ヘッダ（オス）	10ピン, 丸ピン	1	—
J_1	ステレオ・ジャック	基板型	1	100
—	—	10mm, カラー・スペーサ	1	—
—	—	φ2, ネジ, ナット	1	—
—	感光基板	NZ-10K（サンハヤト）	1	450

大容量のコンデンサが必要です．メイン・ボードに実装するため高さ制限があるので，部品選定に注意が必要です．電源には簡単なノイズ・フィルタを挿入してディジタル系のノイズが乗らないようにします．グラウンド・パターンもアナログ系とディジタル系を分離してR_8の1カ所だけで接続します．

● MP3デコーダIC VS1011e

VS1011eの内部構成を図8-10に示します．MPUインターフェースから連続送信されてくるMP3ファイル・データをVS_DSPのプロセッサでデコードしてD-A変換します．得られたオーディオ信号をドライバ・アンプで増幅して出力します．

MPUインターフェースは，2種類のSPI通信を1系統の通信路で行います．動作モードや音量，音質などの設定を制御するインターフェースと，

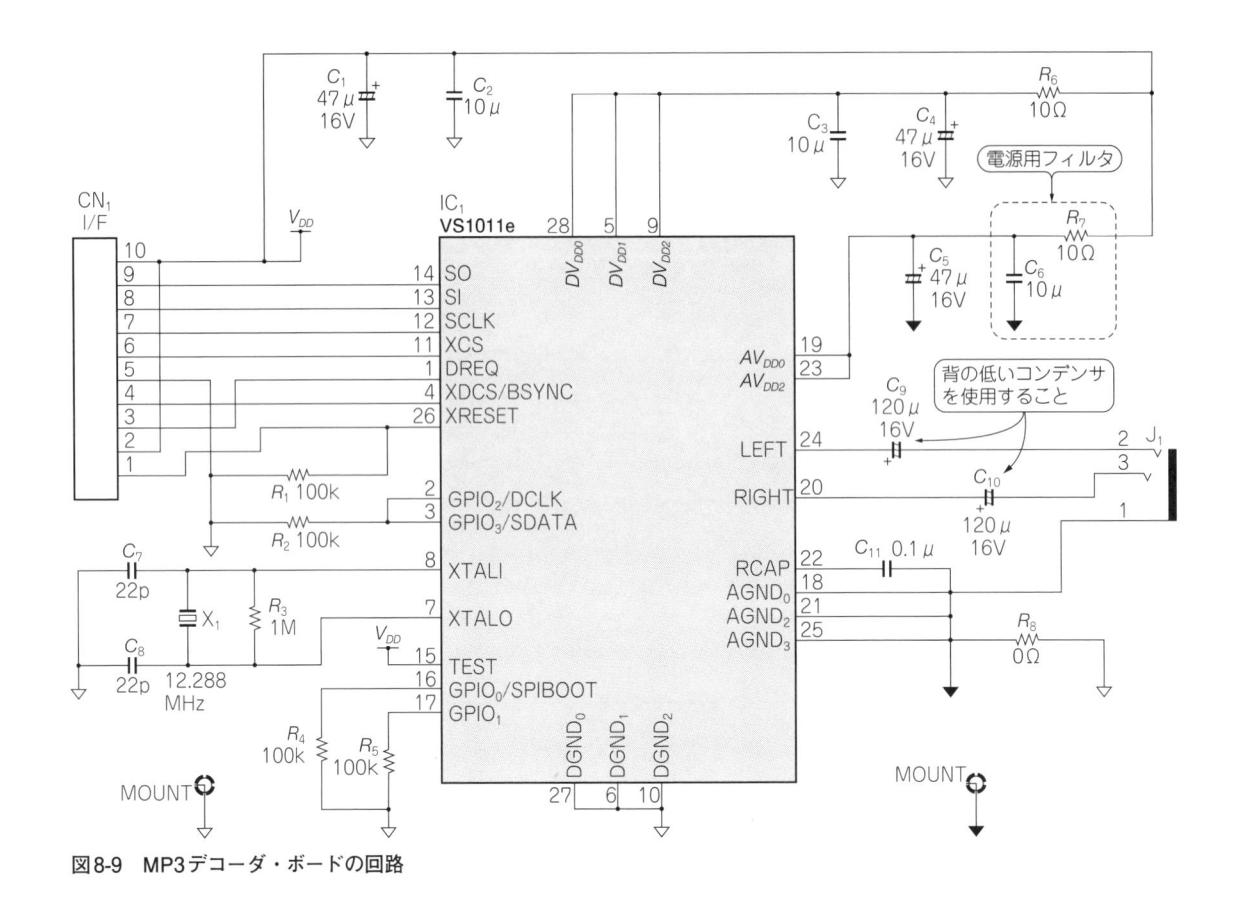

図8-9 MP3デコーダ・ボードの回路

音楽データを受信するインターフェースが共用されます．ICは1個ですが，内部にはSPI通信で接続された二つのデバイスが入っており，CSピンで区別して通信します．制御側はXCSピン，データ側はXDCSピンで制御します．SPI通信そのものは，標準的な3ピン(SO，SI，SCK)による8ビット・モードです．

もう一つDREQという信号が用意されていて，制御の場合はこれがBUSY信号となります．制御コマンド受信後，コマンドを実行している間"L"となるので，マイコン側はDREQ(BUSY)をチェックしてから次のコマンドを送信します．

データの場合はデータ要求ピン(DREQ)となり，音声データが受信できることを示すためのタイミング用です．DREQに"H"が出力されたとき，音楽データを送ります．つまり，音楽に関するタイミング制御はすべてVS1011e側が行うので，マイコンは何もする必要はありません．

▶コマンド・フォーマット

XCSで制御側に送るコマンド・フォーマットを図8-11に示します．

最初にWrite(0x02)かRead(0x03)かの区別コードを送った後，制御レジスタのアドレスと設定コマンドを2バイトで送って制御します．Writeが制御で，Readはステータスの読み込みです．SPI通信であるためマイコン側とVS1011e側で両方同時に受信します．マイコン側から出力する場合はマイコン側での受信データはすべて無視します．ステータスの場合は，受信データの間もマイコン側からダミー・データを送信してクロックを供給する必要があります．制御コマンドの詳細はVS1011eのデータシートを参照してください．

8-5 ソフトウェア①： PICマイコンのファームウェア

ファームウェアの全体構成を図8-12に示します．SDカードを扱うので，パソコンとファイル共用が

第8章 タブレットで再生&操作！MP3オーディオ・ステーション

図8-10 MP3デコーダIC VS1011eの内部構成…MPSデータをVS_DSPでデコードして出力する

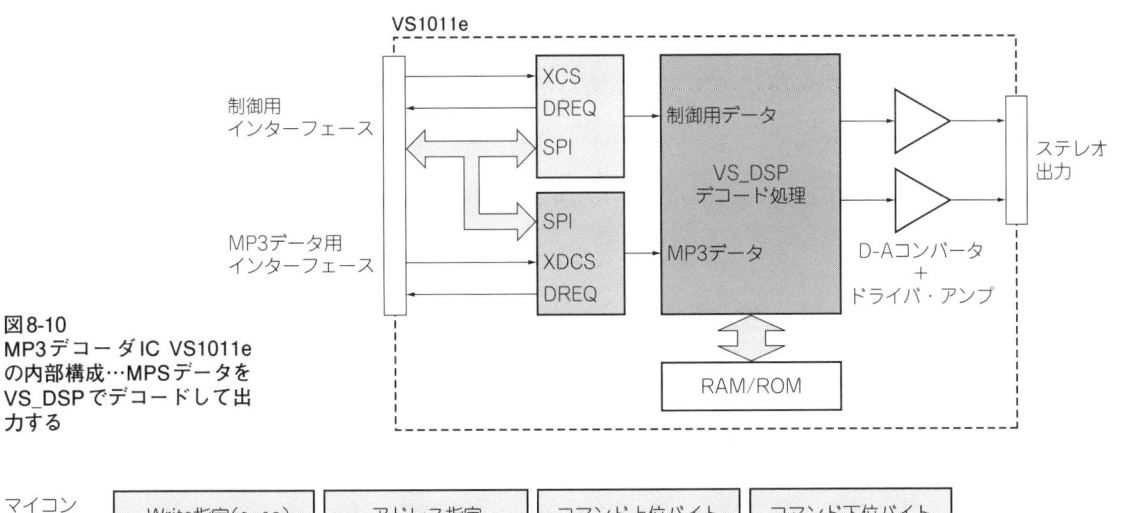

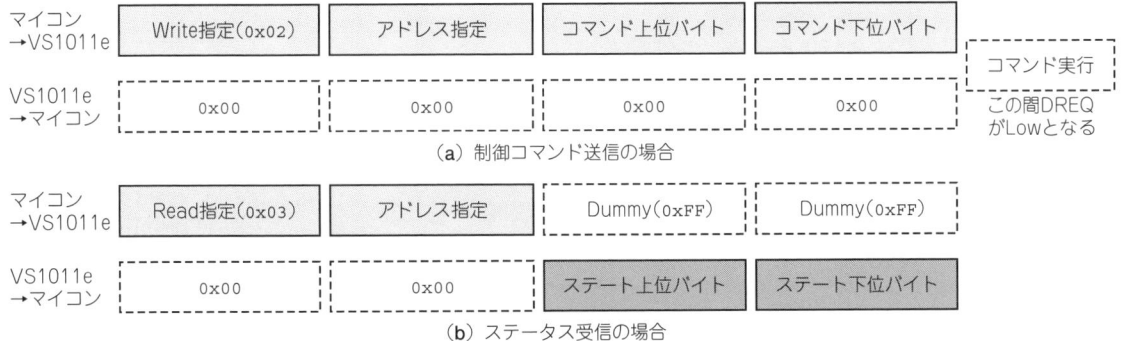

図8-11 制御コマンド・フォーマット
(a) 制御コマンド送信の場合
(b) ステータス受信の場合

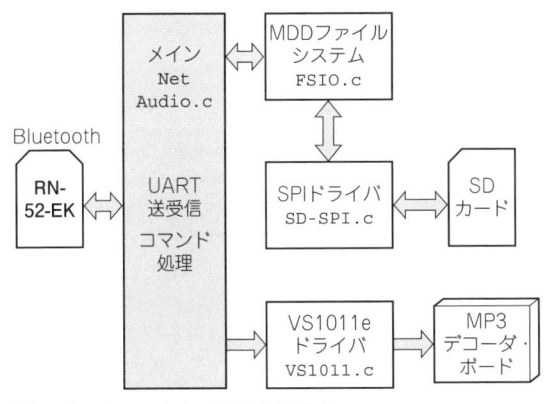

図8-12 ファームウェアの全体構成

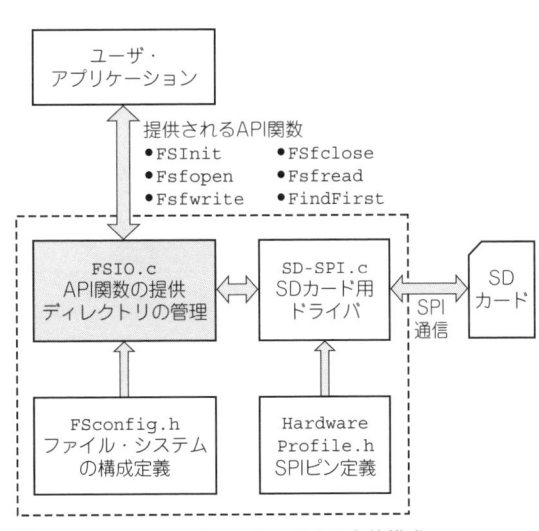

図8-13 MDDファイル・システムの全体構成

できるように「FATファイル・システム」が必要です．ファイル・システムはマイクロチップ・テクノロジーから，「MDDファイル・システム」としてフリーのライブラリが提供されています．MP3デコーダ用ライブラリは，VS1011eの仕様にしたがって製作します．

● タダで使える！MDDファイル・システム

本製作で使用するMDDファイル・システムの全体構成を**図8-13**に示します．

149

表8-8 MP3デコーダIC VS1011eの制御用関数一覧

関数名	機能と書式
VS1011_Init()	デコーダICの初期化とSPIモジュールの初期化を行う VS1011eと通信できないと永久待ちとなるので注意 《書式》 `void VS1011_Init(void);`
VS1011_SineTest()	デコーダを正弦波発振テスト・モードで動作させる モード設定と開始シーケンスを出力する 約5kHzの正弦波を出力する 《書式》 `void VS1011_SineTest(void);`
SendData()	デコーダICからのデータ要求を待ってから音楽データを出力する 事前にMP3_XDCS_IO＝0としてチップ選択する必要がある ブロック転送完了後にMP3_XDCS_IO＝1としてチップ選択を解除する 《書式》 `void SendData(BYTE Data);` 　Data：1バイトのデータ
SetVolume()	ステレオの音量レベルを設定する 《書式》 `void SetVolume(BYTE vRight,BYTE vLeft);` 　vRight：右チャネル音量 　vLeft ：左チャネル音量 　　　　0x00が最大音量(0dB)で0.5dBごとに下がる 　　　　0xFFが最小音量(－127dB)
SetBoost()	低音，高音ブースト制御 《書式》 `void SetBoost(BYTE bass,BYTE gfreq,BYTE treb,Byte tfreq);` 　bass ：低音ブースト・レベル 　　　　0dB(0x00)から15dB(0x0F)の16ステップ 　gfreq：ブースト開始周波数上限 　　　　0Hz(0x00)から150Hz(0x0F)の10Hzステップ 　treb ：高音ブースト・レベル 　　　　0dB(0x00)から＋10.5dB(0x07)　1.5dBステップ 　　　　－12dB(0x0F)　－1.5dBステップ 　tfreq：ブースト開始周波数下限 　　　　0Hz(0x00)から15kHz(0x0F)　1kHzステップ
PlayEnd()	再生終了処理2kバイトのバッファ・クリア・データを出力する その後ソフト・リセットする 《書式》 `void PlayEnd(void);`

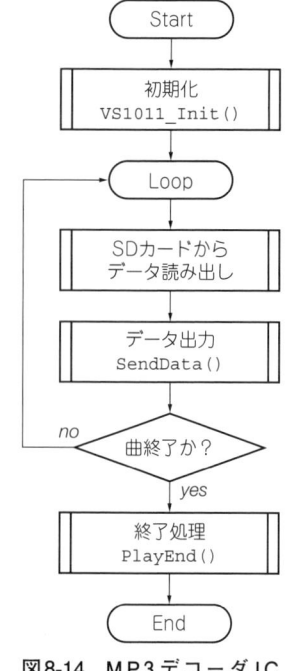

図8-14 MP3デコーダIC VS1011eの操作手順

```
Start
 ↓
初期化
VS1011_Init()
 ↓
Loop ←──┐
 ↓      │
SDカードから
データ読み出し
 ↓      │
データ出力
SendData()
 ↓      │
曲終了か？─no─┘
 ↓ yes
終了処理
PlayEnd()
 ↓
End
```

　ファイル・システム本体が`FSIO.c`です．ファイルのディレクトリと，格納するファイルの配置管理を行っています．ファイル・システムの構成を定義するのが，`FSconfig.h`で，フォーマット機能やFAT32対応を含めるかどうかなどを決めています．`SD-SPI.c`がSDカードと物理的な接続や通信を行うドライバです．`HardwareProfile.h`というヘッダファイルで定義されたSPI関連のI/Oピンに対してアクセスを実行します．
　MDDファイル・システムはマイクロチップ・テクノロジーのウェブサイトで，「Application Lib」で検索し，「Microchip Libraries for Applications」のページで「Microchip Libraries for Application v2013-02-15 Windows」を選択してダウンロードします．必ず指定した版をダウンロードしてください．ダウンロードした自己解凍方式の実行ファイルを展開し，ディレクトリとファイルをすべて，製作するファームウェアのMPLAB X IDEのプロジェクト・フォルダ内にコピーします．

第8章 タブレットで再生＆操作！ MP3オーディオ・ステーション

リスト8-1 ファームウェアのメイン関数…各種初期化を実行する

```
int main(void){                                    /* I2C初期化 */
 int i;                                            I2C2CON = 0x9208;            //I2Cイネーブル
                                                   I2C2BRG = 0x9D;              //100kHz@16MHz
 CLKDIVbits.RCDIV = 0;        //クロック1/1
                                                   /* 変数初期化 */
 /* 入出力ポート設定  */                            Index = 0;
 AD1PCFG = 0xFFFF;            //すべてディジタル    Mode  = 0;                   //MP3モード
 TRISA = 0xFFE4;              //CD入力
 TRISB = 0x071C;              //RX, I2C入力        /* VS1011eの初期化 */
 LATA = 0;                    //IO初期化           VS1011_Init();                //初期化実行
 LATB = 0;                                         Volume = 0x40;                //音量の初期設定
                                                   SetVolume(Volume, Volume);    //制御実行
 /* Bluetoothモジュールをデータモードとする */      BASS = 0;                     //低音フラット
 LATAbits.LATA3 = 1;          //GPIO9 High         TREB = 0;                     //高音フラット
 delay_ms(200);               //処理待ち           SetBoost(BASS, 15, TREB, 5);  //制御実行
                                                   ChgFlag = 1;                  //最初制御実行
 /* UART1ピン割付 */
 RPINR18bits.U1RXR = 4;       //UART1 RX to RP4    /* Bluetoothと外部機器パラメータ初期化 */
 RPOR4bits.RP9R = 3;          //UART1 TX to RP9    ChgFlag2 = 0;
                                                   Volume2  = 0;
 /* UART1初期設定 115kbps Bluetooth用 */            ChgFlag3 = 0;
 U1MODE = 0x8808;             //UART1初期設定 BRGH=1 Volume3 = 0x100;
 U1STA  = 0x0400;             //UART1初期設定
 U1BRG  = 34;                 //115kbps@32MHz      /* SDカードの実装確認（永久待ち）*/
 IPC2bits.U1RXIP = 4;         //UART1割り込みレベル while(!FSInit());            //FATの初期化
 IFS0bits.U1RXIF = 0;         //割り込みフラグクリア
 IEC0bits.U1RXIE = 1;         //UART1受信割り込み許可 /* 最初のファイルのサーチ */
                                                   /* ルートにMP3ファイルがあることが前提 */
 /* SPIのピン割り付け SPI1=SDカード SPI2=MP3 */     result = FindFirst("*.*", ATTR_ARCHIVE, rptr);
 RPINR20bits.SDI1R = 8;       //SDI1をRP8に        if(result == 0){
 RPOR2bits.RP5R = 8;          //SCK1をRP5に         fptr = FSfopen(Record.filename, FS_READ);
 RPOR3bits.RP6R = 7;          //SDO1をRP6に         //ファイルのオープン
 RPINR22bits.SDI2R = 10;      //SDI2をRP10に       }
 RPOR6bits.RP13R = 11;        //SCK2をRP13に
 RPOR5bits.RP11R = 10;        //SDO2をRP11に
```

● MP3デコーダ用ライブラリ

　VS1011eの仕様にしたがって，制御用関数を集めたライブラリを製作しました．提供する関数の一覧を**表8-8**に示します．

　関数を使って，VS1011eを動作させるときの手順を**図8-14**に示します．最初に初期化関数の`VS1011_Init()`を実行して，MODEレジスタとクロック・ダブラを設定し，動作準備を行います．DREQが"H"になったとき，SDカードから一定バイト数のデータを読み出して，`SendData()`関数で音楽データを出力します．

　転送中は，ほかの割り込みを禁止してください．VS1011eの転送が途切れてしまうため，音楽も途切れてしまいます．ファイルの最後まで読み出したら，`PlayEnd()`を実行してVS1011e内のバッファに格納されている最後のデータまで出力します．音量や音質の制御はいつでも実行できるので，要求があった時点で出力します．

● ファームウェアの詳細

　メイン関数の初期化部が**リスト8-1**となります．ここではUART，SPIのピン割り付けと初期化を行っています．次にI²CとSDカードの初期化を実行します．カードの実装が確認できたら最初のファイルをオープンし，メイン・ループに進みます．

　リスト8-2に示すメイン・ループでタブレットからデータを受信した後の処理を実行します．短時間で処理が終了するコマンドはUART受信割り込みの中で直接実行し，時間のかかる処理は割り込み処理内でフラグだけセットします．実際の処

第3部 Bluetoothモジュール活用事例

リスト8-2 ファームウェアのメイン・ループ…タブレットからデータを受信した後の処理を実行する

```
while(1){
 /* MP3音楽データの出力の場合 */
 if((fptr != 0) && (Mode == 0)){
   //正常にオープンできた場合
   //ファイルのEOFまで音声データ連続出力
   do{
     /* 音量、音質更新フラグ・チェックと制御 */
     if(ChgFlag){                        //更新ありか？
       ChgFlag = 0;                      //フラグ・クリア
       SetVolume(Volume, Volume);        //音量設定
       SetBoost(BASS, 15, TREB, 5);      //音質設定
     }

     /* 音楽データの再生（割り込み禁止） */
     SRbits.IPL = 7;                     //SPI処理中は割り込み禁止
     MP3_XDCS_IO = 0;                    //データ用CSセット

     /* 128バイト単位でファイル・リード */
     result = FSfread(Buffer, 1, 128, fptr);
     for(i= 0; i<result; i++){
       //読み出したバイト数だけ繰り返し
       SendData(Buffer[i]);              //音楽データ送信
     }
     SRbits.IPL = 2;                     //割り込み再許可
   } while(result != 0);                 //ファイルのEOFまで継続
   /* 再生完了処理 */
   MP3_XDCS_IO = 1;                      //チップ選択解除
   FSfclose(fptr);                       //ファイルのクローズ
   PlayEnd();                            //再生終了処理
   /* 連続再生のため次のファイルのサーチ */
   result = FindNext(rptr);              //次のファイルへ
   if((result==0)&&(Record.attributes==ATTR_
                                    ARCHIVE)){
     //ファイルがあった場合
     fptr = FSfopen(Record.filename, FS_READ);
     //ファイルのオープン
     Transfer();
     //曲データ送信
   }
   else /* ファイルの終わりなら再度最初から繰り返し */
   {
     result = FindFirst("*.*", ATTR_ARCHIVE,
                                       rptr);
     //最初のファイルを探す
     if(result == 0){                    //見つかった場合
       fptr = FSfopen(Record.filename, FS_READ);
       //ファイルのオープン
       Transfer();
       //曲データ送信
     }
   }
 }
 /* Bluetooth機器制御の場合 */
 if((Mode == 1)&&(ChgFlag2 == 1)){
   //モードと更新フラグのチェック
   ChgFlag2 = 0;                         //更新フラグ・クリア
   switch(RcvBuf[1]){                    //受信データで分岐
     case 'V':                           //音量アップ
       BTCont(msgAVP);
       break;
     case 'W':                           //音量ダウン
       BTCont(msgAVN);
       break;
     case 'X':                           //次の曲へ
       BTCont(msgATP);
       break;
     case 'Y':                           //前の曲へ
       BTCont(msgATN);
       break;
     case 'Z':                           //開始または停止
       BTCont(msgAP);
       break;
     default:  break;
   }
   /* UART1再初期設定 115kbps */
   Index = 0;                            //バッファ・ポインタ・リセット
   dumy = U1RXREG;;
   U1MODE = 0;
   U1MODE = 0x8808;                      //UART1初期設定 BRGH=1
   U1STA  = 0x0400;                      //UART1初期設定
 }
 /* 外部機器制御の場合 */
 if((Mode == 2) && (ChgFlag3 == 1)){
   //モードと更新フラグのチェック
   ChgFlag3 = 0;                         //更新フラグ・クリア
   switch(RcvBuf[1]){                    //受信データで分岐
     case 'P':                           //音量アップ
       if(Volume3 <= 0x1F7)              //最大値制限
         Volume3 += 8;                   //ボリューム・アップ
       CmdI2C(0, Volume3);               //ディジタル・ポテンショ設定
       CmdI2C(1, Volume3);
       break;
     case 'Q':                           //音量ダウン
       if(Volume3 > 8)                   //最小値制限
         Volume3 -= 8;                   //ボリューム・ダウン
       CmdI2C(0, Volume3);               //ディジタル・ポテンショ設定
       CmdI2C(1, Volume3);
       break;
     default:  break;
   }
 }
}
```

理はメイン・ループの中で行います．ループの中は，MP3再生，Bluetooth再生，汎用外部入力再生の三つに分割されていて，Modeフラグで区別しています．さらにそれぞれのモードに対応する処理ごとに内部を分割して処理しています．

以上がメイン関数の部分です．これ以外にも

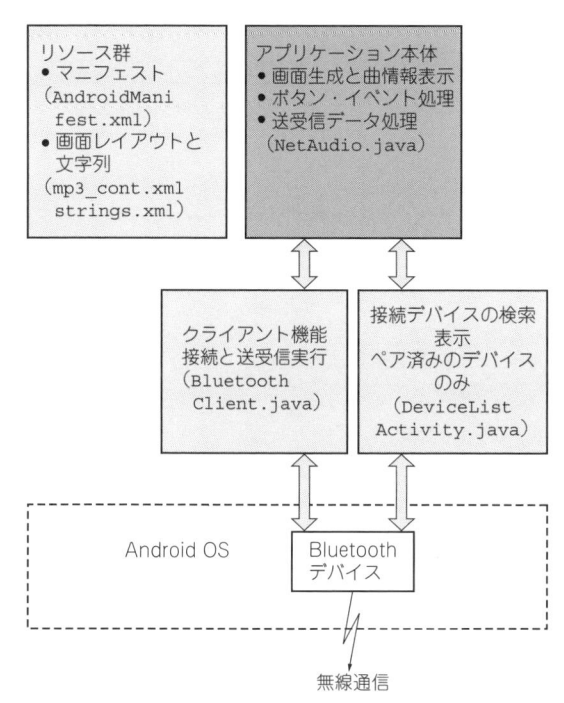

図8-15 作成したタブレットのアプリケーションの全体構成

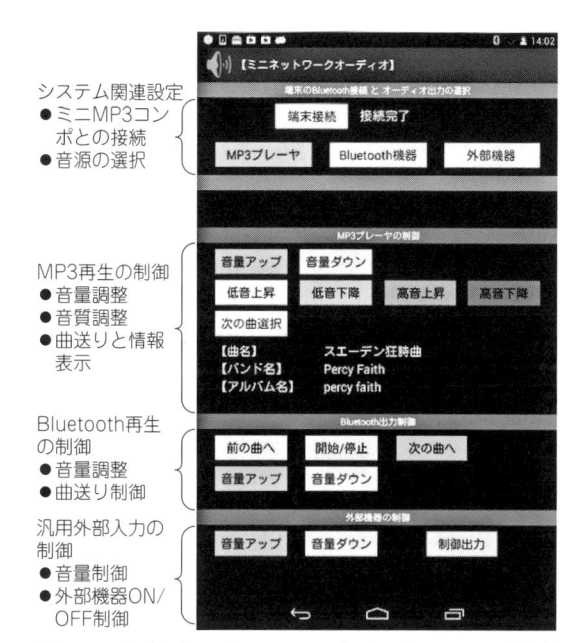

図8-16 作成したタブレットのアプリケーションの画面構成

UART割り込み処理関数，MP3データ送信処理関数，RN-52のデータ／コマンド・モード切り替え処理関数などのサブ関数があります．

GPIO9ピンでモードを切り替えると，UARTの通信がハングアップします．UARTの再初期化が毎回必要となってしまいます．

8-6 ソフトウェア②：タブレットのアプリケーション

タブレット（Nexus 7）のソフトウェアはAndroidアプリケーションです．製作するアプリの全体構成はBluetooth通信の部分を独立のライブラリとして図8-15のようにしました．

● 画面構成と機能

図8-16に画面構成を示します．上段はシステム制御部でBluetoothの接続と音源の選択を行います．音源選択後に対応する音源のボタンが有効です．

MP3再生の場合は，音量と音質の制御と曲送りができ，曲の情報も表示されます．Bluetooth再生の場合には，音量調整と曲送りだけとなります．外部機器を選択した場合には，音量調整と，汎用の制御出力ができます．汎用の制御出力はリレー接点で出力されるので，外部機器の電源制御など自由に使うことができます．

● アプリケーションの構成

アプリケーション本体（NetAudio.java）を，リスト8-3に示します．次のイベントごとの処理で構成されています．

① アプリ起動，終了の状態遷移イベント
② ボタンのタップ・イベント
③ Bluetoothの送受信ハンドラからのイベント

● アプリケーションの詳細
▶ マニフェスト・ファイル

アプリケーション全体の特性を指定するマニフェスト・ファイルがリスト8-4です．最初にAndroid OSのバージョンを指定します．次にBluetoothモジュールの使用を宣言し許可を得ます．続いてアプリ名称などを指定し，画面表示を縦に固定します．

アプリ名称は別リソースのstrings.xmlファイルで「ミニネットワークオーディオ」と定義しました．最後にBluetoothの接続相手の選択を行うアプリを指定し，キーボード表示を禁止します．

リスト8-3　タブレットのアプリケーション本体（Net Audio.java）

```java
package com.picfun.netaudio;

import com.picfun.netaudio.NetAudio;

@SuppressLint("HandlerLeak")
public class NetAudio extends Activity{
    // クラス定数宣言定義
    public static final int CONNECTDEVICE   = 1;
    public static final int ENABLEBLUETOOTH = 2;

    // Bluetoothインスタンス定数
    private BluetoothAdapter BTadapter;
    private BluetoothClient  BTclient;

    // クラス定数の宣言定義
    private static Button connect, volumeup, volumedown,
    bassup, bassdown;
    private static Button trebup, trebdown, select;
    private static TextView music, band, album;
    private static TextView text1;
    private static Button mp3player, bluetooth, aux;
    private static Button next2, start, prev2;
    private static Button volumeup2, volumedown2;
    private static Button volumeup3, volumedown3, power;
    private byte[] RcvPacket = new byte[512];   // 受信バッファ
    private byte[] SndPacket = new byte[3];     // 送信バッファ
    private byte   Mode = 0;

    // 最初に実行するメソッド
    public void onCreate(Bundle savedInstanceState){
    // アクティビティ開始時（ストップからの復帰時）
    public void onStart() {
    // アクティビティ再開時（ポーズからの復帰時）
    public synchronized void onResume(){
    // アクティビティ破棄時
    public void onDestroy(){

    // 接続ボタンのイベント・クラス
    class SelectExe implements OnClickListener{
```

　　　　　　　　　　　　　　定数，フィールド変数の宣言定義

　　　　　　　　　　　　　　状態遷移に伴うイベント処理

▶初期起動時の処理

　初期起動時の処理を**リスト8-5**に示します．最初にフィールド変数などの宣言定義をし，リソースのレイアウトを呼び出して画面を表示します．その後，ボタンなどのクラス変数名を指定し，それぞれのイベントを処理するメソッドを宣言定義します．

　最後にBluetoothモジュールが実装されているかどうかを確認し，実装されていなければメッセージを表示して終了となります．このあとはイベント待ち状態となり，定義したイベントごとの処理でアプリが進みます．

▶ **Bluetooth ハンドラ・イベントの処理**

　Bluetoothハンドラ・イベントの処理を**リスト8-6**に示します．イベントがあったらハンドラからメッセージを取り出し，その種類により処理を分岐します．Bluetooth接続中のイベントの場合には，途中の状況をメッセージとして表示します．受信完了のイベントの場合には，受信データ処理メソッド（Process）を呼び出します．

　受信データ処理メソッドでは，受信データが0x0Dだけかどうかで，曲情報の有無を判定して分岐します．曲情報がある場合は，曲名，バンド名，アルバム名に分けて各々に用意されたバッ

```
        // 遷移ダイアログからの戻り処理
        public void onActivityResult(int requestCode,
        int resultCode,Intent data){
        // 音量アップ・ボタンのイベント処理サブクラス
        class VolumeUp_Control   implements OnClickListener{
        class VolumeUp2_Control implements OnClickListener{
        class VolumeUp3_Control implements OnClickListener{
        // 音量ダウン・ボタンのイベント処理サブクラス
        class VolumeDown_Control   implements OnClickListener{
        class VolumeDown2_Control implements OnClickListener{
        class VolumeDown3_Control implements OnClickListener{
        // 低音アップ・ボタンのイベント処理サブクラス
        class BassUp_Control implements OnClickListener{
        // 低音ダウン・ボタンのイベント処理サブクラス
        class BassDown_Control implements OnClickListener{
        // 高音アップ・ボタンのイベント処理サブクラス
        class TrebUp_Control implements OnClickListener{
        // 高音ダウン・ボタンのイベント処理サブクラス
        class TrebDown_Control implements OnClickListener{
        // 次の曲選択ボタンのイベント処理サブクラス
        class GoAhead implements OnClickListener{
        // デバイス選択ボタン (3種類)
        class SW_MP3 implements OnClickListener{
        class SW_BT  implements OnClickListener{
        class SW_AUX implements OnClickListener{
        // Bluetoothデバイス制御ボタン (3種類)
        class Next implements OnClickListener{
        class StartStop implements OnClickListener{
        class Prev implements OnClickListener{
        // 外部機器汎用制御ボタン
        class PowerCont implements OnClickListener{

        // BT端末接続処理のハンドラで戻り値ごとの処理
        private final Handler handler = new Handler(){
        // 受信データ処理メソッド
        public void Process(){
}
```

→ ボタン・タップのイベント処理

→ Bluetooth送受信ハンドラの
イベント処理と受信データ処理

ファにコピーします．コピーが完了したら，バッファ全体をUTF8コードからシフトJISコードに変換してテキスト・ボックスに表示します．曲情報がない場合には，その旨をメッセージとして表示します．

8-7 動作確認

すべての製作が完了したら，動作を確認します．まずは，ボード単体で行い，次にタブレットとの接続とアプリケーションの動作を確認します．

● MP3デコーダ・ボードの動作確認

パソコンでSDカードをフォーマットし，ディレクトリを作成せず，MP3フォーマットの音楽ファイルを複数個書き込みます．書き込みが完了したら，SDカードをメイン・ボードのSDカード・ソケットに挿入します．

MP3デコーダ・ボードのイヤホン・ジャックにヘッドホンを直接接続し，DC5V出力のACアダプタをメイン・ボードのDCジャックに接続します．これで音楽がヘッドホンから聴こえるはずです．聴こえなかったり，曲のテンポがおかしい場合は，リセット・スイッチを押してください．

リスト8-5　タブレットのアプリケーションの初期起動処理

```java
public class NetAudio extends Activity {
  //クラス定数宣言定義
  public static final int CONNECTDEVICE   = 1;
  public static final int ENABLEBLUETOOTH = 2;

  //Bluetoothインスタンス定数
  private BluetoothAdapter BTadapter;
  private BluetoothClient  BTclient;

  //クラス定数の宣言定義
  private static Button connect, volumeup,
                  volumedown, bassup, bassdown;
  private static Button trebup, trebdown, select;
  private static TextView music, band, album;
  private static TextView text1;
  private static Button mp3player, bluetooth, aux;
  private static Button next2, start, prev2;
  private static Button volumeup2, volumedown2;
  private static Button volumeup3, volumedown3,
                                            power;
  private byte[] RcvPacket = new byte[512];
                                       //受信バッファ
  private byte[] SndPacket = new byte[3];
                                       //送信バッファ
  private byte Mode = 0;

  //最初に実行するメソッド
  @Override
  public void onCreate(Bundle savedInstanceState) {
    super.onCreate(savedInstanceState);

    //GUI画面表示
    setContentView(R.layout.activity_net_audio);
    //コンポーネントの名称設定
    connect = (Button)this.findViewById(R.id.connect);
    text1 = (TextView)this.findViewById(R.id.text1);
    volumeup = (Button)this.findViewById(R.
                                         id.volumeup);
    volumedown = (Button)this.findViewById(R.id.
                                         volumedown);
    bassup = (Button)this.findViewById(R.id.bassup);
    bassdown = (Button)this.findViewById(R.id.
                                           bassdown);
    trebup = (Button)this.findViewById(R.id.trebup);
    trebdown = (Button)this.findViewById(R.id.
                                           trebdown);
    select = (Button)this.findViewById(R.id.select);
    music = (TextView)this.findViewById(R.id.
                                         musictitle);
    band = (TextView)this.findViewById(R.id.band);
    album = (TextView)this.findViewById(R.id.album);
    mp3player = (Button)this.findViewById(R.id.
                                           mp3player);
    bluetooth = (Button)this.findViewById(R.id.
                                           bluetooth);
    aux = (Button)this.findViewById(R.id.aux);
    next2 = (Button)this.findViewById(R.id.next2);
    start = (Button)this.findViewById(R.id.start);
    prev2 = (Button)this.findViewById(R.id.prev2);
    volumeup2 = (Button)this.findViewById(R.id.
```

リスト8-4　タブレットのアプリケーションのマニフェスト・ファイル

```xml
<?xml version="1.0" encoding="utf-8"?>
<manifest xmlns:android="http://schemas.
                android.com/apk/res/android"
  package="com.picfun.netaudio"
  android:versionCode="1"
  android:versionName="1.0" >

  <uses-sdk
    android:minSdkVersion="8"         ← Androidのバージョン指定
    android:targetSdkVersion="17" />
  <uses-permission android:name="android.
                  permission.BLUETOOTH_ADMIN"/>
  <uses-permission android:name="android.
                  permission.BLUETOOTH"/>  ← Bluetoothの使用宣言と許可
  <application
    android:allowBackup="true"
    android:icon="@drawable/ic_launcher"
    android:label="@string/app_name"
    android:theme="@style/AppTheme" >
    <activity
      android:name="com.picfun.netaudio.NetAudio"
      android:screenOrientation="portrait"   ← 縦画面に固定
      android:label="@string/app_name" >
      <intent-filter>
        <action android:name="android.intent.
                                    action.MAIN" />
        <category android:name="android.intent.
                              category.LAUNCHER" />
      </intent-filter>
    </activity>
    <activity                           ← Bluetooth選択アプリの指定
      android:name="DeviceListActivity"
      android:theme="@android:style/Theme.Dialog"
      android:label="@string/app_name"
      android:configChanges="keyboardHidden
                                     |orientation">   ← キーボードの表示禁止
    </activity>
  </application>
</manifest>
```

```
                                volumeup2);
volumedown2 = (Button)this.findViewById(R.id.
                                volumedown2);
volumeup3 = (Button)this.findViewById(R.id.
                                volumeup3);
volumedown3 = (Button)this.findViewById(R.id.
                                volumedown3);
power = (Button)this.findViewById(R.id.power);

//ボタン・イベント組み込み
connect.setOnClickListener((OnClickListener)
                                new SelectExe());
volumeup.setOnClickListener((OnClickListener)
                                new VolumeUp_Control());
volumedown.setOnClickListener((OnClickListen
                                er) new VolumeDown_Control());
bassup.setOnClickListener((OnClickListener)
                                new BassUp_Control());
bassdown.setOnClickListener((OnClickListener)
                                new BassDown_Control());
trebup.setOnClickListener((OnClickListener)
                                new TrebUp_Control());
trebdown.setOnClickListener((OnClickListener)
                                new TrebDown_Control());
select.setOnClickListener((OnClickListener)
                                new GoAhead());
mp3player.setOnClickListener((OnClickListener)
                                new SW_MP3());
bluetooth.setOnClickListener((OnClickListener)
                                new SW_BT());
aux.setOnClickListener((OnClickListener) new
                                SW_AUX());
next2.setOnClickListener((OnClickListener) new
                                Next());
start.setOnClickListener((OnClickListener) new
                                StartStop());
prev2.setOnClickListener((OnClickListener) new
                                Prev());
volumeup2.setOnClickListener((OnClickListener)
                                new VolumeUp2_Control());
volumedown2.setOnClickListener((OnClickListener)
                                new VolumeDown2_Control());
volumeup3.setOnClickListener((OnClickListener)
                                new VolumeUp3_Control());
volumedown3.setOnClickListener((OnClickListener)
                                new VolumeDown3_Control());
power.setOnClickListener((OnClickListener)new
                                PowerCont());

//Bluetoothが有効な端末か確認
BTadapter = BluetoothAdapter.getDefault
                                Adapter();
  if(BTadapter == null) {
    text1.setTextColor(Color.YELLOW);
    text1.setText("Bluetooth非サポート");
  }
  Mode = 0;
}
```

● Bluetoothモジュールの動作確認

メイン・ボードに実装した状態で，RN-52-EKのスピーカ・ジャックに直接ヘッドホンかイヤホンを接続します．DC5V出力のACアダプタを接続して電源を供給します．RN-52-EKのLEDが点滅を開始すれば問題ありません．

● タブレットとのワイヤレス接続確認

タブレットの電源を入れ，RN-52-EKとペアリングを行います．タブレットの「設定」アプリを起動し「Bluetooth」をON状態とし，上端にある「デバイスの検索」をタップします．「RN52-xxxx」がリストに追加されます．xxxx部はMACアドレスの下位4桁です．

次に「RN52-xxxx」をタップします．「ペア設定リクエスト」のダイアログが表示されたら，「ペア設定する」をタップします．PINコードの入力を要求された場合には「1234」とタブレットキーボー

ドから入力します．タブレットの「Playミュージック」アプリを起動して何らかの音楽を再生すれば，ヘッドホンから聴こえてくるはずです．オーディオ・ストリーム再生の場合には，自動的にA2DPプロファイルで接続されるので，特に操作は必要ありません．

● アプリケーションの動作確認

各ボードのオーディオ出力を接続状態にして再度電源を入れます．タブレット側に「ミニネットワークオーディオ」のアプリケーションをダウンロードし起動します．一番上にある［端末接続］ボタンをタップします．ペアリング済みのリスト・ダイアログから，「RN52-xxxx」を選択します．

端末接続の右側にメッセージで「接続完了」と緑色で表示されれば接続完了です．赤字で「接続失敗」と表示された場合は，再度［端末接続］をタップして同じ動作を繰り返します．電波状況に

リスト8-6 Bluetoothハンドラ・イベント処理

```
//Bluetooth端末接続処理のハンドラで戻り値ごとの処理
private final Handler handler = new Handler() {
//ハンドル・メッセージごとの処理
 @Override
 public void handleMessage(Message msg) {
  switch (msg.what) {
   case BluetoothClient.MESSAGE_STATECHANGE:
    switch (msg.arg1) {
     case BluetoothClient.STATE_CONNECTED:
      text1.setTextColor(Color.GREEN);
      text1.setText("接続完了");
      break;
     case BluetoothClient.STATE_CONNECTING:
      text1.setTextColor(Color.WHITE);
      text1.setText("接続中");
      break;
     case BluetoothClient.STATE_NONE:
      text1.setTextColor(Color.RED);
      text1.setText("接続失敗");
      break;
    }
    break;
   //Bluetooth受信処理
   case BluetoothClient.MESSAGE_READ:
    RcvPacket = (byte[])msg.obj;
    Process();
    break;
  }
 }
};
//受信データ処理メソッド
public void Process(){
 byte[] data1 = new byte[256];
 byte[] data2 = new byte[256];
 byte[] data3 = new byte[256];
 int ptr, i;

 if(RcvPacket[2] != 0x0D){
  ptr = 2;       //MAを飛ばす
  i = 0;
  while(RcvPacket[ptr] != 0x0A){  //曲名取り出し
   data1[i++] = RcvPacket[ptr++]; //曲名コピー
  }
  data1[i++] = 0;                 //配列終了
  ptr++;                          //次へ
  i = 0;
  while(RcvPacket[ptr] != 0x0A){  //バンド名取り出し
   data2[i++] = RcvPacket[ptr++]; //バンド名コピー
  }
  data2[i++] = 0;                 //配列終了
  ptr++;                          //次へ
  i = 0;
  while(RcvPacket[ptr] != 0x0A){  //アルバム名取り出し
   data3[i++] = RcvPacket[ptr++]; //アルバム名コピー
  }
  data3[i++] = 0;                 //配列終了

  try{
   music.setTextColor(Color.WHITE);
   //シフトJISコードに変換して表示出力
   String Message1 = new String(data1, "Shift_
                                         JIS");
   music.setText(Message1);
   String Message2 = new String(data2, "Shift_
                                         JIS");
   band.setText(Message2);
   String Message3 = new String(data3, "Shift_
                                         JIS");
   album.setText(Message3);
  }catch(UnsupportedEncodingException e){

  }
 }
 else{
  music.setTextColor(Color.YELLOW);
  music.setText("曲の情報が未登録です!!");
 }
}
}
```

より何度か繰り返す必要があります．

▶ MP3プレーヤの動作確認

音源の切り替えスイッチで「MP3プレーヤ」を選択します．ボタンが赤色に変わり，ヘッドホンからSDカード内の音楽が聴こえてくれば動作は正常です．MP3プレーヤの制御欄の音量や曲送りが正常にでき，曲情報表示も正しく行われていることを確認します．

▶ Bluetoothの動作確認

「Bluetooth機器」を選択します．リレーのカチッという音が聞こえ，ボタンが赤色になれば正常動作しています．Bluetooth出力制御欄の［開始/停止］ボタンをタップし，タブレット内の音楽が聴こえてくれば動作は正常です．音量調整や曲送りのボタンの動作も確認します．

▶ 外部機器の確認

TVやほかのオーディオ出力を外部機器入力のジャックに接続してから，［外部機器］ボタンを選択します．外部機器からの音が聞こえてくれば正常動作しています．外部機器の制御欄の音量調整機能も確認します．

第3部 Bluetoothモジュール活用事例

第9章

充電機能付きだから持ち運びもできる

Myスマホとつなぐ！
Bluetoothコードレスホン実験ボード

使用するプログラム：09_Sample Program

大野 俊治

図9-1 製作した「BlueHANDボード」でできること

　本章では，音声対応のBluetoothモジュールを実装した「BlueHAND実験ボード」を製作します．そして，ノート・パソコンやタブレット，スマートホンなどのBluetooth対応機器から本実験ボードを制御して，スピーカから音楽を流したり，音楽情報を取得したり，通話したりします．

9-1 ハードウェア

● その名も「BlueHAND 実験ボード」
　Bluetoothの評価実験のために，**写真9-1**に示すBlueHAND実験ボードを製作しました．構成を**図9-2**に示します．

▶機能
- USB-シリアル変換器FT230Xを介して，Bluetoothモジュール変換基板WCA-009をUSBでパソコンと接続して，Bluetoothモ ジュールWT32の設定や動作を対話的に確認ができる．また，USB給電も可能
- WT32のアナログ入出力用にマイク・アンプとヘッドホン・アンプを用意する．ヘッドホンや電話機の受話器を接続するだけで，音楽再生やハンズフリーでの通話ができる
- リチウム・イオン/リチウム・ポリマ電池を接続するための端子を持ち，電池での動作確認ができる．また，WT32のチャージャ機能を利用して，USB経由で電池を充電できる
- 制御マイコンとしてARM Cortex-M0コア搭載のLPC1114FN28を実装できる．シリアル選択ジャンパの設定（**写真9-2**）により，WT32をLPC1114からも制御できる
- JTAGあるいはUSB経由のシリアルでマイコンへ書き込む
- WT32のGPIO端子とアナログ入力端子，マイ

コンのI²C, SPIなどの端子を拡張端子ソケットとして用意．外部に拡張基板を追加することで入出力機能を追加できる

スのTS472を使用しています．WT32はマイク・アンプを内蔵していますが，ゲインを大きくした際のノイズが気になったので，TS472を外付けしました．音声入出力には，3.5mmのジャックと電話受話器用のRJジャックの2種類を用意しました．

▶回路構成

図9-3 (p.162)に実験ボードの回路図を示します．マイク・アンプとしてSTマイクロエレクトロニク

電話機受話器は，一般家庭用電話機の受話器部

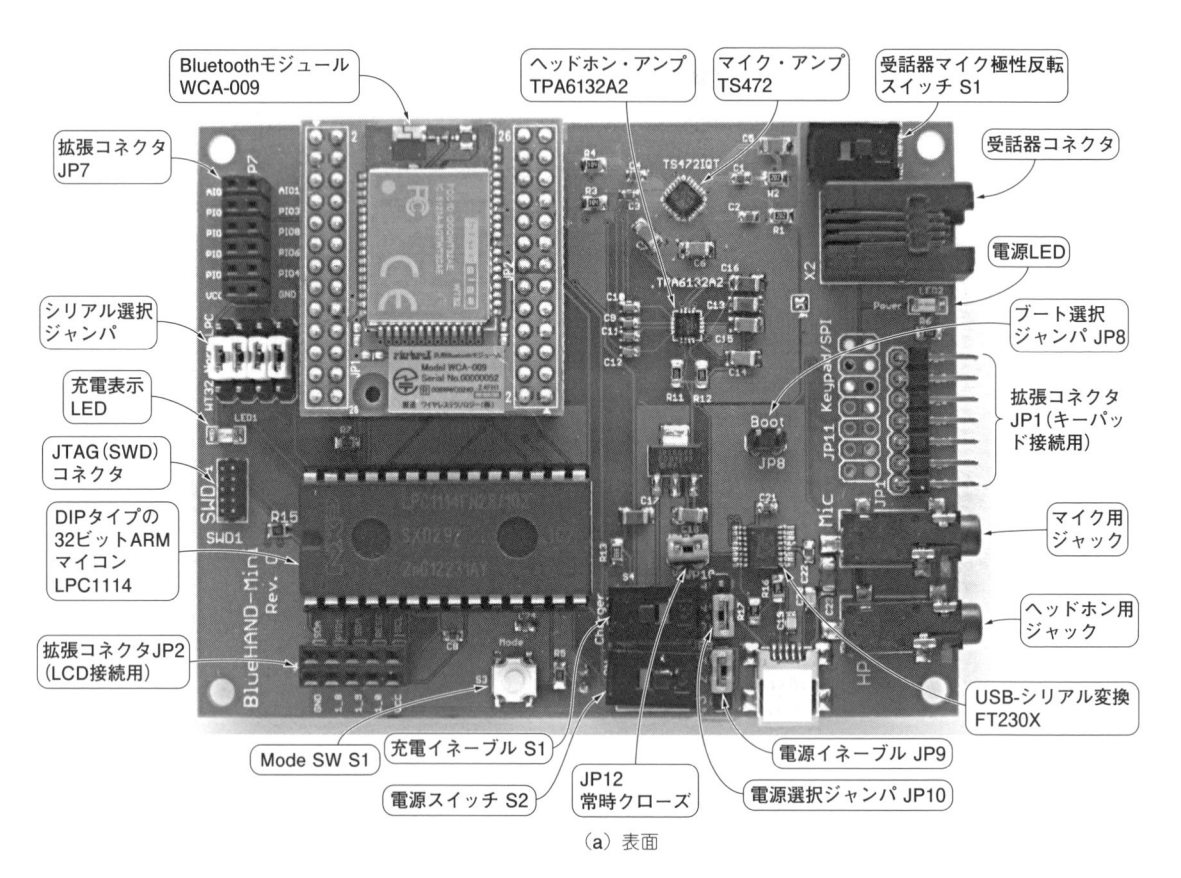

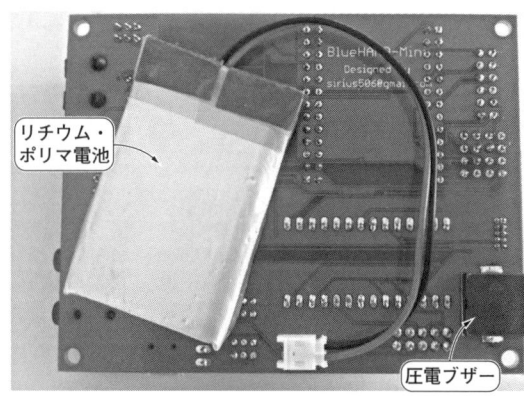

(a) 表面

(b) 裏面

写真9-1 BluetoothモジュールWCA-009を実験する基板「BlueHAND実験ボード」を製作

写真9-2 シリアル選択ジャンパの設定

四つのジャンパ・ピンでシリアル接続する信号を選択する

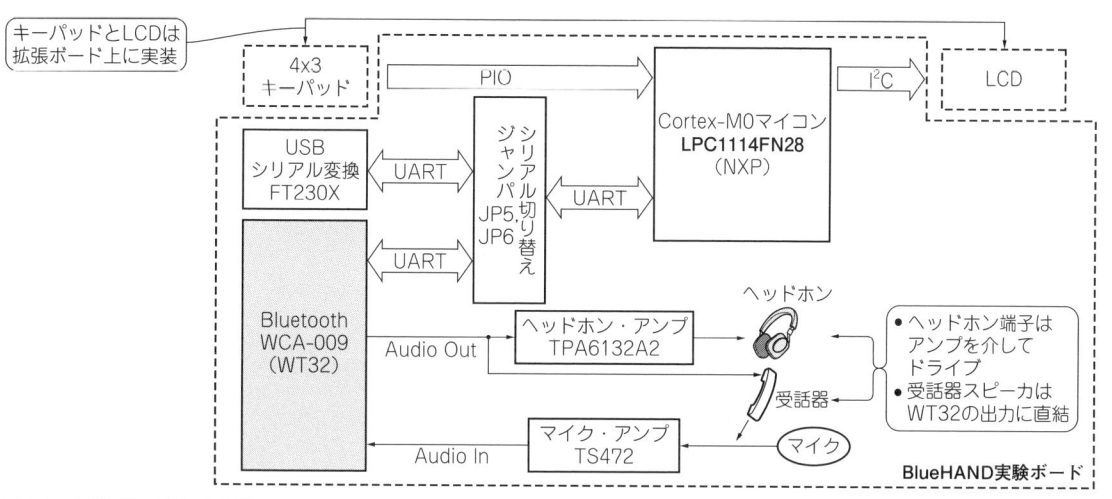

図9-2 実験ボードの構成図

分（RJ9コネクタ，4極4芯のもの）を使用できます．電話機メーカによってマイクの極性が異なるようなので，極性反転用のスイッチを用意しました．

実験ボードはマイコンを使用しなくても，パソコンと接続するだけで簡単に試用評価できます．マイコンを実装し，さらに拡張用端子を使ってユーザ・インターフェース用の入出力を追加すれば，より実用的なアプリケーションも構築できます．

● オーディオ信号も扱えるBluetoothモジュールWT32

本製作で使用したBluetoothモジュールはWT32[注1]（フィンランドのBluegiga社）です．オーディオ関連プロファイルをサポートしています．

USBドングルのようなBluetoothデバイスを使用する場合，各プロファイルのスタックをホスト側で用意する必要がありますが，プロファイルにすでに対応している本モジュールを使えば，マイコン側での開発作業を大幅に簡略化できます．

▶内部構成

図9-4に示すように，WT32はCSR社のBluetoothコアチップBC05-MMをベースとしています．内蔵MCU（Micro Controller Unit）のファームウェアにより，オーディオ・ストリームを送受信するA2DP（Advanced Audio Distribution Profile），リモコン機能のAVRCP（Audio/Video Remote Control Profile），ハンズフリー機能のHFP（Hands-Free Profile）だけでなく，Bluetooth機器を仮想シリアル・ポート化するSPP（Serial Port Profile），電話帳データを転送するPBAP（Phone Book Access Profile），マウスやキーボードなどの入力装置を無線化するHID（Human Interface Device Profile）のプロファイルに対応しています．さらに，オーディオCODECも内蔵しているため，マイクやスピーカを容易に接続できます．

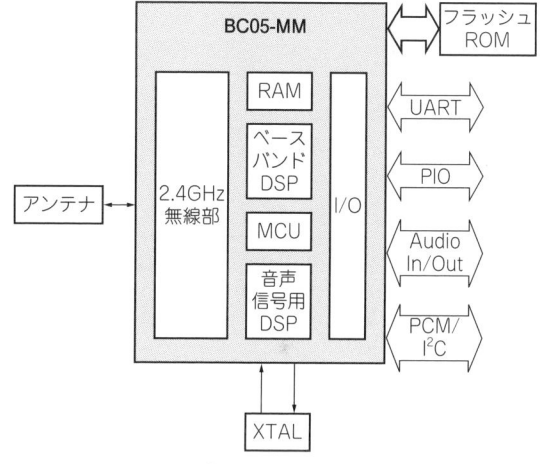

図9-4 Bluetoothモジュール WT32の構成図

注1：2014年9月現在，WT32の後継機種としてWT32iが販売されている．

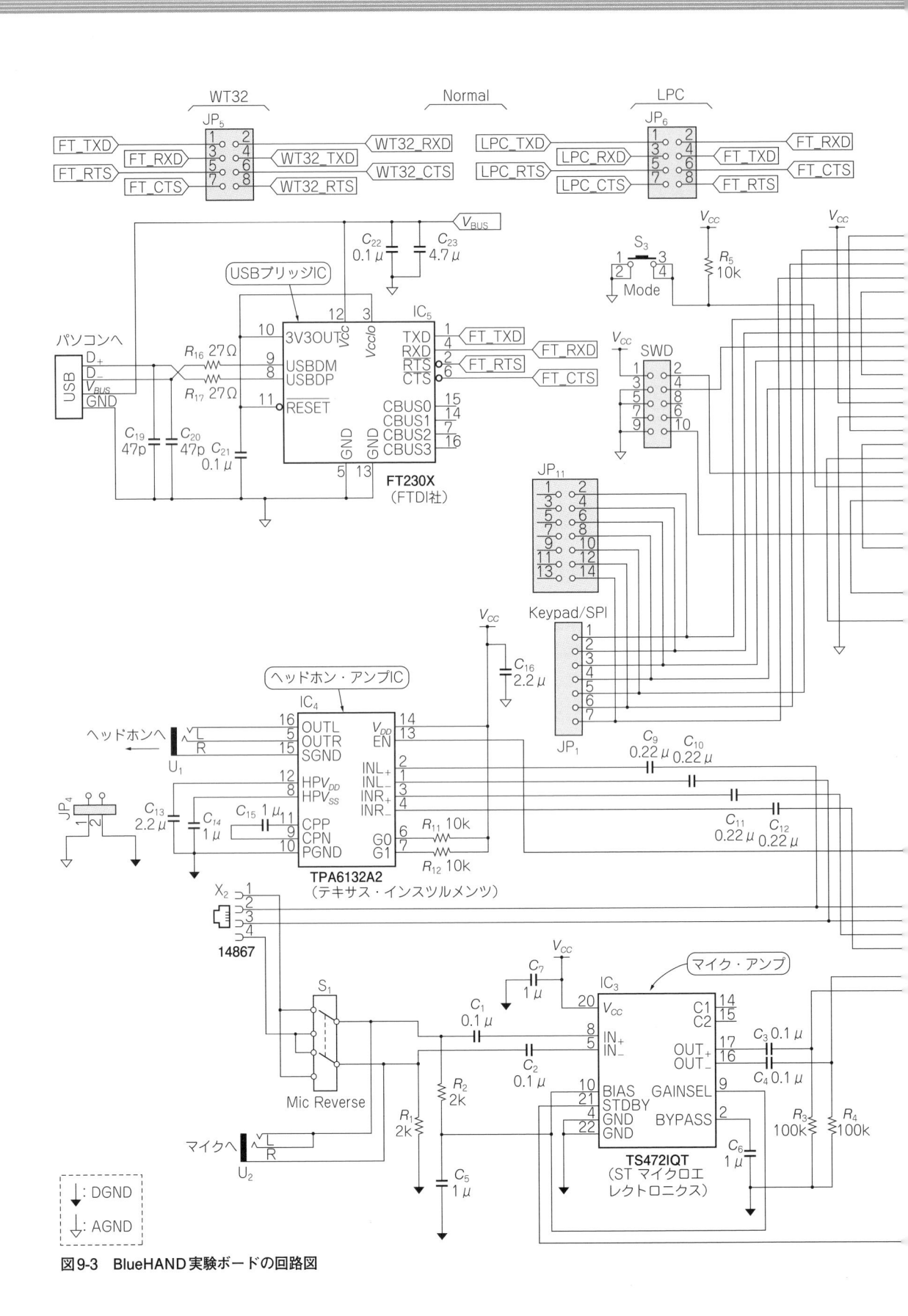

図9-3 BlueHAND実験ボードの回路図

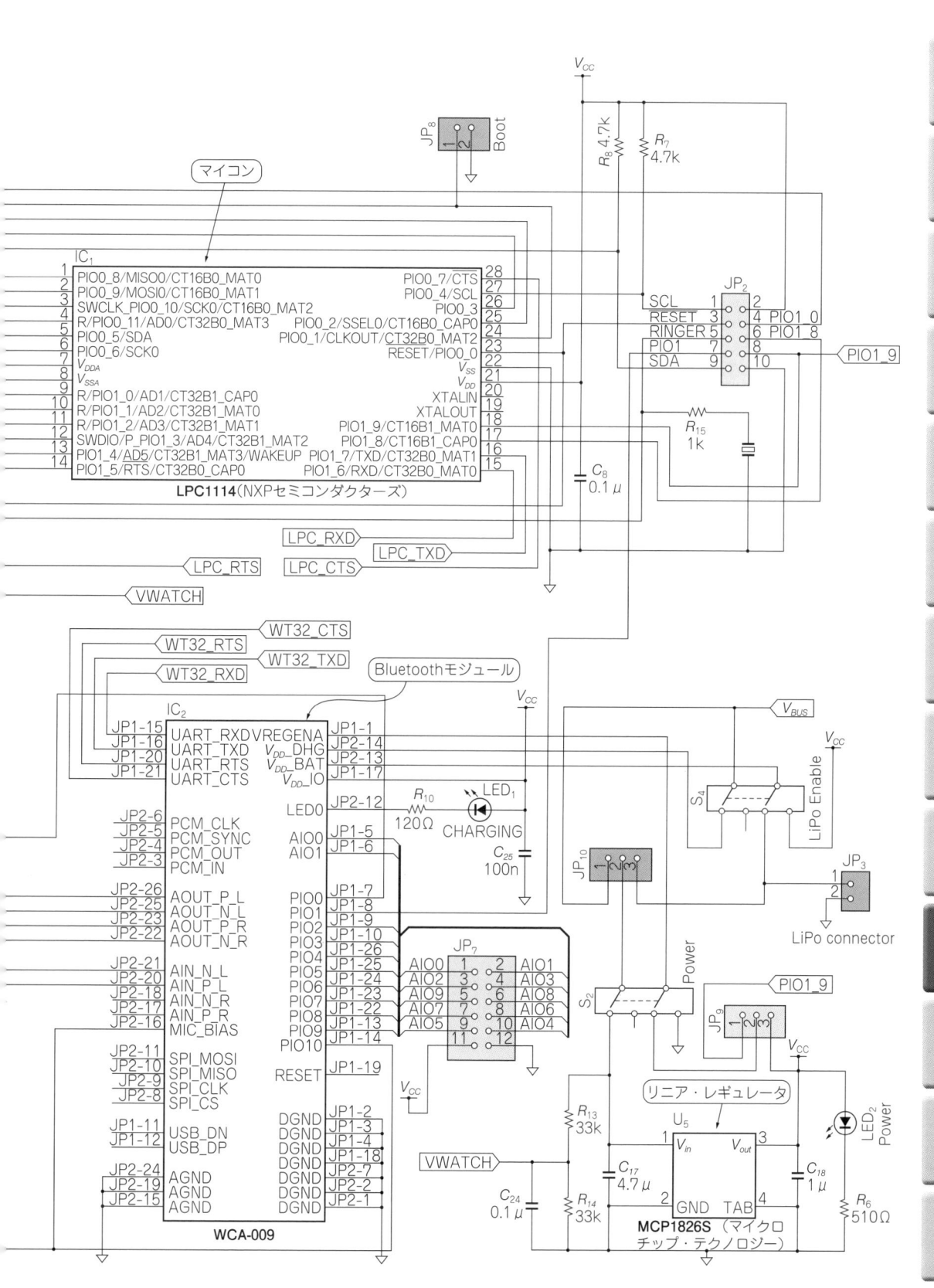

第9章　Myスマホとつなぐ！Bluetoothコードレスホン実験ボード

第3部 Bluetoothモジュール活用事例

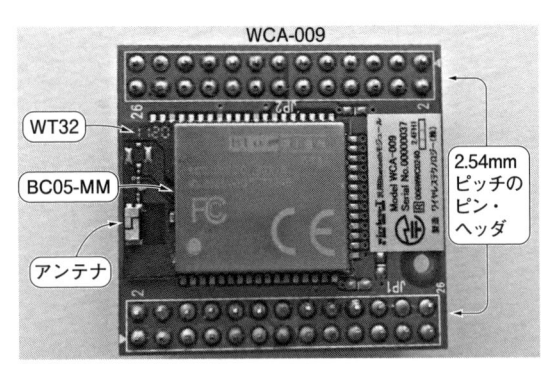

写真9-2 BluetoothモジュールWT32を2.54mmピッチに変換するヘッダ・ボードWCA-009

表9-1 パソコンと接続するときのスイッチ設定

JP$_5$, JP$_6$	シリアル選択ジャンパ	四つのジャンパをWT32の位置に配置
JP$_9$	電源イネーブル	2-3間をショートし，常時イネーブルにする
JP$_{10}$	電源選択ジャンパ	1-2間をショートし，USB給電を選択する
S$_4$	充電イネーブル	OFFにし，充電機能を使わない

▶特徴

- 複数のプロファイルを使って，複数のデバイスと複数のリンクを張れる
- ヘッドセットやスピーカ・デバイスを開発できる
- 電話機のように網側とつながる装置を開発できる
- 複数の相手と複数のリンクを使って通信できる
- リチウム・イオン電池/リチウム・ポリマ電池用の充電機能を持ち，電池駆動デバイスの開発を容易にする
- 11本のPIO端子と2本のA-D入力端子を持ち，UARTで接続された制御マイコンで読み書きできる．また，GPIO端子の状態に応じてWT32を制御したり，状態変化を端子に反映したりする機能も持つ
- オーディオ信号インターフェースとしては内蔵CODECを利用でき，さらに外部のDSPやCODECあるいは組み込み用携帯電話モジュールなどとI²SやPCM信号インターフェースで接続できる
- WT32の制御は，ホスト・マイコンとUARTシリアルで接続し，テキスト形式のコマンドを使用する．コマンドの実行結果や状態変化もテキスト形式のイベント・メッセージとして受信する

● WT32を2.54mmピッチに変換したボード「WCA-009」を用意した

写真9-2のようにWT32を簡単に試用評価できるように2.54ピッチに変換するヘッダ・ボードWCA-009を使用しました．工事設計認証を取得済みなので，試作品のデモや製品化の際にも，本ボードをそのまま使用できます．次のWebページから購入できます（2014年12月現在）．
https://sirius50b.stores.jp/#!/

9-2 まずは，パソコンでお試し 初めてのワイヤレス通信

BlueHAND実験ボードとパソコンをUSBケーブルで接続します．パソコンと接続する際は，ボード上のジャンパを表9-1のように設定します．シリアル選択ジャンパのJP$_5$とJP$_6$をWT32の位置にすると，WT32のシリアル信号はLPC1114と切り離され，USB-シリアル変換IC FT230Xと接続されます．パソコンからTeraTermなどのシリアル端末ソフトウェアを使い，対話形式でWT32を操作します．シリアル通信の設定は，115200bps，8ビット，パリティなし，ハードウェア・フロー制御です．

● 電源を投入する

設定をした端末ソフトを立ち上げた状態で，実験ボードの電源スイッチをONにすると図9-5のようなメッセージが表示されます．WT32のファームウェアはiWRAPと呼ばれ，原稿執筆時のバージョンは5.0.1です[注2]．iWRAPでは，テキスト形式でコマンドを入力できます．

"set"とコマンドを入力してみてください．WT32によりエコーバックされ，setの文字列が表示され，コマンドの実行結果が表示されます（iWRAPでは入力されるコマンドにおいて大文字

注2：2014年9月現在，WT32用ファームウェアは5.0.2が，WT32i用は6.0.0が最新である．

表9-2 リスト9-1で実行したコマンドの説明

コマンド名	内容
①set reset	WT32の設定を初期状態に戻し再起動する．再起動を確認したら，それ以降のコマンドを入力
②set bt name	自局の名前を設定する．ここではWCA009という名前を設定
③set bt class	デバイスのCOD（Class of Device）を16進数で指定する．CODはその装置が提供するサービスの概要を示すコードで，デバイス検索の際に対象機種を限定する目的でも使用される．この例ではHiFiオーディオ・デバイスであり，ハンズフリー機能もサポートすることを示す
④set bt auth	ペアリングの際に使用されるPIN番号を指定する．iWRAP5ではSSP（Secure Simple Pairing）がデフォルトで許可されており，まずSSPの使用が試される．相手側がSSPをサポートしない場合に，コマンドで指定されたPIN番号を用いてペアリング時の認証を行う
⑤set bt power	set resetをするとモジュールの送信電力がClass 3相当に弱まるため，Class 2の送信電力に再設定する
⑥set control audio	オーディオ信号インターフェースとして内蔵CODECを使うことを指示する．Internalのキーワードが2度指定されているが，これはHFP音声とA2DP音声において異なるインターフェースを指定できるため
⑦set control cd	Bluetooth接続ができたら，PIO0端子をアクティブ（Hレベル）にする指定をする．操作する端子は16進数で指定し，01がPIO0に相当する．実験ボードではPIO0はヘッドホン・アンプのEN端子につながっているので，接続時のみヘッドホン・アンプを動作させる制御ができる
⑧set control ringtone	HFP接続で着信があった際に生成する着信音のトーンを指定する
⑨set profile	WT32の出荷時設定ではSPPのみがイネーブルされている．このコマンドで使用するプロファイルを追加する

図9-5 WT32のブート・メッセージと初期設定

リスト9-1 A2DP，AVRCP，HFPのプロファイルをイネーブルに変更する

```
①set reset
②set bt name WCA009
③set bt class 240438
④set bt auth *0000
⑤set bt power 4 4 4
⑥set control audio internal
                    internal
⑦set control cd 01 0
⑧set control ringtone
           6,gfgfgf__gfgfgf
⑨set profile a2dp sink
  set profile avrcp
                    controller
  set profile hfp on
  reset
```

/小文字を区別しないが，以下本章では入力するコマンド行はすべて小文字で表記する）．

setコマンドを引数なしで実行すると，現在の設定を表示します．set profileコマンドは使用するプロファイルを追加/削除したりできますが，この場合だけresetコマンドにより再起動する必要があります．

● iWRAPの設定を変更する

▶ A2DP，AVRCP，HFPをイネーブルに変更

iWRAPの出荷時設定では，SPPのみがイネーブルされています．設定を変更して，A2DP (Sink)，AVRCP (Controller)，HFP (HF Unit) の各プロファイルをイネーブルしてみましょう．リスト9-1に示す一連のsetコマンドを実行してください．最後にresetコマンドを実行することでiWRAPが再起動されます．これで，追加したプロファイルが機能するようになります．表9-2に簡単に追加した設定の意味を説明します．詳細はiWRAPのマニュアルを参照してください．

設定後のresetで再起動したら，再度setコマンドで設定を確認します．リスト9-2のような出力が得られるはずです．

リスト9-2　リスト9-1での設定変更が反映されているかをsetコマンドで確認する

```
set             ←  setコマンドを入力する
SET BT BDADDR 00:07:80:4b:bb:bc
SET BT NAME WCA009       ← 自局の名前：WCA009
SET BT CLASS 240438      ← デバイスのクラスを示す
SET BT AUTH * 0000
SET BT IDENT BT:47 f000 5.0.1 Bluegiga iWRAP
SET BT LAP 9e8b33           ペアリング時のピン番号
SET BT PAGEMODE 4 2000 1
SET BT POWER 4 4 4
SET BT ROLE 0 f 7d00
SET BT SNIFF 0 20 1 8
SET BT SSP 3 0
SET BT MTU 667
SET CONTROL AUDIO INTERNAL INTERNAL
SET CONTROL BAUD 115200,8n1
SET CONTROL CD 01 0      ← PIO0端子をHにする
SET CONTROL CODEC SBC JOINT_STEREO 44100 0
SET CONTROL ECHO 7
SET CONTROL ESCAPE 43 00 1
SET CONTROL GAIN 8 8
SET CONTROL MICBIAS b 0
SET CONTROL MSC DTE 00 00 00 00 00 00
SET CONTROL PIO 00 00
SET CONTROL PREAMP 1 1      着信音のトーン
SET CONTROL READY 00
SET CONTROL RINGTONE 6,gfgfgf__gfgfgf
SET CONTROL VREGEN 1 00
SET PROFILE A2DP SINK       ← A2DPとHFP,AVRCP
SET PROFILE HFP Hands-Free    のプロファイルが使える
SET PROFILE SPP Bluetooth Serial Port   ようになった
SET PROFILE AVRCP CONTROLLER
SET
```

● **実験1…スマホと接続する**

　上記の設定により，WT32はもうすでにペアリングを受け付ける状態にあります．スマホでデバイスを検索すると，WCA009という名前のBluetoothが見つかるので，それをタッチします．

　iPhone/iPadやAndroid携帯などではSSPがサポートされているので，ペアリングと接続が連続して行われます．SSPをサポートしない端末では，PIN番号の入力を求められるので"0000"を入力してください．

　図9-6はAndroid携帯をつないだ場合の例です．端末がWT32側でサポートしているプロファイルを調べて，自動的にHFP，A2DP，AVRCPでの接続を張ってきます．WT32の動作状況に応じて表示されるメッセージは，イベントと呼ばれます．上記のRINGやHFPのイベントでは，対応するリンク番号が一緒に通知されています．WT32側でlistコマンドを実行すると接続されたリンクに関する情報が表示され，リンク番号とプロファイルとの対応関係を確認できます．

● **実験2…音楽を再生する**

　A2DPのリンクが張れたら，端末側で音楽プレーヤを起動して音楽再生します．実験ボードに接続したヘッドホンから音楽が聞こえるはずです．音

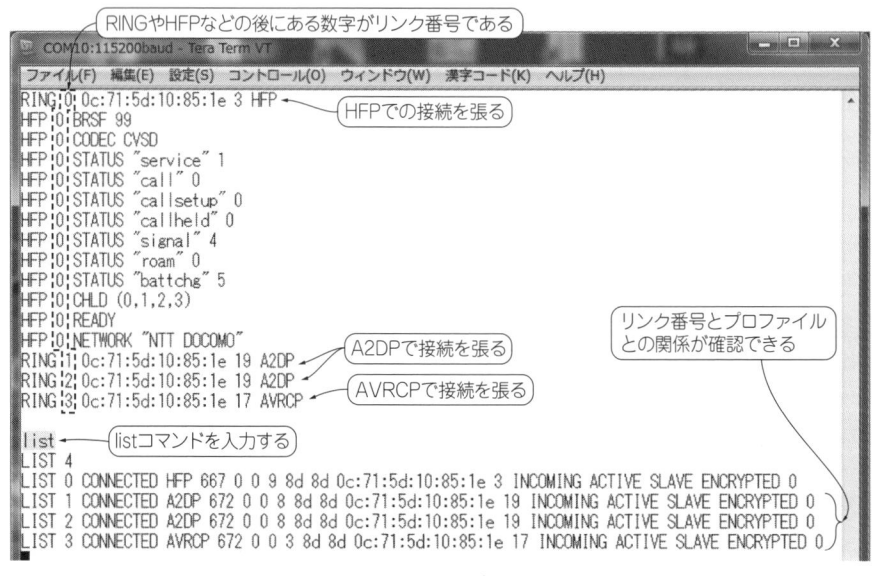

図9-6　Android携帯を接続したときの出力メッセージ

量が小さい場合には，図9-7のようにVOLUMEコマンドを使って音量を大きくします．音量値は0～15が指定できます．

図の例では3番のリンクにAVRCPが張られているので，AVRCPを使っての再生制御が可能です．

　　@3 avrcp pause

として3番のリンクにavrcpコマンドを送ると再生が停止します．同様に，

　　@3 avrcp play

とすれば，再生が再開されます．次のコマンドも試してみてください．

　　avrcp forward（曲送り．次の曲へ進む）
　　avrcp backward（巻き戻し．曲の先頭に戻る）

● 実験3…曲名やアーティストを表示する

音楽プレーヤ側がAVRCPのバージョン1.3以上に対応している場合は，再生中の曲に関する情報を表示できます．次の例では曲名とアーティストを表示しています．Bluetoothの文字コードはUTF-8なので，端末ソフトの漢字コード設定もUTF-8を選択してください．

　　@3 avrcp pdu 20 2 1 2
　　AVRCP GET_ELEMENT_ATTRIBUTES_
　　RSP COUNT 2 ARTIST "セシル・コルベル" TITLE "グッバイ・マイ・フレンド"

現時点ではiPhoneやiPadのようなiOS端末であればこの機能をサポートしています．Androidでは4.3以降バージョンでは標準でサポートされていますが，それ以前のバージョンではメーカや機種によっては対応していないものがあります．

曲名情報は，次の曲が始まったら表示を変更したいものです．このような要求に応えるために，AVRCPではトリガの設定機能が用意されています．

　　@3 avrcp pdu 31 2
　　AVRCP REGISTER_NOTIFICATION_
　　RSP INTERIM TRACK_CHANGED 0 0

このコマンドは再生中のトラックが変更されたことを通知します．トリガ設定を受け付けたことを示す"INTERIM"応答が返ってきます．曲の再生が最後まで進んだり，途中で曲送り操作をしたりして曲が変わると，

　　AVRCP REGISTER_NOTIFICATION_
　　RSP CHANGED TRACK_CHANGED 0 e2

というような"CHANGED"メッセージが出力されます．このメッセージを検出して曲情報を調べることで，次の曲名を表示できます．トリガの設定は通知により解除されるので，通常は再度トリガ設定を行い，次のトラック変更に備えます．

● 実験4…通話を試す

スマホを使った場合には，図9-5に示したようにA2DP，AVRCPとともにHFPの接続も張られています．このような状態では，音楽再生中であっても着信を検出して，それに応答できます．

図9-8では，HFPで始まる行がHFPに関連したイベント・メッセージです．最初にcallsetupにより着信が入っていることが示されます．続くCALLERIDメッセージにより，相手側の発信者番

図9-7　AVRCPによる音楽プレーヤ制御のようす

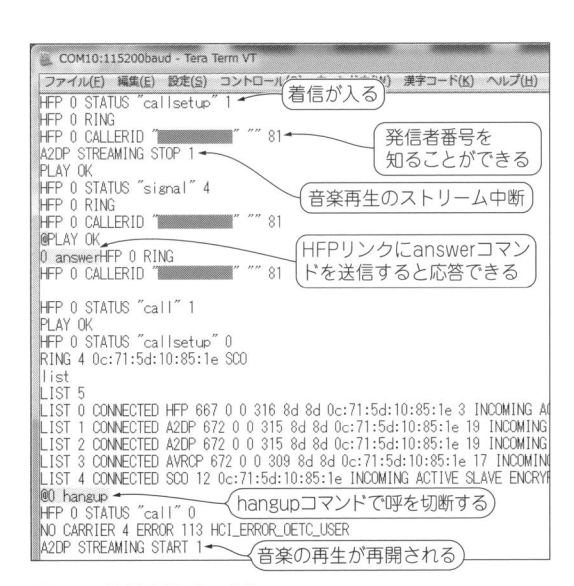

図9-8　着信応答時の動作

号が分かります．"A2DP STREAMING STOP"というメッセージは音楽再生のストリームを中断したことを示します．そして，音楽の代わりに先ほどSET CONTROL RINGTONEにより設定した着信音が再生されます．

着信は，WT32経由でも，

@0 answer

というHFPのリンクに対してanswerコマンドを送信することにより応答できます．行頭の@0はHFPのリンクに対してコマンドを送ることを指定しています．応答すると受話器を使って通話できます．SCO (Synchronous Connection Oriented) は音声通信用のリンクであり，通話中に使用されます．端末の仕様によっては，呼び出し中の着信音もSCOリンクを介して送られるものもあります．

同様に，

@0 hangup

で通話を終了して呼を切断します．通話が終了すると"A2DP STREAMING START"というメッセージが表示されて，自動的に音楽再生が再開されます．

● 実験5…入退室と連動してオーディオ再生する

前節では携帯端末側からBluetooth接続しましたが，今度はWT32側から携帯端末へ接続を開始してみましょう．

▶自動接続をする――autocall機能

iWRAPにはautocallという機能があり，ペアリング済みのデバイスが近くにないか調べて自動的に指定されたプロファイルでの接続を試みます．複数のデバイスがペアリング済みである場合には，デバイス検索をして最初に見つかったデバイスへ接続します．

しかし，iPhoneやAndroid携帯などのデバイスではセキュリティや消費電力への配慮から，通常はBluetoothのデバイス検索に応答しない設定になっています．この問題に対応するため，わざと保持するペアリング情報を1台分に制限します．こうすることで，autocall機能はデバイス検索せずに，常にペアリングされた唯一のデバイスに対して接続を試みます．具体的には，**リスト9-3**の設定を追加します．

設定を変更したら，スマホ側のBluetooth設定

リスト9-3 デバイス検索せずに，常にペアリングされた唯一のデバイスに対して接続を試みる設定を追加

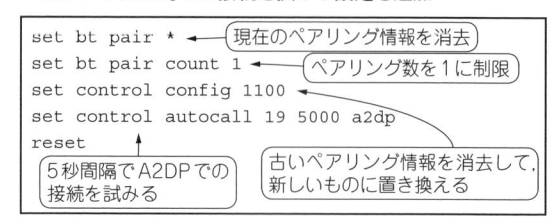

```
set bt pair *          ←現在のペアリング情報を消去
set bt pair count 1    ←ペアリング数を1に制限
set control config 1100
set control autocall 19 5000 a2dp
reset
```
5秒間隔でA2DPでの接続を試みる
古いペアリング情報を消去して，新しいものに置き換える

リスト9-4 Bluetooth機器が自動接続したことを検出し，音楽を再生する

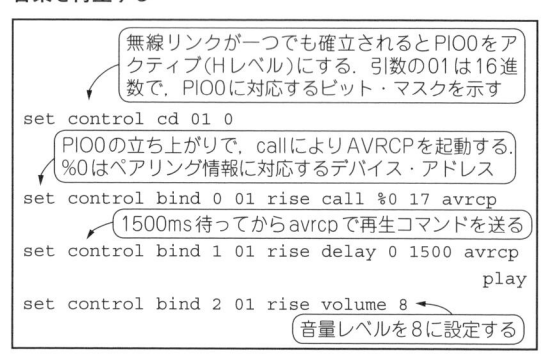

```
set control cd 01 0
set control bind 0 01 rise call %0 17 avrcp
set control bind 1 01 rise delay 0 1500 avrcp
                                            play
set control bind 2 01 rise volume 8
```
無線リンクが一つでも確立されるとPIO0をアクティブ(Hレベル)にする．引数の01は16進数で，PIO0に対応するビット・マスクを示す
PIO0の立ち上がりで，callによりAVRCPを起動する．%0はペアリング情報に対応するデバイス・アドレス
1500ms待ってからavrcpで再生コマンドを送る
音量レベルを8に設定する

のデバイス登録をいったん解除します．そして再度登録することで，ペアリングをやり直します．ペアリングが終わると，スマホとWT32の両者が互いに相手への接続を試みるので，接続が失敗したり，一部のプロファイルだけが接続されたりするかもしれません．その場合には，スマホ側から切断操作をしてみてください．しばらくすると，再度WT32側がA2DPの接続を起動します．スマホ側からBluetooth接続の切断操作を何度しても，WT32側が接続してくることが分かるでしょう．

▶自動接続後のアクションを設定する

ここまでの動作が確認できたら，いったんスマホ側のBluetoothの電源を切断して，WT32側でさらに**リスト9-4**のように設定を追加してみましょう．

これらの設定でautocallによって自動接続したことを検出し，それをトリガとして一連の操作をします．autocallでスマホへのA2DP接続に成功すると，set control cdコマンドの設定によりPIO0がHレベルに変化します．そして，続くbindコマンドがその変化を検出して，AVRCPを使ってスマホで音楽再生を開始させます．何度やっても音楽が再生されない場合には，delay時

写真9-4 キーパッドとLCDを持った拡張ボード

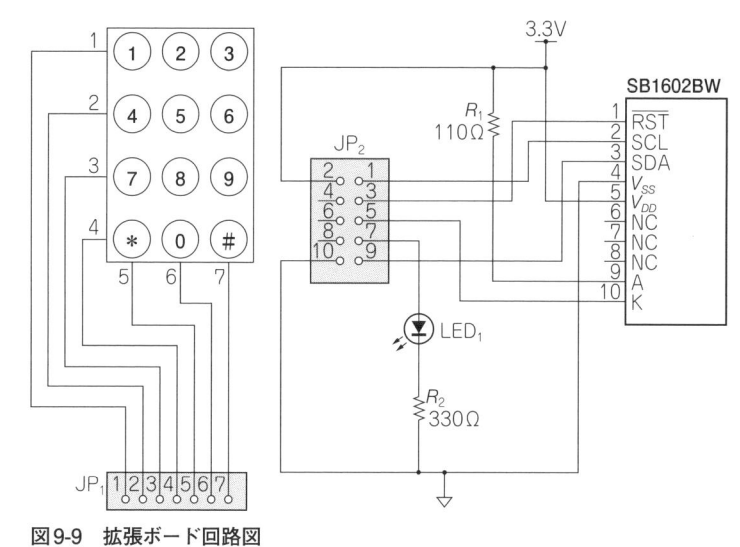

図9-9 拡張ボード回路図

表9-3 拡張ボードの部品表

品　名	型　番	入手先
両面ユニバーサル基板	AE-B2-TH	秋月電子通商
I^2C液晶 バックライト付き	SB1602BW	ストロベリー・リナックス
薄膜キーパッド(3x4)	KEYPAD-UM3X4	aitendo
青色チップLED	NSCB100	秋月電子通商
連結ピン・ヘッダ	SH-2x40SG (20) 6/11/3	秋月電子通商
抵抗 R_1	110Ω 1/6W	−
抵抗 R_2	330Ω 1/6W	−

間を調節してみてください．

　Avrcpコマンドを送る際には，本来であれば対象となるリンクの番号を指定する必要がありますが，上記の例では省略します．これは直前のcallコマンドによって作成されたAVRCPのリンクがデフォルトの対象リンクとなるためです．

　ところで，実験ボードのヘッドホン出力端子を自宅のアンプにつなげておけばどうなるでしょうか？ スマホのBluetoothをOnにした状態で帰宅して部屋に入ると，自動的にBluetoothの接続が確立され，スマホの音楽プレーヤが再生を開始するので，音楽がアンプにつないだスピーカから流れ出します．

　さらに，PIO0の出力でアンプ電源のOn/Offを制御することも可能でしょう．部屋から出ると，Bluetoothの無線リンクが切れてPIO0はLレベルに変化するので，これをトリガに電源を切断する

装置を外部に接続すればよいのです．アンプの電源だけでなく，室内照明などを入退室に連動してOn/Offすることもできます．

　これら一連の動作を実現するのに，マイコンやパソコンは必要ありません．WT32の設定を一度すれば，以後はWT32が自律的に動作してくれます．

9-3 ARMマイコンを使って制御する

　WT32ではPIO端子の利用により，ある程度の入出力制御を自律的に行えます．しかし，より複雑な入出力処理やデータ通信するには，やはりマイコンで制御する必要があります．

　ここでは写真9-4ならびに図9-9，表9-3に示す拡張ボードを，LPC1114FN28を介して接続する例を示し，そのソフトウェアについて説明します．

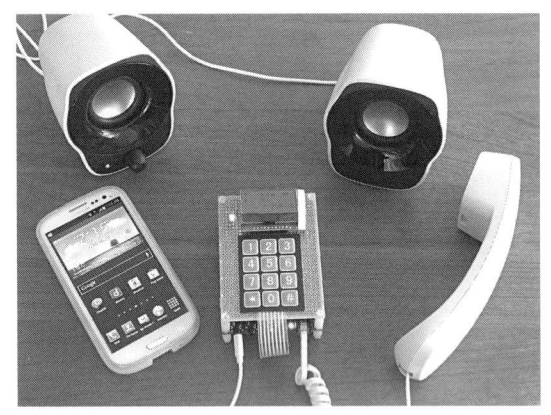

写真9-5 製作物…電話機の見た目と機能を持つ

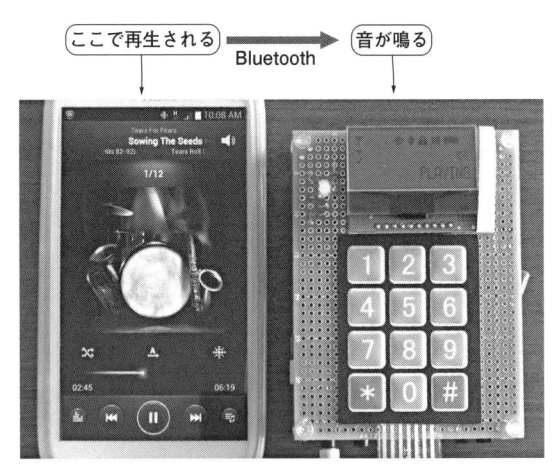

写真9-6 スマートフォン内の音楽データが実験ボードで再生される

表9-4 キーパッドに割り付けられた機能一覧

キー	無接続時	オンフック時	オフフック時(注2)
1	ブザー鳴動テスト	－	番号入力
2	－	音量増加	番号入力, 音量増加
3	MUXモード解除	－	番号入力
4	－	曲の始めへ(注1)	番号入力
5	－	－	番号入力
6	－	次の曲へ(注1)	番号入力
7	－	少し戻す(注1)	番号入力
8	－	音量減少	番号入力, 音量減少
9	－	早送り(注1)	番号入力
*	長押しでペアリング受け付け	オフフック長押しでSPP以外の接続切断	オンフックダイアル中は一文字削除
0	最後に接続したデバイスにA2DP接続	再生/ポーズ	番号入力
#	長押しでDeep power-down	－	ダイアル中は発呼開始通話時, 長押しで切断

注1 AVRCP接続がある場合にのみ機能
注2 非通話時には番号入力, 通話時には, MODEスイッチ操作によりキーパッド・モード選択時にはDTMF音を送出

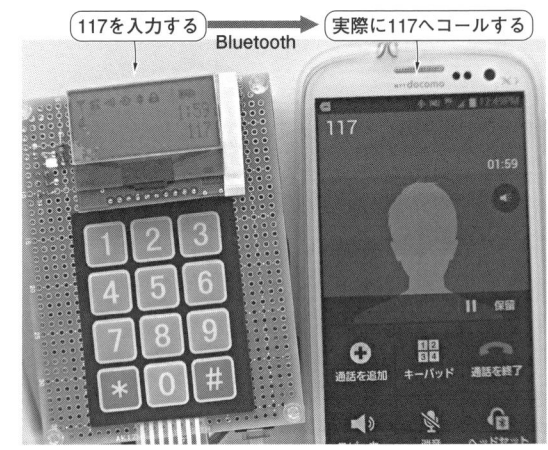

● 機能概要

　試作した拡張ボードは電話キーパッドとLCD表示器を持ち, 簡易的な電話機の外観と機能を備えます(写真9-5). 実験ボードと拡張ボードはマイコンのソフトウェアにより, 次のような機能を実現します.

▶キーパッド入力

　3×4のマトリックスで構成されるキーパッドは

写真9-7 拡張ボードでダイヤル入力した番号をスマホから発信する

マイコンの七つのGPIO端子と接続され, ソフトウェアにより各キーをデコードします. 使用したキーパッドは裏側がシールになっており, 基板に貼り付けて使用しています.

　キー操作により電話の発着信を操作するだけでなく, AVRCPを用いての音楽プレーヤの再生操作やヘッドホンの音量調節もできます(写真9-6).

　各キーは, 表9-4に示すように状態によって異なる機能を持ちます. 相手端末とペアリングをする際には, *を長押しして, ペアリングを受け付ける状態にしてから相手端末を操作してください.

　電話の発呼のためには, まず*を押して, オフフックしてから電話番号を入力します. 桁間タイ

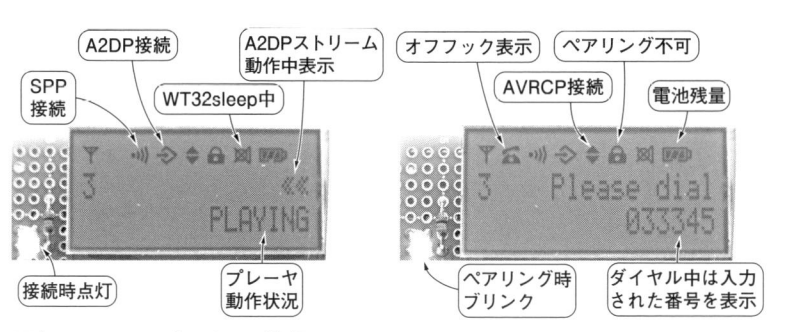

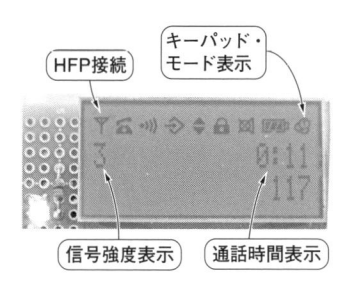

写真9-8 LCDに表示される情報

(写真中のラベル)
- SPP接続
- A2DP接続
- WT32sleep中
- A2DPストリーム動作中表示
- オフフック表示
- AVRCP接続
- ペアリング不可
- 電池残量
- HFP接続
- キーパッド・モード表示
- 接続時点灯
- プレーヤ動作状況
- ペアリング時ブリンク
- ダイヤル中は入力された番号を表示
- 信号強度表示
- 通話時間表示

表9-5 マイコンと接続するときのスイッチ設定

JP5, JP6	シリアル選択ジャンパ	四つのジャンパをNormあるいはLPCの位置に配置
JP8	ブート選択ジャンパ	オープンに設定する（ショートはROMブートのみ）

表9-6 リチウム・ポリマ電池を接続する場合のスイッチ設定

JP9	電源イネーブル	1－2間をショートし，PIO端子で制御する
JP10	電源選択ジャンパ	2－3間をショートし，LiPo電池を選択する
S4	充電イネーブル	Onとし充電機能を使う

マがタイムアウトするか，番号入力の終わりを示す#を入力することで発呼を開始します．着信時には，任意のキーを押すことで応答します．＊押下，または#の長押しで切断します（**写真9-7**）．

▶ LCD 表示

使用したLCD SB1602BWは，I²Cで接続できる16文字×2行のキャラクタ液晶モジュールです．**写真9-8**のように，LCDは最上部にあらかじめ用意された9種類のアイコンを表示する機能を持ち，各プロファイルの接続状況や電池残量を示します．

文字表示部分には，状態に応じて音楽再生状態，ダイヤル番号，発信者番号，通話時間が表示されます．音楽再生状態については，端末のサポートするAVRCPの機能によっては表示されない場合があります．使用したLCDのアイコン表示機能ではアンテナの本数を変えられないため，信号強度は数字で示しています．

LCDの左側に配置したLEDはBluetooth接続の有無に応じて点灯/消灯します．また，ペアリング受け付け時には点滅します．このLEDはWT32のPIO端子につながっており，WT32に送るblinkコマンドにより，点灯/明滅/消灯を制御しています．

▶ 圧電ブザーとLCDバックライト

実験ボード上の圧電ブザーはLPC1114の32ビット・タイマのPWM出力端子につながっており，着信音やビジー音を鳴らします．この信号はLCDのバックライト制御も兼ねていて，着信音に合わせてバックライトが明滅します．

▶ マルチ・プロファイルのサポート

HFP，A2DP，AVRCPのプロファイルに加えて，SPPでの接続機能を持たせました．SPPによりパソコンやスマホからの端末接続を受け付け，WT32の設定変更やイベント・メッセージを表示します．

WT32はA2DPとHFPの協調動作を自動的に処理するので，音楽再生中に着信や発信があると，再生を一時停止し，通話終了後に再生を再開します．

● 設定
▶ ジャンパ設定

マイコンを使用する際には，**表9-5**に示すようにジャンパを設定します．通常動作時には，シリアル接続選択ジャンパJP5，JP6をNormの位置に設定することでLPC1114とWT32を接続し，ブート選択ジャンパJ8はオープンにして通常動作モードにします．

マイコンへの書き込みはSWD（シリアル・ワイヤ・デバッグ）または，シリアル経由で行います．シリアル経由で書き込む場合には，シリアル選択

ジャンパをLPCの位置に設定し，ブート選択ジャンパをショートして電源を入れることでROMブートで起動します．シリアル経由での書き込みツールとしては，Flash Magicが利用できます．

通常動作時にはFT230XによるUSBシリアル接続はWT32から切り離されているので，USBを介してのWT32の設定変更はできません．しかし，最低限の設定をしておくことで，SPP接続を介して設定を変更できます．

リチウム・ポリマ電池を接続した場合には，表9-6のようにジャンパを設定します．USBコネクタを接続すると電池を充電できます．充電中はCharge LEDが点滅し，充電が完了すると消灯します．

▶ フレーム形式で通信するMUXモード

HFP，A2DP，AVRCPを使った場合には

WT32が出力するイベント・メッセージの内容から，どのプロファイルに対応するメッセージであるかを区別できました．しかし，SPPを使う場合には，SPPで送受されるデータ通信の内容も同じシリアルUARTで送受されるために，無手順の通信では複数のプロファイルの区別ができません．そのため，WT32にはMUXモードというフレーム形式を用いることで多重化できる通信方式が用意されています．

MUXモードは通常の無手順モードから，

　　set control mux 1

を実行することで遷移します．MUXモードでは図9-10に示すフレーム形式で通信され，リンク番号によって後に続くデータがどのリンクに対応するかを区別できます．WT32に直接送信するコマンドならびにその応答イベントの場合には，リンク番号255（0xFF）が使用されます．

MUXモードに遷移すると"READY"という応答が返ってきますが，この応答も図9-11に示すようにフレーム形式で返ってくることに注意してください．この例では，SPP（RFCOMM）での接続が入り，相手側から"hello"という文字列を受信した後に切断された場合を示しています．"hello"のメッセージがリンク番号0のリンクから受信されていることが分かります．この例の最後に示したように，MUXモードから抜けて通常モードに戻るためにはフレーム形式でのコマンド送信が必要となります．

SOF	LINK	FLAGS	LENGTH	DATA	nLINK
8ビット	8ビット	6ビット	10ビット	0〜1023バイト	8ビット

名前	意味	値
SOF	フレームの始まりを示す	0xBF
LINK	リンク識別番号	制御リンクは0xFF
FLAGS	フラグ	0x00
LENGTH	データ長	—
DATA	データ	—
nLINK	リンク識別番号（0xFFでXORした値）	—

図9-10 MUXモードのフレーム形式

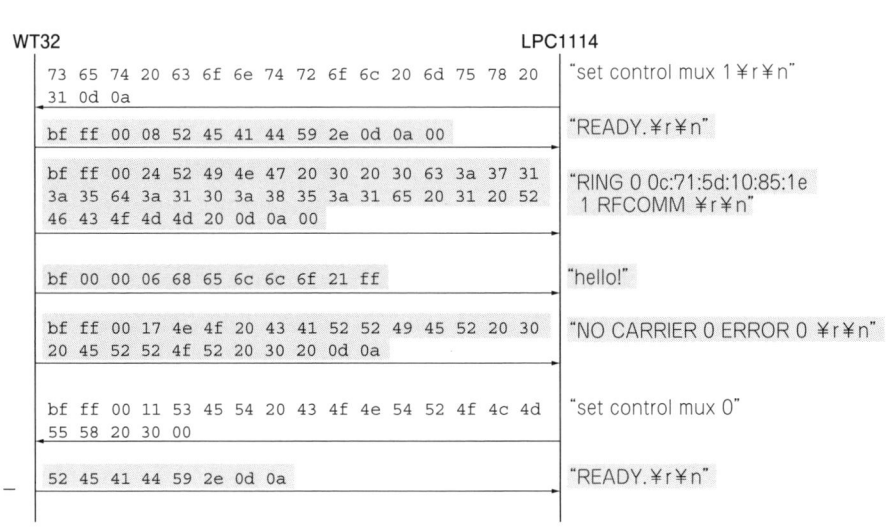

図9-11 MUXモードを用いた通信例
網の部分はMUXモードの送受信を示す

```
WT32                                              LPC1114
73 65 74 20 63 6f 6e 74 72 6f 6c 20 6d 75 78 20   "set control mux 1¥r¥n"
31 0d 0a

bf ff 00 08 52 45 41 44 59 2e 0d 0a 00            "READY.¥r¥n"

bf ff 00 24 52 49 4e 47 20 30 20 30 63 3a 37 31   "RING 0 0c:71:5d:10:85:1e
3a 35 64 3a 31 30 3a 38 35 3a 31 65 20 31 20 52    1 RFCOMM ¥r¥n"
46 43 4f 4d 4d 20 0d 0a 00

bf 00 00 06 68 65 6c 6c 6f 21 ff                  "hello!"

bf ff 00 17 4e 4f 20 43 41 52 52 49 45 52 20 30   "NO CARRIER 0 ERROR 0 ¥r¥n"
20 45 52 52 4f 52 20 30 20 0d 0a

bf ff 00 11 53 45 54 20 43 4f 4e 54 52 4f 4c 4d   "set control mux 0"
55 58 20 30 00

52 45 41 44 59 2e 0d 0a                           "READY.¥r¥n"
```

図9-12 SPPを介したコマンドの実行

図9-13 Android携帯からS2 Bluetooth Terminalというアプリを用いてSPPで接続したようす

リスト9-5 マイコンと拡張ボードを利用する際のWT32の設定

SPP接続のためにMUXモードに設定する必要があるが，マイコンのソフトウェアにより実行されるため，今回は省略している

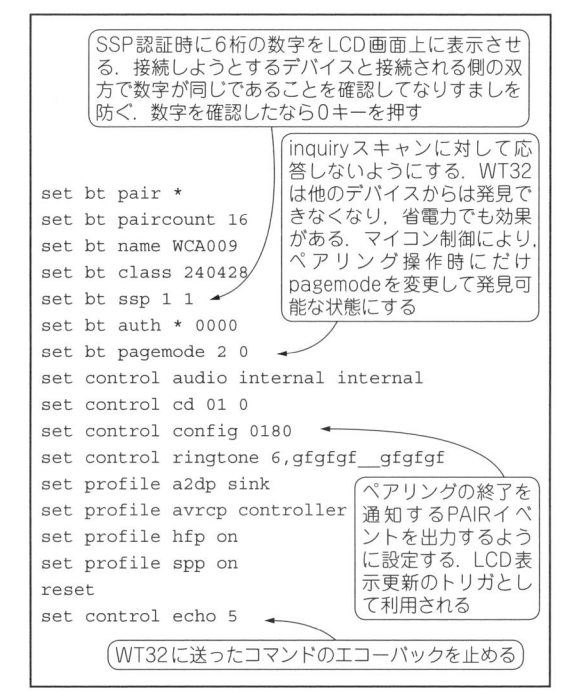

```
set bt pair *
set bt paircount 16
set bt name WCA009
set bt class 240428
set bt ssp 1 1
set bt auth * 0000
set bt pagemode 2 0
set control audio internal internal
set control cd 01 0
set control config 0180
set control ringtone 6,gfgfgf__gfgfgf
set profile a2dp sink
set profile avrcp controller
set profile hfp on
set profile spp on
reset
set control echo 5
```

- SSP認証時に6桁の数字をLCD画面上に表示させる．接続しようとするデバイスと接続される側の双方で数字が同じであることを確認してなりすましを防ぐ．数字を確認したなら0キーを押す
- inquiryスキャンに対して応答しないようにする．WT32は他のデバイスからは発見できなくなり，省電力でも効果がある．マイコン制御により，ペアリング操作時にだけpagemodeを変更して発見可能な状態にする
- ペアリングの終了を通知するPAIRイベントを出力するように設定する．LCD表示更新のトリガとして利用される
- WT32に送ったコマンドのエコーバックを止める

表9-7 今回のソフトウェアで使用した四つのタスクと周期ハンドラ

void pio_task ()	PIO端子からの状態変化割り込みを処理することで，キーパッドのデコードを行う．デコード結果に応じたイベント・メッセージを送信
void wt32_task ()	WT32から受信したメッセージをデコードし，その結果に応じたイベント・メッセージを送信
void tone_task ()	着信音，ビジー音をPWMを使って生成するタスク
void phone_task ()	イベント・メッセージを受信して，それに応じた処理を行う
void TimerTickFunc ()	1ms周期で呼ばれるハンドラ．各種内部タイマを処理する

▶マイコンのソフトウェアを用意すれば，SPP経由で設定が変更できる

MUXモードを用いることで，複数のデータリンクを区別してホストと通信できます．この機能により，複数のホストとSPPのリンクを張って通信できます．ここでは，MUXモードを利用してWT32の設定をSPP経由で変更するための処理について考えてみます．

SPPリンク経由で入力されるデータを，WT32に対するコマンド文字列であると想定すれば，これを実行するためには，図9-12に示すようにSPP経由で受信した文字列を制御リンクである255番のリンクに送り返せばよいことになります．同様に，制御リンクから受信した文字列は，WT32からの応答メッセージやイベント・メッセージなので，これをSPPのリンクに送信します．このようにマイコン経由でSPPと制御リンクの二つのリンクの通信をリレーすることで，SPP経由でWT32

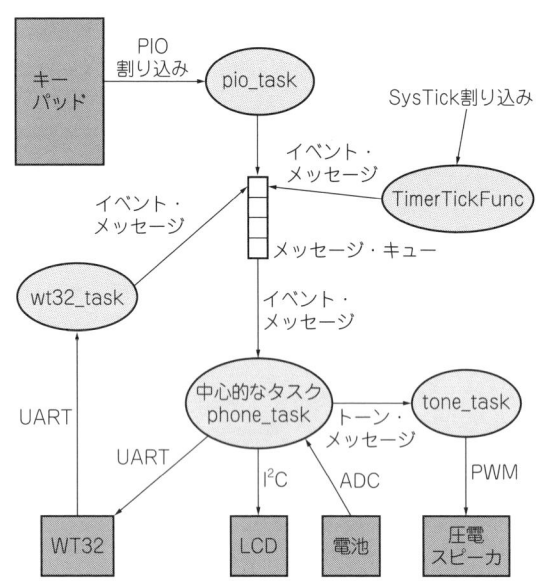

図9-14 キューを介してメッセージの送受信をする各タスクの動作

を設定し，動作状況をモニタできます．

図9-13にAndroid携帯からS2 Bluetooth Terminalというアプリを用いてSPPで接続したようすを示します．パソコンとシリアル接続したときと同じように，コマンドの送信とその応答表示が確認できます．

▶ WT32の設定

SPPで接続することを踏まえて，マイコンと拡張ボードを利用する際のWT32の設定は**リスト9-5**のようにしました．

● ソフトウェアの構成

マイコンのソフトウェア開発には，Rowley Associates社のCrossWorks for ARMならびに同社のマルチタスク・ライブラリCTLを使用しました．ソフトウェアは次の四つのタスクと周期ハンドラから構成されるマルチタスク構成としています（**表9-7**）．

各タスクはキューを介してメッセージの送受信をしながら動作します（**図9-14**）．phone_task()が全体の動作を司る中心的タスクです．ほかのタスクや周期ハンドラがキューに送信したイベント・メッセージを受信して，必要な処理をしながら，LCD表示の変更やブザー鳴動などを処理します．

TimerTickFunc()はCortex-M0のSysTick割り込みから呼ばれるハンドラであり，ソフトウェア的に実現している各種内部タイマを処理します．電池電圧の確認はWT32のコマンドを用いても調べられますが，本機ではLPC1114のADCを用いて調べることとしました．

全体の処理にはそれほどCPUパワーを必要としないので，LPC1114は内蔵RC発振器で生成した12MHzで動作させます．

● 省電力化のための処理

電池駆動で使用する場合には，できるだけ消費電流を少なくすることも重要です．製作したソフトウェアでは，次のような省電力化を図っています．

▶ 1. マイコンの電力管理機能を使う

LPC1114では，消費電力を低減するために，sleep，deep sleep，deep power-downの三つの低消費電力モードが用意されています．状況に応じて適宜これらのモードに入ることにより，消費電力を抑制します．

・実行可能なタスクがない時には，WFI命令を実行してLPC1114をsleepさせる
・無線リンクが存在しない状態で60秒が経過した場合には，deep sleepする
・無線リンクが存在しない状態で#キーを長押しした場合には，deep power-downする

▶ 2. WT32の消費電力を抑制する

WT32に対して指示コマンドを送出して消費電力を抑制できます．

・シリアル通信が10秒間なかったら，WT32にsleepコマンドを送る
・ペアリング受付時にのみWT32をほかのデバイスから発見可能とし，通常時にはほかのデバイスからは見えない状態とすることで通常時の消費電力を抑制する
・マイコンがdeep sleepあるいはdeep power downに入る際には，WT32のVREGENA端子をLレベルに落としてWT32の動作を完全に停止する

▶ 3. LCDの表示を止める

マイコンがdeep sleepあるいはdeep power downに入る際には，LCDの表示も止めます．

WT32はsleepコマンドによってsleep状態に遷移しますが，マイコンとの通信が発生した場合には，自動的にsleep状態から復帰します．

LPC1114のsleep状態からは任意の割り込みの発生によって復帰できるので，特別な復帰処理は必要ありません．deep sleep状態からはキーパッドのいずれかのキーを押すことで復帰させています．キーパッドのつながるGPIO端子を用いてWakeup割り込みを発生させることで復旧を検出し，WT32のVREGENAとLCD表示を戻します．

deep power-down状態では，WAKEUP端子を除くすべての端子がハイ・インピーダンス状態となり，復帰のためにはWAKEUP端子の変化をトリガとする必要があります．本機では，WAKEUP端子につながるMODEスイッチを押すことで復帰します．deep power-downから復帰した際にはリセットがかかりますが，リセット要因を判別することで，deep power-downからの復帰かどうかを区別できます．

参考文献

(1) iWRAP5 User Guide, Bluegiga Technologies, Aug 2012.
(2) WT32 Data Sheet, Bluegiga Technologies, Jan 2012.
(3) マルチBluetoothヘッドフォン・プレーヤの試作，大野俊治，トランジスタ技術2011年9月号．
(4) Bluetooth特集，Interface 2013年5月号．
(5) http://www.flashmagictool.com

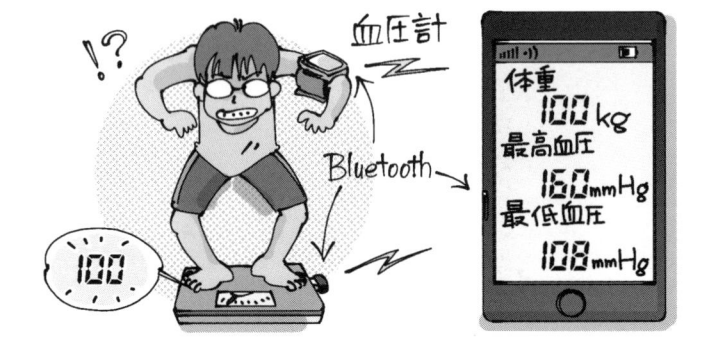

第4部 Bluetoothドングル活用事例

第10章

低消費電力&短時間接続！

BLE4.0対応！
I/Oアダプタ基板&ファームウェア

使用するプログラム：10_Sample Program

辻見 裕史

写真10-1は，Bluetooth 4.0 LE（Low Energy）モードを備えたUSBドングルとPICマイコンを使って製作したI/Oアダプタです．パソコンとの間で低消費電力無線通信が可能で，電池で動きます．

今回，LEモード用のファームウェア（簡易「プロトコル/プロファイル」）を開発しました．図10-1に示すように，パソコンから文字列を送ると，最初の1文字だけが変化した文字列がI/Oアダプタから返ってきます．

10-1 こんなふうに使える

● 応用1…RS-232-Cケーブルが不要になる

図10-2（a）に示すように，PICマイコンの入出力（I/O）端子で制御できるもの，例えば，LEDや温度センサ，モータ，USBメモリ，音声処理，RS-232-C機器，GP IB機器など，これらがすべてパソコンから無線で制御できるようになります．

● 応用2…自作の装置にワイヤレス入力機能をアドオンできる

図10-2（b）のように，スイッチなどを付加してPICマイコン用のファームウェアに少し手を加えると，マウスやキーボード，ジョイスティックなどのBluetoothデバイスを自作できます．

● 応用3…スマホと一緒に持ち歩けばいつでもどこでもI/O

図10-2（c）のように，PIC用のファームウェアを改造すると，I/OアダプタはiPadやiPhone，アンドロイド携帯などと低消費電力で無線接続できます．

10-2 回路とキーパーツ

図10-3に，I/Oアダプタの回路図を示します．コネクタ類を含めても10個ちょっとの部品で作ることができます．

● 低消費電力規格Bluetooth 4.0対応！
　LEモード搭載のUSBドングル

市販のドングルは，大別して次の2種類あります．
(1) 従来のBluetooth 2.1/3.0＋EDRのドングル
　　[写真10-2（a），（b）]（1,000円程度）
(2) Bluetooth 4.0のドングル[写真10-2（c），（d）]
　　（1,500円程度）

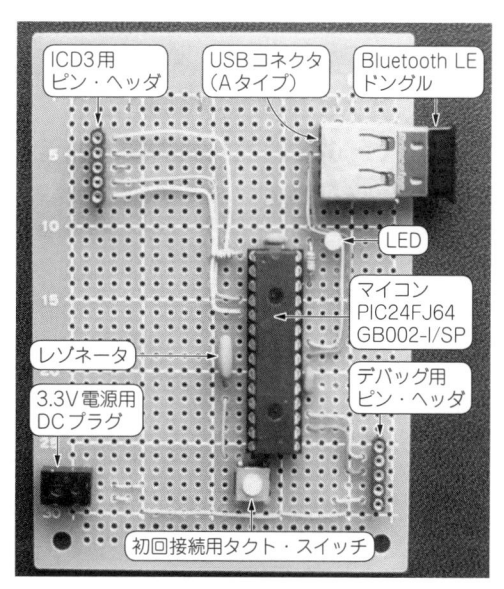

写真10-1 PICマイコンとBluetooth LEドングルで作った汎用I/Oアダプタ

第4部　Bluetoothドングル活用事例

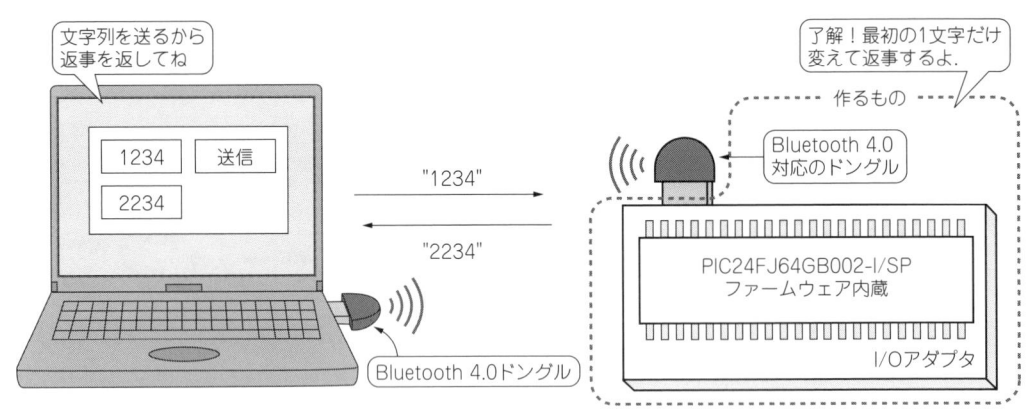

図10-1　製作したI/Oアダプタのシステム構成
Bluetooth 4.0 ドングルを低消費電力モードで使用し，パソコンとPIC汎用I/Oアダプタ間で無線接続を実現する

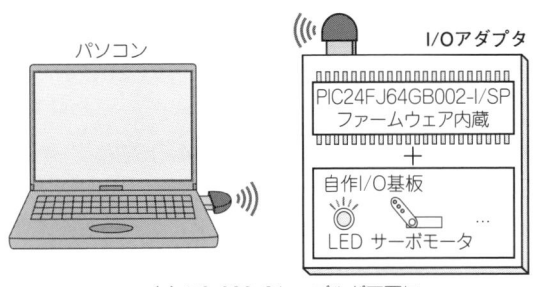

(a) RS-232-Cケーブルが不要に…

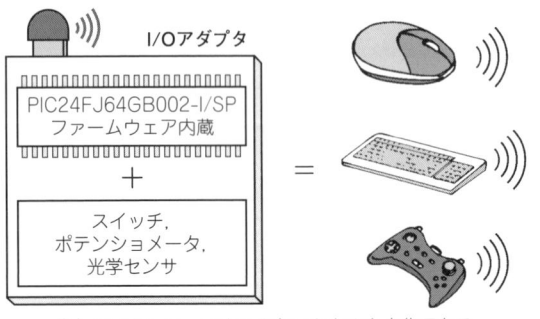

(b) ワイヤレス・マウスみたいなものを自作できる

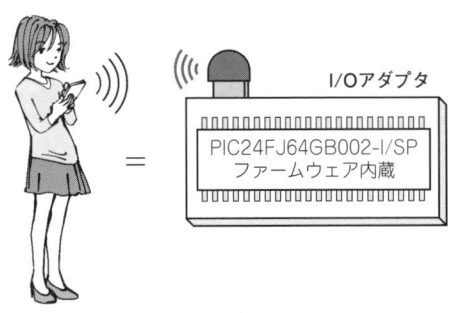

(c) スマホでどこでもI/O！

図10-2　製作したI/Oアダプタの使い道

いずれのドングルも，BR/EDR（Basic Rate/Enhanced Data Rate）モードに対応しています．Ver.4.0のドングルには新たにLE（低消費電力）モードが付加されています．両者のおおまかな違いはデータ転送レートです．(1)は最大で約2000kbps（BR）/3000kbps（EDR）と高速ですが，(2)は低消費電力化を実現するためにデータ転送レートを犠牲にしているので，最大で約300kbpsとかなり遅くなっています．

LEモードはBR/EDRモードのバージョン・アップではありません．両モード間には互換性がないので，LEモードで無線通信を行うためには，送受信側ともBluetooth 4.0に対応しているドングルが必要です．

▶ LEモード専用のファームウェアは自作しなきゃいけない

ファームウェアの観点からは，LEモード専用のプロトコル/プロファイルを新たに開発する必要があります．LEモードの特徴はもちろん低消費電力にありますが，短時間接続を可能にしたということでも注目を集めています．

BR/EDRモードでは，パソコンに接続できるBluetooth機器は7台まででしたが，LEモードではほぼ制限がなくなりました．

準拠したプロファイル（プロトコルの使用手順）はHOGP（HID over GATT Profile）で，これはUSBマウスやUSBキーボードなどの有線機器で有名なHID（ヒューマン・インターフェース・デバイス）クラスのBluetooth 4.0 LEモード版です．

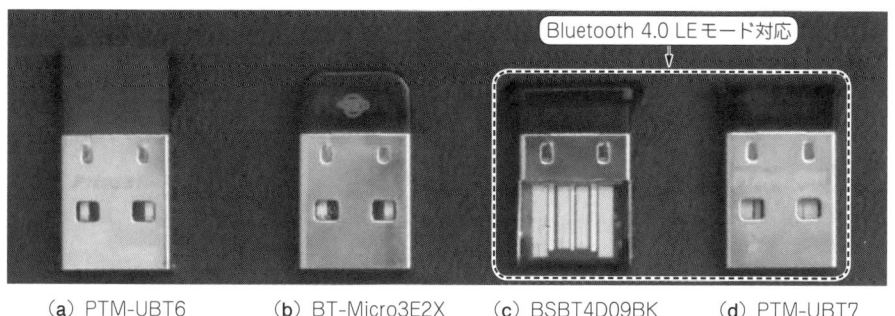

(a) PTM-UBT6
（プリンストン
テクノロジー）

(b) BT-Micro3E2X
（プラネックスコミュ
ニケーションズ）

(c) BSBT4D09BK
（バッファロー）

(d) PTM-UBT7
（プリンストン
テクノロジー）

写真10-2　Bluetoothドングルの外観

　LEモード対応のUSBドングルには，**写真10-2(c)**のBSBT4D09BK（バッファロー）または，**写真10-2(d)**のPTM-UBT7（プリンストンテクノロジー）などがあります．

　I/Oアダプタに使用するドングルは，Bluetooth4.0のものであれば問題ありません．ドングルに付いてくるBluetoothプロトコル・スタック"Harmony"（CSR社）をパソコン側で使うので，I/Oアダプタ用とパソコン用に合計2個入手します．

● マイコン

　I/Oアダプタには，LEモード用のファームウェアを書き込んだPICマイコン（PIC24FJ64GB002-I/SP）を搭載しています．

　このPICマイコンは，次の二つの理由により採用しました．

コラム1　ドングルを動かすにはUSBホスト機能付きマイコンが必要

　図10-Aに示すように，USB接続では1台のホストが多数のデバイスと直接またはハブ（HUB）を介して間接的につながる形態をとります．ワンマン社長のように，ホストがすべての通信を取り仕切るので，ホストは自分につながっているすべてのデバイスを識別（区別）しなければなりません．

　ホストは各デバイスを，デバイスの固有番号であるVID（ベンダ識別：2バイト）とPID（プロダクト識別：2バイト）で管理します．前者は会社名で，後者は製品番号です．会社名が違えば，製品番号が同じでもかまいません．

　このように，USB接続はワンマン社長が通信を取り仕切る仕様なので，デバイス同士の通信はできません．したがって，USBデバイス機能を持つ定番マイコン PIC18F2550やPIC18F4550は，USBデバイスであるドングルとは通信できません．

　ドングルと通信するためには，ホスト機能を持つマイコンが必要です．ホスト機能をもつ1部のマイコンには，USB 2.0 OTGと明記されています．他にも多くのマイコンが使用できますが，手軽に使用できるものとしてはPIC24FJ64GB002-I/SPがお勧めです．

図10-A　USBホストとUSBデバイスの関係

(1) ドングルを制御するために必要なUSBホスト機能をもっている(**コラム1**を参照)
(2) 手配線が容易なDIPパッケージ(Dual In Line Package)である

● 電源や発振子

電源には3.3Vの超小型スイッチングACアダプタ(GF12-US03320)を用いていますが，アルカリ乾電池を2本用いてもかまいません．4MHzの外部クロックには，レゾネータ(コンデンサ内蔵タイプのセラミック発振子)を使います．PIC24FJ64GB002-I/SPはクロックを内蔵していますが，安定性の観点からは使用しないほうがよいでしょう．レゾネータでさえUSBのスペックを満たしていないので，もし気になる場合は水晶振動子または水晶発振器を使ってください．

● PICマイコンにファームウェアを書き込む

開発したPIC用のファームウェアは，"Microchip Application Libraries" に含まれている "USB Host-MCHPUSB-Generic Driver Demo" を元にして作っています．また，ファームウェアをコンパイルするために，"MPLAB IDE" と "MPLAB C Compiler for PIC24 and dsPIC" をパソコンにインストールします．

これらは，マイクロチップ・テクノロジーのウェブ・サイト[1]からダウンロードできます．また，ファームウェアをPICマイコンに書き込むために，同社のインサーキット・デバッガICD3を使用しています．

ICD3は，**図10-3**に示した回路図中J₁と書いたピン・ヘッダに接続します．同社のPICkit3でも書き込み可能だと思いますが，確かめてはいません．

ファームウェアは，tsujimi.zipを解凍すると出てくるPICフォルダに入っています．フォルダの中のgeneral.mcwをダブルクリックすると，MPLAB IDEが起動するので，ファームウェアをビルドした後に，それをPICマイコンに書き込みます．

10-3 動かしてみる

次の手順により，Bluetooth 4.0ドングルを低消費電力モードで動作させて通信できます．

■ 手順1：パソコンにBluetoothプロトコル・スタックをインストール

OSが，Windows 7 ProfessionalかWindows 8 Proのパソコンを用意します．HarmonyのLEモードは，Windows 7/8での他のエディションやWindows Vistaでも動作するようですが確かめてはいません．また，HarmonyのLEモードは，Windows XPには対応していません．Bluetoothモジュールを内蔵しているパソコンの場合は，電源をいったん切って無効化してください．ドングルに付いてくるCDに入っているCSR社の

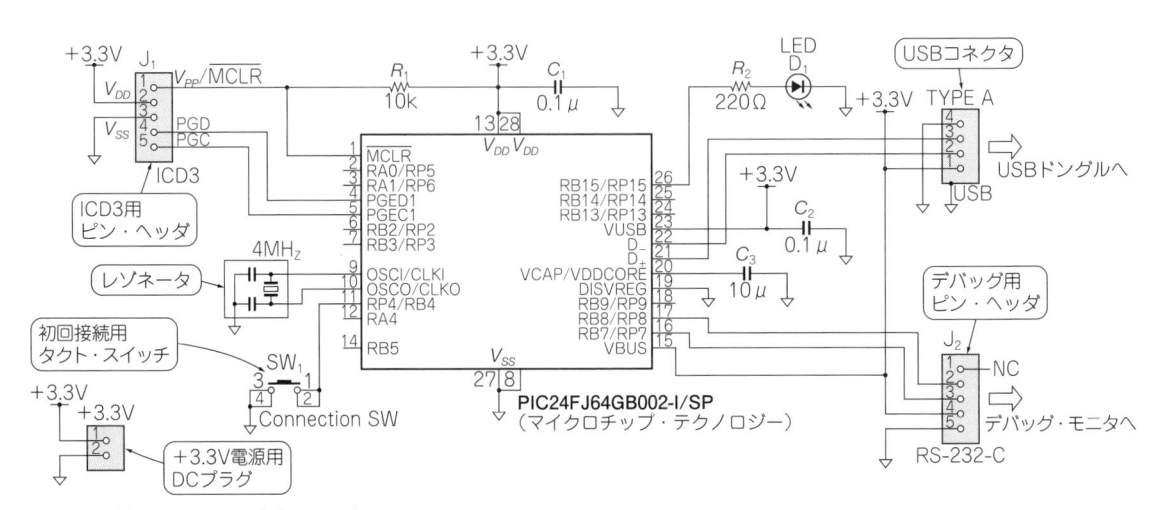

図10-3 製作したI/Oアダプタの回路図

Bluetoothプロトコル・スタック"Harmony"をパソコンにインストールします.

■ 手順2：パソコンとI/Oアダプタを無線で接続する

● 1回目の接続
▶ステップ1
　パソコンのUSBコネクタにドングル（上記2社のいずれかのドングル）を差し込むと，Windowsのタスク・バーにCSR Bluetoothアイコンが現れるので［図10-4（a）］，それをダブルクリックします.
▶ステップ2
　パソコンにマイBluetoothデバイス・ウィンドウが現れたら，I/Oアダプタのタクト・スイッチ（図10-3の回路図のSW₁）を押しながら，I/Oアダプタの電源を入れます.

　タクト・スイッチは，電源投入から2，3秒経過した時点で離してもかまいません．メニューから「デバイスを追加」を選択し，「キーボード/マウス」または「すべて」をマウスでクリックします［図10-4（b）］.
▶ステップ3
　I/Oアダプタが見つかると「YTK-LE」なる名前のキーボード・アイコンが現れるので［図10-4（c）］，それをダブルクリックします（Harmonyには，一般的なHIDに対応するアイコンは用意されていない）.
▶ステップ4
　接続が完了すると，「Bluetoothデバイスが正常に接続されました」と知らせるウィンドウが現れるので，そこにある［完了］ボタンを押します［図10-4（d）］.

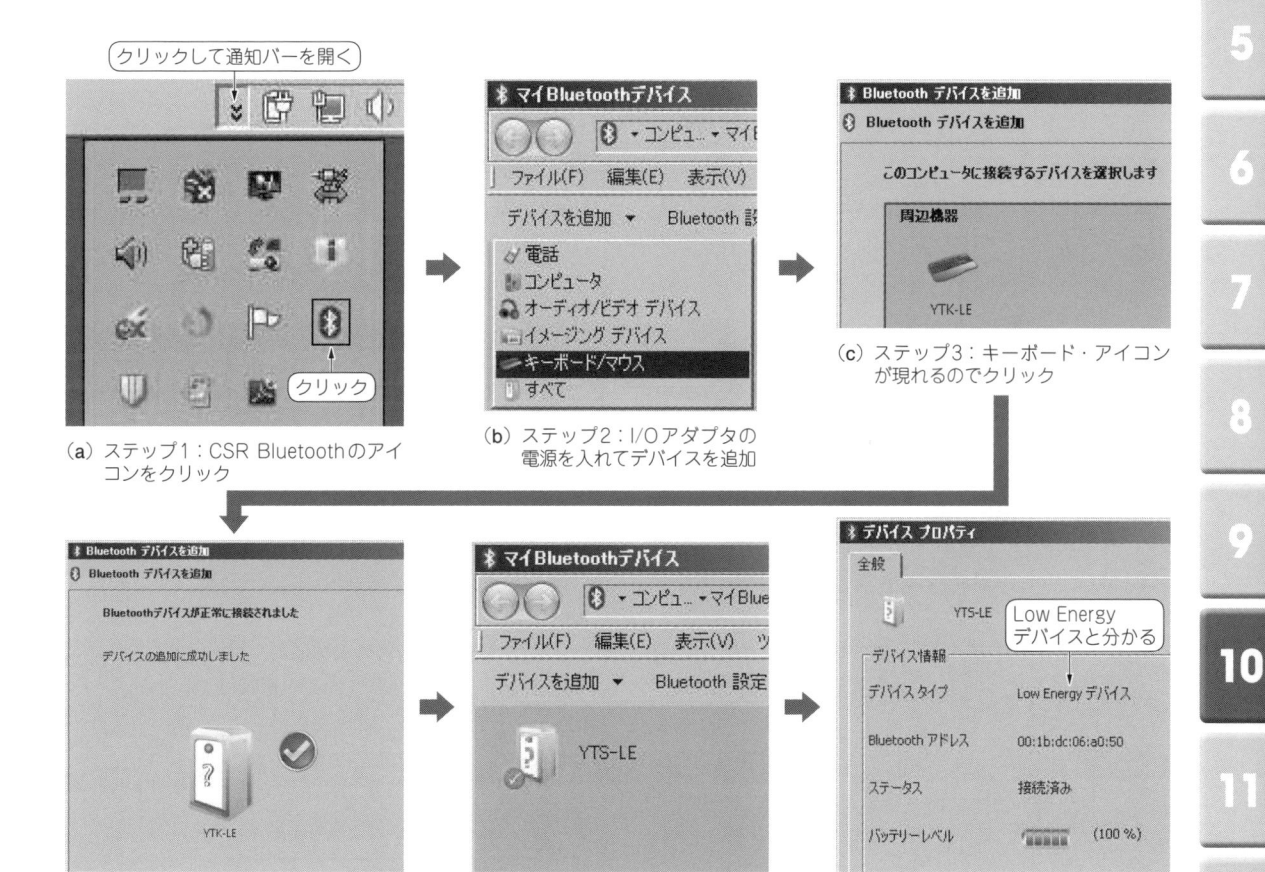

（a）ステップ1：CSR Bluetoothのアイコンをクリック

（b）ステップ2：I/Oアダプタの電源を入れてデバイスを追加

（c）ステップ3：キーボード・アイコンが現れるのでクリック

（d）ステップ4：接続完了

（e）ステップ5：接続の完了

（f）ステップ6：Low Energyと認識！

図10-4　パソコンにBluetooth通信機能をセットする
Bluetoothプロトコル・スタック"Harmony"の画面

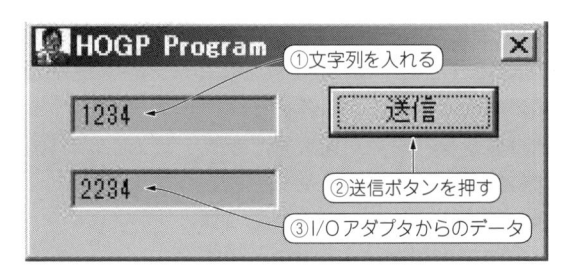

図10-5 パソコン用アプリケーション・ソフトのダイアログ・ウィンドウ

▶ステップ5

「YTS-LE」アイコンが現れ，接続されたことが確認できます［図10-4（e）］．接続が完了すると，I/Oアダプタ上のLED（図10-3の回路図中のLED）が点灯するので，I/Oアダプタ上でも接続が確認できます．

▶ステップ6

「YTS-LE」アイコンを右クリックしてプロパティを選択すると，デバイス・タイプがLow Energy デバイスであり，バッテリーレベルが100％になる表示が見られます［図10-4（f）］．

● 再接続

2回目以降の接続は，パソコンを立ち上げておいてI/Oアダプタの電源を入れるだけです．タク

ト・スイッチを押す必要もありません．LEDが点灯すれば接続完了です．

■ 手順3：パソコンとI/Oアダプタの間でデータ通信する

パソコン用のアプリケーション・ソフトは，`tsujimi.zip`を解凍すると出てくる`HOGP¥Release`フォルダの中にある`HOGP.exe`です．

I/Oアダプタをパソコンに無線接続した後，この`HOGP.exe`を実行すると，図10-5のように二つのエディット・ボックスと一つの［送信］ボタンを持つダイアログ・ウィンドウが，パソコンの画面上に現れます．

上側のボックスに文字列を入れ（図10-5中①），［送信］ボタンをクリックすると（図10-5中②），この文字列がI/Oアダプタに送信されます．I/Oアダプタでは，この文字列の最初の1文字だけを変化させて（アスキー・コードで1を足して）パソコンに送り返します．パソコンは受け取った文字列を下側のボックスに表示させます．

例えば，上のボックスに「1234」と入れて，［送信］ボタンをクリックすると，下のボックスに「2234」が現れます（図10-5中③）．

一度に入出力できる最大データ数は，19バイト

コラム2　実験！確かにBluetooth LEモードは低消費＆短時間接続

Bluetooth LEモードのうたい文句は，「低消費電力」と「短時間接続」です．これを実験で確認しました．

● 接続後の平均電流値

本器に使ったBluetoothドングルはVer.4.0（BR/EDR）とVer.4.0（LE）という二つの動作モードを備えています．

表10-Aを見ると，確かにLEモードでは低消費電力ですが，PICマイコン＋レゾネータに流れる電流は22mAでした．このことから，PICマイコンを低消費電力化したくなりました．より低消費電力で動作するPICマイコンが望まれます．1500mAhの単三アルカリ乾電池2本では，LEモードの場合は連続45（＝1500/33）時間使用できると計算できます．

● 接続時間

BR/EDRモード（Windows 7 Professionalが持っ

ているマイクロソフトのBluetoothプロトコル・スタック使用時）で，最初の接続時と再接続時では，それぞれ7.5秒と6秒でした．一方，LEモード（Windows 7 Professional上でHarmonyを使用時）で，最初の接続時と再接続時では，それぞれ4秒と3秒でした．

用いたVer.4.0ドングルは同じですが，プロトコル・スタックが違うので単純な比較はできませんが，LEモードの方がBR/EDRモードに比べて，接続時間が短くなっていることは間違いなさそうです．

表10-A　モードの違いによる平均電流

Ver. 3.0		Ver. 4.0	
クラス1	クラス2	BR/EDRモード	LEモード
28mA	18mA	16mA	11mA

第10章 BLE4.0対応！I/Oアダプタ基板&ファームウェア

に制限しています．制限する理由は，本章の最後に説明します．なお，パソコンとI/Oアダプタとが無線接続されている状態では，HOGP.exeを終了し，またそれを再実行してもかまいません．

10-4 PICマイコンのファームウェアの構成と改造

図10-2(a)に示すように，パソコンからI/O機器をBluetoothで無線制御するためには，その目的に合わせて，ファームウェアとアプリケーション・ソフトウェアを改造する必要があります．

● I/OアダプタにベンダIDとプロダクトIDを設定する

PICマイコンのファームウェアでは，HOGP(HID Over GATT Profile)を使用しているので，パソコンからはI/OアダプタがUSBデバイスに見えます．したがって，I/Oアダプタには固有のベンダID（ベンダ識別）とプロダクトID（プロダクト識別）が必要です（**コラム3**参照）．ベンダIDは，会社ごとにUSB-IFから発行されます．プロダクトIDは，ベンダIDを持つ会社が製品ごとに重複しないように割り振っているコードです．今回は，マイクロチップ社が販売製品に使うのでなければ使用を認めているIDを使用します．

I/Oアダプタを複数枚作ったときは，各アダプタごとに異なるベンダIDとプロダクトIDを設定します．

▶ベンダIDとプロダクトIDを設定している箇所

PICフォルダの中にあるmain.cのcase文GATT_PNP_RES（1720行目）のところで，buf[10]とbuf[11]に，それぞれ0xd8と0x04を代入しています．これで，VID = 0x04d8になります．buf[12]とbuf[13]に，それぞれ0x3fと0x00を代入しています．これでPID=0x003fになります．

● LEDなどをON/OFFしたいときの変更箇所

リスト10-1（main.cの1846〜1888行目まで）は，データの送受信を実現している部分です．図10-2(a)のように，製作したI/OアダプタでI/O機器を制御したいときは，この部分を書き換えるだけでOKです．

リスト10-1の処理手順（PICマイコン用ファームウェアから見たもの）は次のとおりです（**図10-6**）．

▶ステップ1

パソコンから送られたデータ・パケットを受信します．データは，配列buf[11]〜buf[29]

コラム3 HOGPに準拠するI/OアダプタのベンダIDとプロダクトID

図10-Bに示すように，ドングルはUSBデバイスなので，固有のベンダID（VID）とプロダクトID（PID）を持っています．

I/Oアダプタのドングルのホストはパソコンに差し込んだドングルのホストはパソコンです．各ドングルのVIDとPIDは，それぞれのホストが管理しているので，我々が関知する必要はありません．

一方，BluetoothのプロトコルとしてHOGPを用いているため，ドングルを含むI/Oアダプタ全体は，ドングルを含むパソコン全体から見るとUSB HIDデバイスです．このとき，パソコンがUSBホストでI/OアダプタがUSBデバイスという関係になります．このため，I/Oアダプタには固有のVIDとPIDを付ける必要があります．

これらのIDは，ドングル固有のVIDとPIDとは全く関係がありません．混同しないよう注意が必要です．

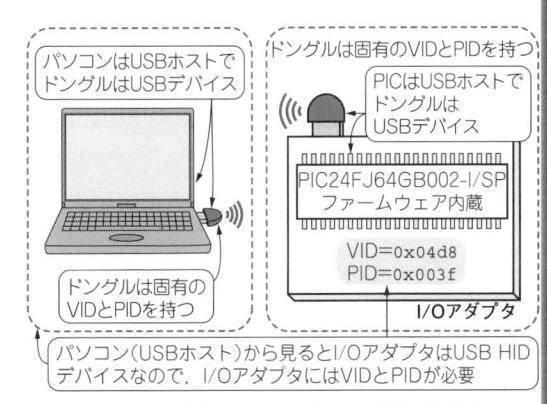

図10-B I/OアダプタにはVIDとPIDを割り付ける

に収められます．

▶ステップ2

データを受け取ったことをパソコンに知らせます．

▶ステップ3

パソコンにデータを送信します．送りたいデータは，配列buf[11]～buf[29]に収められます．開発したファームウェアでは，buf[11]に1を加えている（アスキー・コードで1を加える）だけで，あとは送られてきたデータをそのままパソコンに返しています．

● 電池残量表示機能の実現

図10-4(f)ではバッテリ・レベルが100%でしたが，これを変えたいときは次のようにします．

初回接続時には，main.cの1778行目にあるcase GATT_BATTERY_NOW_RES文の中身に着目します．2回目以降の接続（再接続）時には，main.cの787行目にあるcase GATT_BATTERY_NOW_RES1文の中身に着目します．

関係している部分を**リスト10-2**に示しますが，**リスト10-2**中のbuf[9]の値を変えるだけです．開発したファームウェアでは，buf[9]の値は0x64（10進数で100なので，100%を意味する）

リスト10-1　ファームウェアにおけるパソコン-PIC間のデータ転送処理（main.c）
三つのステップから構成されている．各ステップは，図6の各ステップに相当

```
case  HID_READ_DATA:// ステップ1

  LATBbits.LATB15=1;  // LEDを点灯する

  strcpy(message,"HID_READ_DATA:\r\n");
  DemoState = BT_STATE_READ_ACL_HCI;
                      // パソコンから送信されたデータの受信
  HciState = HID_WRITE_RES;
                      // 次に進むべきcase文の名前を設定
    break;


case HID_WRITE_RES:     // ステップ2
// この段階で，buf[11]からbuf[29]までにパソコンからのデータが入っている
  buf[2]=0x05;
  buf[3]=0x00;
  buf[4]=0x01;
  buf[5]=0x00;
  buf[6]=0x04;
  buf[7]=0x00;
  buf[8]=0x13;            // ATT命令 Write Response

  data_size=9;

  DemoState = BT_STATE_WRITE_ACL;
                      // 受信完了データをパソコンに送信

      HciState = HID_WRITE_DATA;
                      // 次に進むべきcase文の名前を設定
      break;


case  HID_WRITE_DATA:   // ステップ3

  buf[2]=0x1a;
  buf[3]=0x00;
  buf[4]=0x16;
  buf[5]=0x00;

  buf[8]=0x1b;
                      // ATT命令 Handle Value Notification
  buf[9]=0x08;          // GATTデータベースのハンドルで
  buf[10]=0x00;
                  // 0x0008（リトル・エンディアン）を意味する
  buf[11]+=1;
// 1を足す(buf[11]からbuf[29]までにパソコンへ送るデータを入れる)
  data_size=30;

    DemoState = BT_STATE_WRITE_ACL;
                      // データをパソコンに送信
    HciState = HID_READ_DATA;
                      // 次に進むべきcase文の名前を設定
    break;
```

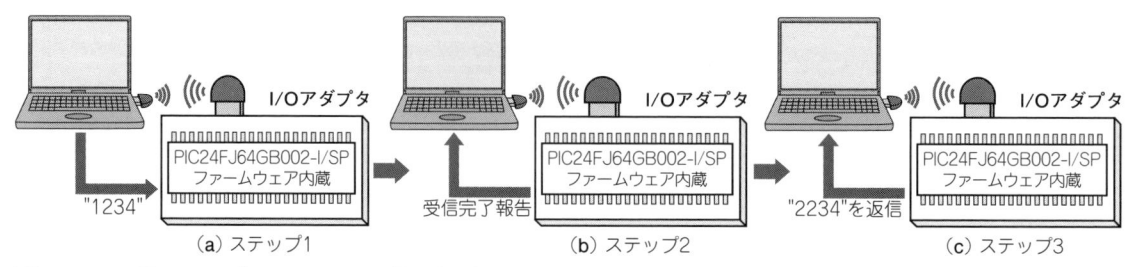

図10-6　PIC用ファームウェアから見た通信作業過程

(a) ステップ1　"1234"

(b) ステップ2　受信完了報告

(c) ステップ3　"2234"を返信

PIC24FJ64GB002-I/SP ファームウェア内蔵

となっていますが，これらを適当な値（バッテリ・レベルを[%]の単位で表した数値）に変えます．

実際には，図10-7のようにPICマイコンに内蔵されているA-Dコンバータで電池の電圧を測定し，電池残量を求めて上記のbuf[9]に代入します．

10-5 パソコン用アプリケーション・ソフトの構成と改造

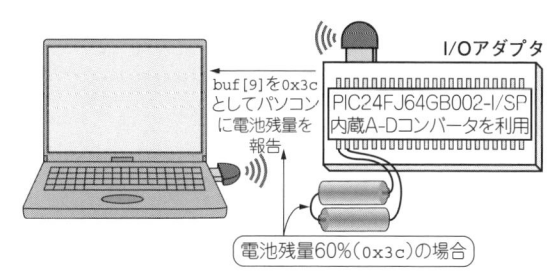

図10-7 電池残量をパソコンに伝える方法
PICに内蔵されているA-Dコンバータで電池の電圧を測定し，電池残量を計算して，その結果をパソコンに転送する

● 複数のI/OアダプタのVIDとPIDに合わせてアプリを変更する

パソコンから見た場合，無線で接続されている

リスト10-2 電池残量をパソコンに報告する処理（main.c）

```
case GATT_BATTERY_NOW_RES:        // 初回接続時

  buf[2]=0x06;
  buf[3]=0x00;
  buf[4]=0x02;
  buf[5]=0x00;
  buf[6]=0x04;
  buf[7]=0x00;
  buf[8]=0x0b;             // ATT命令 Read Response
  buf[9]=0x64;             // 電池の残量を代入する

  data_size=10;

  DemoState = BT_STATE_WRITE_ACL;
  HciState = GATT_BATTERY_CCC_REQ;
  break;
```

```
case GATT_BATTERY_NOW_RES1:       // 再接続時

  buf[2]=0x06;
  buf[3]=0x00;
  buf[4]=0x02;
  buf[5]=0x00;
  buf[6]=0x04;
  buf[7]=0x00;
  buf[8]=0x0b;             // ATT命令 Read Response
  buf[9]=0x64;             // 電池の残量を代入する

  data_size=10;

  DemoState = BT_STATE_WRITE_ACL;
  HciState =  GATT_CCC_REQ;
  step=0;
  break;
```

リスト10-3 制作したアプリケーション・ソフトのパソコン-PIC間のデータ転送処理（HOGPDlg.cpp）

```
void CHOGPDlg::OnSend()
              // 図10-5の送信ボタンを押すと呼ばれる関数
{
  bool result;
  int i;
  HKEY hKey;
  DWORD cbData;

  if(RegOpenKeyEx(HKEY_LOCAL_MACHINE, "SYSTEM\\
        ControlSet001\\Enum\\HID\\CSRHIDDevice
        04D8003F", 0, KEY_QUERY_VALUE, &hKey)){
  // もし，レジストリー・キーCSRHIDDevice04D8003Fがなければ
    USB.VendorID = 0;
            // PICアダプタのVIDもPIDも0x0000とする
    USB.ProductID =0;
  }
  else{
  // もし，レジストリー・キーCSRHIDDevice04D8003Fがあれば，
    USB.VendorID = 0x04d8;
                   // PICアダプタのVIDを与える ←①
    USB.ProductID =0x003f;
                   // PICアダプタのPIDを与える ←②
  }

  for(i=0;i<19;i++) buf[i]=0;
  GetDlgItemText( IDC_OUT, buf,19 );
  // 図10-5の上のエディット・ボックスの文字列をbuf[]に格納する
    USB.WriteReport ((unsigned char *)buf, 19);
       // buf[0]からbuf[18]の内容をPICアダプタに送信
       // （図10-6のステップ1に対応）

  for(i=0;i<19;i++) buf[i]=0;
    result=USB.ReadReport ((unsigned char *)
                                            buf);
    // PICアダプタから送られてきたデータをbuf[0]からbuf
                                       [18]に格納
       // （図10-6のステップ3に対応）

  SetDlgItemText( IDC_IN, buf);
     // buf[]の内容を図5の下のエディット・ボックスに表示
}
```

I/Oアダプタが，まるで有線で接続されているUSB HIDデバイスと全く同じように動作すると便利です．というのは，パソコン側で使用していた有線接続用のUSB HID用のアプリケーション・ソフトがそのまま利用できるからです．

LEモードで，USB HIDデバイスと全く同じように動作させるために策定されたプロファイルがHOGP (HID Over GATT Profile) です．これが，PICマイコンのファームウェアをHOGPに準拠させた理由です．そして，その結果として，有線接続時に使用しているUSB HID機器と同じようにI/Oアダプタを複数枚製作したら，各I/Oアダプタのもつ VID と PID に合わせて，パソコン用アプリケーション・ソフトウェアの一部を変更しなければなりません．

リスト10-3に，HOGPフォルダにあるHOGPDlg.cppの関数OnSend (図10-5における [送信] ボタンを押したときに呼ばれる関数) の中身を示します．プログラム中の①と②で示すコードで，I/OアダプタのVIDである0x04d8とPIDである0x003fを設定しています．

● パソコンが認識するVIDとPIDは初回接続時と再起動後では違う

今回使ったパソコン用のBluetoothプロトコル・スタックHarmonyの仕様には，次のような独特なところがあります．

図10-8 (a) のように，I/Oアダプタとパソコンを最初につなぐと，パソコンはI/OアダプタのVIDもPIDも強制的に0x0000であると認識し，パソコンを再起動しない限りVIDもPIDも0x0000のままです．

コラム4　何が違うの？モジュールとドングル

一口にBluetoothモジュールといっても，大きく二つに分類できます (図10-C)．Bluetooth無線通信を実現するための「プロトコル」または「プロファイル」をファームウェアで内蔵しているものと，内蔵していないものがあります．本章では，前者を単に「モジュール」と呼びます．つまり，次のとおりです．

(1) モジュール——プロトコルまたはプロファイルを内蔵しているもの
(2) ドングル——プロトコルまたはプロファイルを内蔵していないもの

プロファイルはプロトコルではなく，プロトコルをどう利用するかを規定するものです．プロトコル/プロファイルを内蔵していないものの中に，USBインターフェースを持つBluetooth USBドングルがあります．本章では，これを単に「ドングル」と呼びます．ファームウェアを内蔵しているモジュールは，すぐに使用できますが高価 (数千円) です．

ドングルはそのままでは何もできません．ドングルには，無線通信のための高周波チップが内蔵されているだけで，Bluetooth通信に必要なさまざまな処理を行うファームウェアが内蔵されていないので，マイコンを外付けして，通信処理を実行するファームウェアを書き込む必要があります．しかし1,500円程度で近くの電気店で買えるのは魅力です．それに

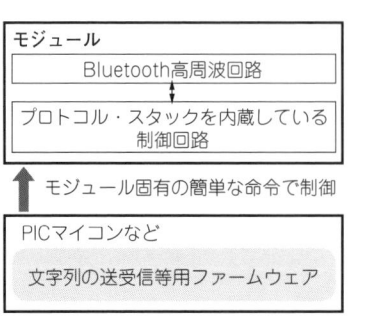

図10-C　モジュールとドングルの違い
(a) モジュール　(b) ドングル

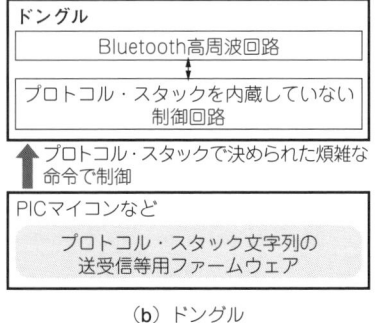

第10章　BLE4.0対応！I/Oアダプタ基板＆ファームウェア

　パソコンを再起動すると，I/OアダプタをVIDを0x04d8，PIDは0x003fとして認識するため，VID＝0x0000，PID＝0x0000では接続できなくなります．

　このことは，レジストリ・キーに反映されています．**図10-8**(b)と(c)に，レジストリ・キーHKEY_LOCAL_MACHINE¥SYSTEM¥ControlSet001¥Enum¥HIDの部分を示します．これは，Registrar Registry Managerというフリー・ソフトウェア[3]で見たものです．

　最初に接続したときには，**図10-8**(b)のようにCSRHIDDevice00000000なるキーが現れます．パソコンを再起動すると，**図10-8**(c)のようにCSRHIDDevice04D8003Fなるレジストリ・キーが新たに追加されます．

　このようなHarmonyの仕様に対応するため，アプリケーション・ソフトウェアでは，CSRHIDDevice04D8003Fなるレジストリ・キーがないときには，VID＝0x0000とPID＝0x0000で接続します．レジストリ・キーがあるときはVID＝0x04d8とPID＝0x003fで接続するという方法にしています(**リスト10-3**の③で示す範囲のコード)．

　もちろん，I/OアダプタのVIDとPIDを変えたときには，"CSRHIDDevice04D8003F"の中の"04D8003F"も変える必要があります．

● データの送受信部分の構成と改造
　前述したように，**図10-5**の[送信]ボタンを押すと，関数OnSend()が実行されます．**リスト10-3**における④のコードで，**図10-5**の上のボックスに入力されたデータを文字列配列bufに格納し

　一度ファームウェアを作ってしまえば，さまざまなアプリケーションを自前で作ることができます．

　モジュールはBluetoothプロトコル・スタックを内蔵(非公開)しているので，マイコンから簡単な制御命令を送ると，Bluetooth通信が可能になります．一方，ドングルはBluetoothプロトコル・スタックを内蔵していないので，自作する必要があります．そして，プロトコル・スタックで決められた，煩雑な制御命令をドングルに送ると，Bluetooth通信が可能になります(**図10-D**)．ただし，煩雑な制御命令はプロトコル・スタックが処理するので，文字列の送受信などは簡単な命令だけで実行可能になります．

　プロトコル・スタックとは，さまざまな通信処理を行うプログラムの積み重ねたもの(スタック)を意味します．その土台となっているのが，HCI(Host Controller Interface)プロトコル，すなわちドングル(ホスト)をどのように制御(コントロール)するかを決めてある約束事(規約，プロトコル)です．

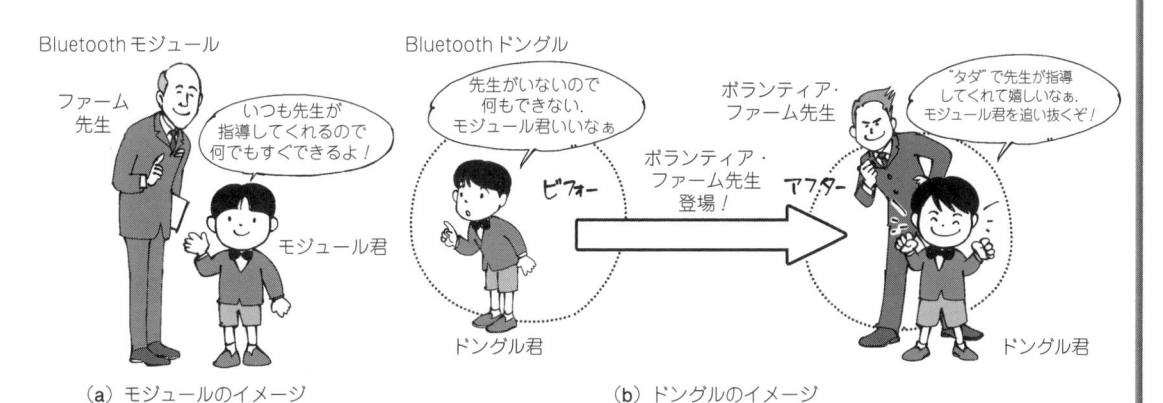

(a) モジュールのイメージ　　　　(b) ドングルのイメージ

図10-D Bluetoothモジュールの機能はドングルとマイコン(プロトコルとプロファイルのファームウェアが書き込まれた)の組み合わせたものと同じ

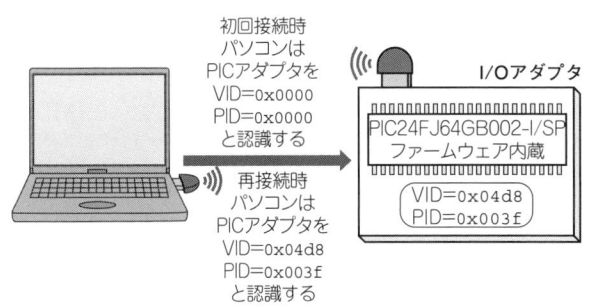

(a) パソコンが認識するI/OアダプタのベンダIDとプロダクトIDは初回接続時と再接続時で違う

(b) 初回接続時にはレジストリ・キー "CSRHIDDevice04d8003f" がなく，I/OアダプタのVIDもPIDも0x0000としてPCに認識される．そして，PICアダプタの本来のVIDとPIDは無視される

(c) 一度パソコンを再起動させると，その後の再接続時にはレジストリ・キー "CSRHIDDevice04d8003f" が新たに作られ，I/Oアダプタ本来のVID＝0x04d8，PID＝0x003fとしてパソコンに認識される

図10-8 レジストリ・キーの変化

ます．そのデータを⑤のコードでI/Oアダプタに送信しています．そして，⑥のコードでI/Oアダプタからのデータを受信し，そのデータを⑦のコードで，図10-5の下のボックスに表示させています．一度に送受信するバイト数は，④のコードで示すように19バイトです．

▶ 変更箇所

図10-2(a)のように，パソコンからBluetooth無線でLEDなどをON/OFFしたいときは，そのためのプログラミング・コードを④以下のコードと入れ替えてください．

　　　　　＊　　　＊　　　＊

パソコン用ソフトウェアをコンパイルするためにVisual C++6.0を使用していますが，ウェブサイト(4)からダウンロードできるVisual Studio Community 2017も利用できます．Visual C++/CLIを好む方は，やはりVisual Studio Community 2017をダウンロードして，tsujimi.zipを解凍すると現れるHOGP2010フォルダの中にあるパソコン用のソフトウェアを手直しして，コンパイルしてください．

コラム5 PICマイコン以外でUSBドングルを動かすなら

USBドングルを使ったBluetooth無線アダプタを作るには，USBホスト機能付きのマイコンを使って，HCIを制御するファームウェアをつくる必要があります．

トランジスタ技術2013年3月号でも紹介され，学生やデザイナの間で人気のあるUSBマイコン基板Arduinoには，USB Host Shield Library 2.0というライブラリが用意されています．この中に，RFCOMM/SPP(Serial Port Profile)という出来合いのプログラムがあります．これを利用すると，Bluetoothドングルを簡単に動かすことができます．

〈田中 邦夫〉

参考文献

(1) Microchip Technology Inc., Webページ, http://www.microchip.com/
(2) 辻見 裕史；PICの解説Webページ, http://www.yts.rdy.jp/pic/pic.html
(3) Resplendence Software Projects：Registrar Registry Manager, http://www.resplendence.com/download/
(4) Microsoft Corporation, Visual StudioのダウンロードWebページ, http://www.visualstudio.com/downloads

つじみ・ゆうじ

第4部 Bluetoothドングル活用事例

第11章

PICでオリジナル・アダプタ作りに挑戦！

Bluetoothドングルを制御するマイコン・プログラムの全容

使用するプログラム：10_Sample Program

辻見 裕史

11-1 自作のBluetooth機器を作るには

● GATTプロファイルで必要なサービスをまとめる

LEモードでBluetooth通信をするときは，どのような用途に使うのかを決め，それに合うプロファイルを選びます．

USB-HIDデバイス（例えば第10章作ったI/Oアダプタ）とBluetooth 4.0 LEモードで無線通信するときは，HOGP（HID Over GATT Profile）を選択します．次にそのプロファイルが必要としている各種サービスが何であるかを調べます．HOGPのサービスは次の四つです．

(1) デバイス名などを提供する「Generic Accessサービス」
(2) 送受信データの形式（バイト数など）を提供する「HIDサービス」
(3) 電池残量情報を提供する「電池残量サービス」
(4) PnP（プラグアンドプレイ）情報を提供する「デバイス情報サービス」

これらのサービスをまとめてデータベース化する方法を規定しているのがGATT（General ATTribute）プロファイルです．

どのような用途にせよ（HOGP以外のプロファイルでも），各種サービスはすべてGATTプロファイルに沿ってデータベース化する必要があります．LEモード用のファームウェアを開発するときは，GATTプロファイルの理解が不可欠です．

● オリジナルのプロファイルを作る

Bluetooth 4.0 LEモードで，HOGP（プロファイル）に準拠した通信をするだけなら，第4部 第10章の説明で十分です．しかし，Bluetoothによる無線の入力装置を自作する場合は，用途に応じて必要なサービス群をGATTデータベースとして一つにまとめる必要があります．

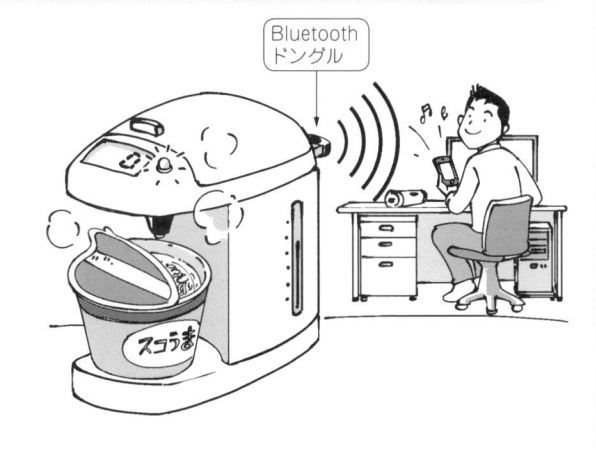

例えば，キーボードとマウスはどちらも入力機器ですが，前者は主にキー・コードを，後者は主に移動距離の情報をパソコンに送るという，互いに異なるサービスを提供しています．したがって，キーボードとマウスのそれぞれで，互いに異なるGATTデータベースを構築しなければなりません．

また，iPadやAndroid携帯にI/Oアダプタをつなぐ場合，手順はそれぞれ異なります（Windowsの場合とも異なる）．それぞれに対応する手順を採用する必要があります．例えば，あるBluetoothキーボードがiPadにはつながっても，Android携帯にはつながらないということがありますが，これはプロファイルが同じでも手順が異なる場合があるからです．

11-2 PICマイコンに書き込んだプロトコル・スタックとプロファイルの関係

● Bluetooth通信のための処理プログラム

図11-1に，第10章で製作したI/OアダプタのPICマイコンに書き込んだBluetoothプロトコル・スタックの階層構造を示します．図11-2に示すのは，このプロトコル・スタックを実現するファームウェアのフローチャートです．

図11-1を見ると，Bluetooth通信のさまざまな処理をこなすプロトコル・スタックは，

(1) HCI（最下位）
(2) L2CAP
(3) SM（最上位）
(4) ATT（最上位）

の四つのプロトコルが積み重ねられてできています．

製作したI/OアダプタのPICマイコンに書き込んだHOGP（プロファイル）は，GATTプロファイルを利用しており，GATTプロファイルはATTプロトコルを利用しています．

プロファイルとプロトコルは同義ではなく，プロトコルをどう利用するかを規定するものがプロファイルです．したがって，プロファイルは図11-1には含まれていません．後ほど説明しますが，GATTもHOGPも，HCI，L2CAP，SM，ATT以外の新たなデータ・パケット形式は使っていません．

PICマイコンにはプロトコルやプロファイルを次の順に書き込みました．

① HCIプロトコル
② L2CAP（プロトコル）
③ SMプロトコル
④ ATTプロトコル
⑤ GATTプロファイル
⑥ HOGP（プロファイル）

今回は，パソコンから接続を開始するので，図11-3に示したようにパソコンがマスタ/イニシエータで，I/Oアダプタがスレーブ/レスポンダです．OSによっては，マスタとスレーブが逆転することもあります．

マスタ（master：主人）は，接続を開始するもの（initiator：開始者）を意味します．スレーブ（slave：奴隷）は，マスタの接続開始要求に応答する側（responder：応答者）を意味します．

以下の解説で，鍵かっこ [ ] の中身は，PICフォルダにあるファームウェアmain.cの中の[CASE文の名前：行番号]の組を意味します．

11-3 ① HCIプロトコル

● HCIの役割

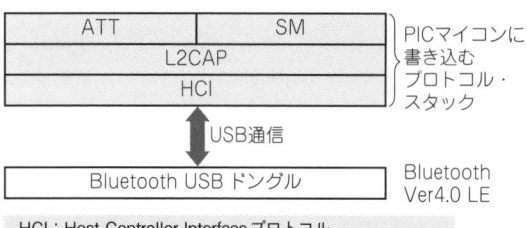

HCI（Host Controller Interface）プロトコルは，

図11-1 I/Oアダプタ上のPICマイコンに書き込むプロトコル・スタック（Bluetooth 4.0 LE）の構造

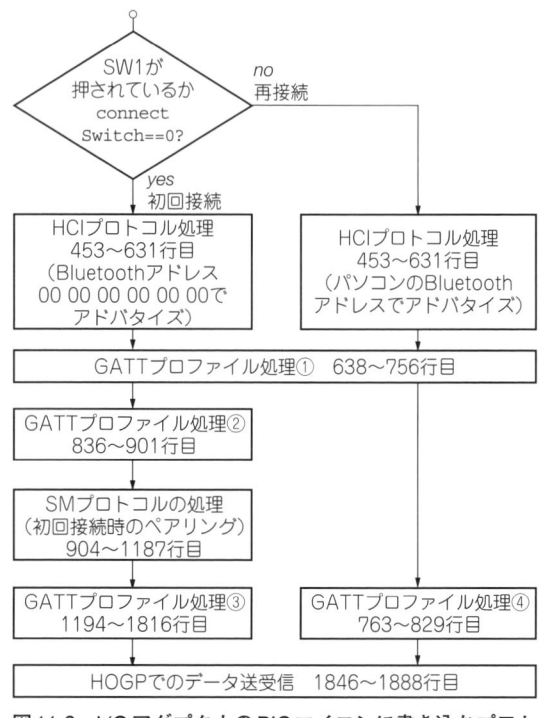

図11-2 I/Oアダプタ上のPICマイコンに書き込むプロトコル・スタックのファームウェアのフローチャート（main.cの行番号を付加）

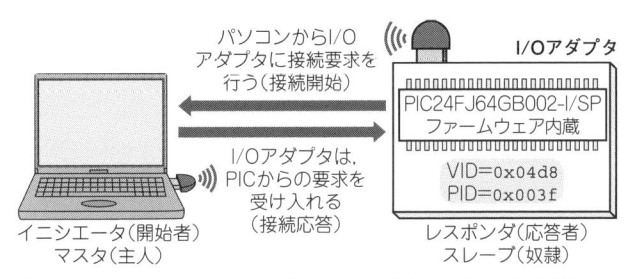

第11章　Bluetoothドングルを制御するマイコン・プログラムの全容

図11-3　マスタ（イニシエータ）とスレーブ（レスポンダ）の関係

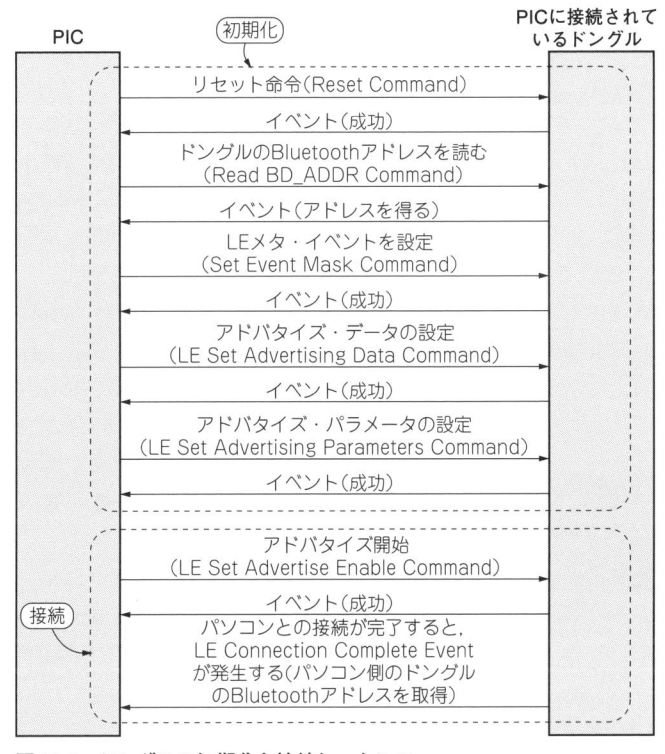

図11-4　ドングルの初期化と接続シーケンス

図11-3の通信においてドングルとPICマイコンの間を取りもつ取り決めです[1]．HCIプロトコルは，次の二つの処理で実行されます．
(1) ドングルの初期化
(2) 通信相手のBluetooth機器と接続し，HCI ACL（Asynchronous Connection-Less）データ・パケットを送受信できるようにすること

● 処理1…ドングルの初期化
PICマイコンが接続先のドングルをどのように動かすのか，そのシーケンスを図11-4に示します．

初期化の作業をもう少し細かく見ると，次のようになります．
(1) ドングルのリセット
(2) ドングルのBluetoothアドレスの読み込み
Bluetoothアドレスは，各ドングルに一意的に付けられた6バイトの数値で，配列RES_BT_ADDRESS[6]に記憶させます．
(3) LEメタ・イベントの設定
(4) アドバタイズ・データとアドバタイズ・パラメータの設定

以上の処理(1)～(4)は，[HCI_CMD_RESET:

191

453］から［`HCI_CMD_ADVERT_PARAM`：561］です．

BR/EDRモード用のイベント・マスクの中に，メタ・イベント・マスクと呼ばれるビットがあります．このビットをSet Event Mask Commandで'1'にしておかないと，LEモード用のイベント・マスクをどのように設定しても，LE用のイベントが発生しません．

例えば，I/Oアダプタとパソコンが無線で接続された時点で，これら両者に接続完了イベントが発生します．Bluetooth 4.0のドングルは，通常BR/EDRモードで動く設定になっています．このため，BR/EDRモード用の接続完了イベントは発生するものの，LE用の接続完了イベントは発生しません．

接続完了イベントには，相手方のBluetoothアドレスのデータも含まれるので，このイベントが受け取れないような状況下では，相手側が誰なのかも分からず，通信のしようがありません．このような理由で，メタ・イベント・マスクの設定はLEモードでは必要です．

● 処理2…通信相手に接続
▶マスタに自分の存在を知らせる

ドングルを初期化したら「アドバタイズメント（広告）」と呼ばれる処理を始めます（この処理は，［`HCI_CMD_ADVERT_ENABLE`：616］から［`HCI_CMD_ADVERT_ENABLE_END`：627］）．

スレーブがアドバタイズメント処理をすると，次のような要求やメッセージがマスタに伝わります．

(1) 自分がここにいることを伝えるメッセージ
　スレーブがマスタに対して，「自分はここにいるよ」とメッセージを出します．初回の接続時は，Bluetoothアドレスを`0x00 00 00 00 00 00`にします．これは，スマホやパソコンなど，近くにあるすべてのBluetooth搭載機器がI/Oアダプタを見つけることができるようにするためです．

(2) 直接再接続したいという要求メッセージ
　再接続時，つまり2回目以降の接続時には，接続相手であるマスタは決まっているので，マスタのBluetoothアドレスを使って，マスタに向かって直接アドバタイズします．

▶マスタに見つけてもらって接続

マスタがスレーブを見つけて，HCIレベルでの接続が完了すると，スレーブはLEモード用イベント（LE Connection Complete Event）を受け取り，接続の完了とマスタのBluetoothアドレスを知ります．

マスタのBluetoothアドレスは，ファームウェアの中で，配列`INI_BT_ADDRESS[6]`に記憶させると同時に，再接続時に必要になります．仮

コラム　Bluetooth LEドングルの低消費電力動作と短時間接続の理由を考察

● 回路規模が小さく済んでいる？

LEモードでは，図11-5(a)のように，データ・パケットの長さが，31バイト以下に制限されています．パケット長を短くすると，ドングル内の半導体の温度が上がることなく，温度上昇を補償する回路が必要なくなります．パケット長制限は低消費電力化に直結しているといわれています．

● マスタに接続要求を出すときにスキャンする周波数チャネルが少ない

LEモードでは，アドバタイズメントのために三つの周波数チャネルしか用いません．BR/EDRモードでは32チャネルを使っていたので，それに比べるとLEモードでは接続時間が短くなります．単純に考えても1/10以下の時間しかかかりません．I/Oアダプタとパソコンは，両者のドングルの高周波回路が同一周波数になったときにしか接続されないので，周波数チャネルが多いと検索に時間がかかるという意味です．

図11-5　LEモードで動作するBluetoothデータ・パケット

想EEPROM（プログラム・メモリの一部を使う）に記憶させておきます［GATT_SARVICE_CHANGE：638］．

＊　＊　＊

以上で，マスタとスレーブ間で，HCI ACLデータ・パケットの送受信が可能になります．ドングルとパソコン間で送受信されるデータは，一つの塊（データ・パケット）になります．塊が長い場合は，いくつかのパケットに分けて送受信されます．

HCIレベルでの接続が完了すると，データ・パケットの送受信が可能になります．そのデータ・パケットをHCI ACLデータ・パケットと呼びます（HCI SCOデータ・パケットというものもあるが，今回は使わないので説明は省略）．

HCI ACLデータ・パケットの構造を**図11-5（a）**に示します．HCIヘッダには，接続ハンドル（接続が完了したときに付けられる一意の2バイトの数値）などの情報が含まれています．

ACLデータ長は，その後に続くACLデータの長さが何バイトあるかを示しています．なお，LEモードでは，HCI ACLデータ・パケットの最大長が31バイトに制限されているので，ACLデータの最大長は27バイトです．

11-4 ② L2CAPによる通信回線の多重化

● L2CAPの役割

マスタとスレーブ間で，HCI ACLデータ・パケットの送受信が可能となったということは，無線通信が可能になったことを意味します．しかし，次の二つの理由からこれだけでは不十分です．

(1) 安全性の観点から，本当に正しい相手につながっているのかどうか認証する必要がある
(2) I/OアダプタがUSB機器であることをパソコン側に認識される必要がある

次のような例を考えてみましょう．今，A社とB社があり，それぞれにハードウェア部門とソフトウェア部門があります．A社とB社の間には1回線だけ電線が引かれているのですが，それぞれのハードウェア部門とソフトウェア部門が「独立」に連絡を取りたいとします．このようなときは，2回線引かれているような論理的な回線を作れば，ハードウェア部門同士もソフトウェア部門同士も

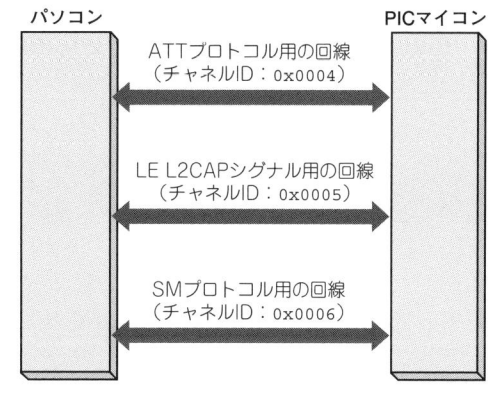

図11-6　LE専用の三つのHCIチャネル

専用の1回線を使って連絡を取り合うことができます．しかし，1回線だけだと，A社のハードウェア部門とB社のソフトウェア部門がつながってしまう危険性があります．

L2CAP（Logical Link Control and Adaptation Protocol）では，チャネルIDという2バイトの番号をHCI ACLデータ・パケットに付加して，そのチャネルIDの違いにより回線を区別し，論理的に専用回線を増やしています．これが，L2CAPの役割の一つです．このように，L2CAP（プロトコル）の基礎にはHCIプロトコルがあります．

▶ LEモード専用のHCI通信チャネル

HCIレベルで接続が完了した後は，**図11-6**のようにLEモード専用に三つのチャネルがすでに開かれています．

一つ目は，上記(1)の作業を行うための専用回線（チャネルID：0x0006）です．後述しますが，この作業はSM（Security Manager：保安管理）プロトコルに従って行われます．二つ目は上記(2)の作業を行うための専用回線（チャネルID：0x0004）です．この作業はATTプロトコルに従って行われます．三つ目は，LE L2CAPシグナル用の専用回線（チャネルID：0x0005）なのですが，今回開発したファームウェアでは使用していないので説明は省略します．

● データ・パケットの構造

L2CAPレベルで使用されるデータ・パケットはHCI ACLデータ・パケットです．HCI ACLデータ・パケットのACLデータ列の中身は**図11-5（b）**

のように構造化されています．この構造化された HCI ACLデータ・パケットを，L2CAPデータ・パケットと呼びます．同図から，チャネルIDが付加されているようすが分かります．

L2CAPデータ長は，その後に続くL2CAPデータ列の長さが何バイトあるかを示しています（チャネルIDの2バイトはL2CAPデータ長に含まれない）．LEモードでは，ACLデータ列の最大長は27バイトですから，L2CAPデータ列の最大長は23バイトです．

11-5 ③ SMプロトコル…マスタとスレーブ間の認証接続

■ SMプロトコルの役割…ペアリング

● リンク・キーの交換と認証

前節で，「(1)安全性の観点から，本当に正しい相手につながっているのかどうか認証する必要がある」と書きましたが，この認証作業をするための規約がSMプロトコルです．I/Oアダプタとパソコンとを認証接続（ペアリング）する場合，両者間でリンク・キー（具体的には，短期鍵と長期鍵）を交換して認証します．

SMプロトコルの詳細は，参考文献(2)のVol.3/Part Hに詳しく説明されています．

● ペアリング処理

ペアリング法には，次の4種類があります．

(1) I/Oアダプタが認証のための暗証番号（PINコードとかパス・キーとか呼ばれる6桁の10進数）を決めておき，パソコンのキーボードでその数値を打ち込んで承認する方法 （Passkey Entry）
(2) パス・キーをパソコンやI/Oアダプタに提案して，パソコンやI/Oアダプタそれぞれで，ボタンを押したり，画面上でクリック（あるいはやタップ）するだけで承認する方法 （Numeric Comparison）
(3) Bluetoothとは異なる方法も併用して承認する方法（Out of Band）
(4) 何もしないで自動的に承認する方法 （Just Works）

PINコードを入力したり，ボタンなどを押したりするのが面倒なので，I/OアダプタのPICマイコンのファームウェアでは，(4)のJust Worksというペアリング法を採用しました．Just Worksは，安全性の観点からは一番脆弱ですが，ファームウェアを作るのが一番簡単です．

初回接続時のペアリング作業は，**図11-7**のように次の三つの相（フェーズ）から成り立っています．

第1相：ペアリング情報交換
　　　　（Pairing Feature Exchange）
第2相：短期鍵の作成（Short Term Key：STK）
第3相：長期鍵（Long Term Key：LTK），Rand，EDIVの作成と配布

● データの構造

SMプロトコルで使用されるのは，L2CAPデータ・パケットです．チャネルIDには`0x0006`を使用します．**図11-5**(c)に示すように，SMプロトコルが扱うL2CAPデータ列（最大23バイト）は，その中がさらに構造化されていて，最初の1バイト目にSM命令の種別（`0x01`から`0x0B`），その

図11-7　最初の接続時におけるペアリング・シーケンス

後にSMパラメータが入ります．

このように，SMプロトコルではL2CAP（プロトコル）で決められたデータ・パケットを基礎として利用し，その中にSM命令を付加する構造になっています．

■ 認証接続作業の第1相…ペアリング情報の交換

マスタがスレーブにペアリング要求（preq：7バイト）を出します．スレーブはこれを受け取り，ペアリング要求を配列PAIR_REQ[7]に格納します［SMP_PAIR_REQ：904］．スレーブはマスタにペアリング応答（pres：7バイト）を返します．

開発したファームウェアでは，ペアリング応答の際，Just Worksという方法を採用していることをマスタに伝えます．具体的には，PAIR_RES[7]にpresデータ（0x02 0x03 0x00 0x01 0x10 0x01 0x01）を定数として入れておき，それをbuf[8]からbuf[14]に設定して，マスタに送っています［SMP_PAIR_RESP：915］．後述する「SMプロトコルにおけるデータ・パケットの実例」の項も参照してください．

■ 認証接続作業の第2相…短期鍵を作る

● 短期鍵の必要性

初回のペアリングは，短期鍵と呼ばれるものを使って行われます．最初の接続にしか使わないので「短期」という言葉を使います．次に示す方法で，マスタもスレーブも同じ短期鍵を所有します．

図11-7のように，マスタからスレーブへペアリング要求を行うと，スレーブに短期鍵要求イベントが入るので，今度はスレーブから同じ短期鍵を用いてペアリング応答を行います．これでペアリングが完了します．

PICマイコンのファームウェアでは，［SMP_LTK_REQ：1101］から［SMP_LTK_RES：1111］の処理で，この作業を行っています．もし，マスタの持つ短期鍵とスレーブが持つ短期鍵が一致していなければ，強制的に無線通信は終了させられます．一方，短期鍵が両者で一致した場合は，正しい接続相手であることが分かり，その接続相手とペアリングできます．

このようにして安全性を確保します．以下，疑似乱数，暫定鍵，確認用データなどが出てきますが，これらは，「安全性を確保しながら，マスタとスレーブとで同じ短期鍵を持つ」ために必要な道具なのだと理解してください．

● 短期鍵の作り方

マスタとスレーブはそれぞれ別々に16バイトの疑似乱数を作り交換します．すると，マスタもスレーブも自分の作った疑似乱数と接続相手の作った疑似乱数の両方を所有することになります．これら二つの疑似乱数から短期鍵を作ります．

後述する乱数から確認用データを生成する関数c1（Confirm value generation）と，短期鍵を生成する関数s1（Key generation）は，保安（Security）関数eが基本です．関数eの計算はドングルで実行します．関数eの引数に値を入れ，それをLE Encrypt Commandでドングルに送ると，その関数値がCommand Complete Eventとしてドングルから返ってきます．

● 短期鍵ができるまで1…乱数の生成

マスタとスレーブは，各々独立に16バイトの疑似乱数をドングルに発生させます．マスタの疑似乱数をMrand，スレーブの疑似乱数をSrandと呼びます．

ドングルにも，疑似乱数を発生させる命令（LE Rand Command）があります．PICマイコンのファームウェアでは，PAIR_RANDOM[16]という配列に定数（どんな数値でもよい）として設定しています．

● 短期鍵ができるまで2…疑似乱数から確認用データを算出

マスタもスレーブも，それぞれの疑似乱数（preq，presなど）から，関数c1を用いて16バイトの確認用データを算出します．以下，マスタの確認用データをMconfirm，スレーブの確認用データをSconfirmと呼びます．

▶スレーブの疑似乱数からスレーブの確認用データを求める

スレーブの疑似乱数（Srand）からスレーブの確認用データ（Sconfirm）を求める関数c1と，その引数の意味を図11-8に示します．

```
c1(k, r, preq, pres, iat, rat, ia, ra) = e(k, e(k, r XOR p1) XOR p2)
   k    ：暫定鍵（TK：Temporary Key）を示すビットで0（16バイト）
   r    ：スレーブの擬似乱数Srand（PAIR_RANDOM[16]：16バイト）
   preq ：ペア要求（PAIR_REQ[7]：7バイト）
   pres ：ペア応答：（PAIR_RES[7]：7バイト）
   iat  ：イニシエータのアドレス型（1ビット：Public アドレスの場合で0とする）
   rat  ：レスポンダのアドレス型（1ビット：Public アドレスの場合で0とする）
   iat' ：iatの前に7ビットの0を置いたもの（INI_ADDRESS_TYPE=0：1バイト）
   rat' ：ratの前に7ビットの0を置いたもの（RES_ADDRESS_TYPE=0：1バイト）
   ia   ：イニシエータのBluetoothアドレス（INI_BT_ADDRESS[6]：6バイト）
   ra   ：レスポンダのBluetoothアドレス（RES_BT_ADDRESS[6]：6バイト）
```

図11-8　関数c1とその引数

関数c1は，スレーブの擬似乱数（Srand）からスレーブの確認用データ（Sconfirm）を求める

リスト11-1　SrandからSconfirmを求めるファームウェア部分（main.c）

```
//Pair config calculation
case SMP_FUNC_E:

    P1[0]=INI_ADDRESS_TYPE;
    P1[1]=RES_ADDRESS_TYPE;
    for(step=0;step<7;step++) {                 ①
        P1[2+step]=PAIR_REQ[step];
        P1[9+step]=PAIR_RES[step];
    }

    buf1[0]=0x17;
    buf1[1]=0x20;                               ②
    buf1[2]=0x20;
    for(step=0;step<16;step++) buf1[3+step]=0x00;
    for(step=0;step<16;step++) buf1[19+step]=   ③
                PAIR_RANDOM[step] ^ P1[step];

    data_size=35;

    DemoState = BT_STATE_WRITE_CLASS;           ④
    HciState = SMP_FUNC_E_END;
    break;

case SMP_FUNC_E_END:
    end_num=0x0e;strcpy(message,"SMP_FUNC_E_
    END:¥r¥n");                                 ⑤
    DemoState = BT_STATE_READ_EP1;
    HciState = SMP_FUNC_C1;
    break;

case SMP_FUNC_C1:

    for(step=0;step<6;step++) {
        P2[step]=RES_BT_ADDRESS[step];          ⑥
        P2[6+step]=INI_BT_ADDRESS[step];
    }
    for(step=0;step<4;step++) P2[12+step]=0x00;

    buf1[0]=0x17;
    buf1[1]=0x20;                               ⑦
    buf1[2]=0x20;
    for(step=0;step<16;step++) buf1[34-step]=
                buf1[21-step] ^ P2[15-step];    ⑧
    for(step=0;step<16;step++) buf1[3+step]=0x00;
    data_size=35;

    DemoState = BT_STATE_WRITE_CLASS;           ⑨
    HciState = SMP_FUNC_C1_END;
    break;

case SMP_FUNC_C1_END:
    end_num=0x0e;strcpy(message,"SMP_FUNC_C1_
    END:¥r¥n");                                 ⑩
    DemoState = BT_STATE_READ_EP1;
    HciState = SMP_PAIR_CONF_OUT;
    break;
```

引数の（ ）内の変数や配列変数は，ファームウェアで使用しています．MrandからMconfirmを求める作業は，Srandの代わりにマスタの擬似乱数Mrandを使うだけで，その他は全て同じものです．

▶ PICマイコンのファームウェアではこうなっている

リスト11-1に，関数c1を使ってSrandからSconfirmを求めているファームウェアの主要部分（[case SMP_FUNC_E：950]から[SMP_FUNC_C1_END：1008]）を示します．

リスト11-1中の①から⑩に示したコードの意味は，次のとおりです．

① p1=pres||preq||rat'||iat'の設定

バイト順がリトル・エンディアンなので，配列P1[16]に，下位バイトからiat'，rat'，preq，presの順に並べて代入しています．

② e(k, r XOR p1)の計算準備

buf1[0]=0x17;と buf1[1]=0x20;で,LE Encrypt Command（関数eの計算命令）であることを示しています．buf1[2]=0x20;はデータ長で，buf1[3]から以降に32バイトの引数(k, r XOR p1)が入るという意味です．

③ k, r XOR p1の設定

buf1[3]以後に，16バイトのkの値(0)と16バイト(r XOR p1)の値が続くように設定します．

④ e(k, r XOR p1)の計算を実行する

⑤ 計算結果(Command Complete Event)を待つ

buf1[6]以降に16バイトの計算結果が入ってきます．

⑥ p2=padding||ia||raの設定

バイト順がリトル・エンディアンなので，配列P2[16]に，下位バイトからra, ia, paddingの順に並べて代入しています．paddingは，全体で16バイトになるように，残りの4バイトをゼロで詰めるという意味です．

⑦ e(k, e(k, r XOR p1) XOR p2)の計算準備

buf1[0]=0x17;，buf1[1]=0x20;とで LE Encrypt Command（関数eの計算命令）であることを，buf1[2]=0x20;はデータ長で，buf1[3]から以降に32バイトの引数(k, e(k, r XOR p1) XOR p2)が入るという意味です．

⑧ k, e(k, r XOR p1) XOR p2の設定

buf1[3]以後に，16バイトのkの値(0)と16バイトの(e(k, r XOR p1) XOR p2)の値が続くように設定します．⑤の段階でbuf1[6]以降にe(k, r XOR p1)の値が入っているので，それを消さないように設定することが重要です．

⑨ e(k,e(k,r XOR p1) XOR p2)の計算を実行

⑩ 計算結果(Command Complete Event)を待つ

buf1[6]以降に16バイトの計算結果が入ってきます．これがSconfirmです．

● 短期鍵ができるまで3…マスタとスレーブが確認用データと乱数を交換する

マスタはスレーブにMconfirmを，スレーブはマスタにSconfirmを送ります．つまり，確認用データを交換します．続いて，マスタとスレーブは乱数データを交換します．つまりマスタはスレーブにMrandを，スレーブはマスタにSrandを送ります．

PICマイコンのファームウェアでは，[SMP_PAIR_CONF_IN：941]でMconfirmを受信し，[SMP_PAIR_CONF_OUT：1015]でマスタにSconfirmを送信し，[SMP_RANDOM_IN：1040]でMrandを受信し，それを配列INIT_RANDOM[16]に格納した後，[SMP_RANDOM_OUT：1046]でマスタにSrandを送信しています．

● 短期鍵ができるまで4…交換し合った乱数から確認用データを算出して，前もってもらっていた確認用データと照合する

マスタは，スレーブから受け取った乱数(Srand)から関数c1を用いて確認用データを算出します．これが先にスレーブから送られてきたSconfirmと一致することを確かめます．

スレーブもマスタから受け取ったMrandから関数c1を用いて確認用データを計算します．これが先に送られてきたMconfirmと一致することを確かめます．一致したら，SrandとMrandが無事に通信相手と交換できたということです．なお，PICマイコンのファームウェアでは，MrandからMconfirmを求める作業は省略しています．

● 短期鍵ができるまで5…マスタとスレーブで短期鍵を生成して共有する

マスタもスレーブも同じ作業を行います．ここまでの処理が終了した段階で，マスタもスレーブも，同じ疑似乱数SrandとMrandを持っています．

次に示すように，マスタもスレーブも暫定鍵Mrandの最下位8バイトとSrandの最下位8バイトから鍵生成関数s1を用いて，16バイトの短期

```
s1(k, r1, r2) = e(k, r')
   k  ：暫定鍵(TK：Temporary Key)を示す0(16バイト)
   r1 ：スレーブの疑似乱数Srand(PAIR_RANDOM[16]：
        16バイト)
   r2 ：マスタの疑似乱数Mrand(INIT_RANDOM[16]：16
        バイト)
```

図11-9 鍵生成関数s1とその引数
関数s1は，16バイトの短期鍵を生成する

リスト11-2 短期鍵を求めるファームウェア部分(main.c)

```
//STK = s1(TK, Srand, Mrand)
case SMP_FUNC_S1:

    buf1[0]=0x17;
    buf1[1]=0x20;         ①
    buf1[2]=0x20;
    for(step=0;step<16;step++)
                        buf1[3+step]=0x00;
    for(step=0;step<8;step++) {
        buf1[19+step]=  INIT_RANDOM[step];    ②
        buf1[27+step]=  PAIR_RANDOM[step];
    }
    data_size=35;

    DemoState = BT_STATE_WRITE_CLASS;     ③
    HciState = SMP_FUNC_S1_END;
    break;

case SMP_FUNC_S1_END:
    end_num=0x0e;strcpy(message,
               "SMP_FUNC_S1_END:¥r¥n");    ④
    DemoState = BT_STATE_READ_EP1;
    HciState = SMP_LTK_REQ;
    break;
```

図11-10 再接続時におけるペアリング・シーケンス

PC(マスタ) — セキュリティ要求(Security Request) — PICマイコン(スレーブ)
ペアリング要求 (LE Start Encryption Command)
長期鍵要求イベント (LE Long Term Key Request Event)
長期鍵で接続応答(ペアリング完了) (LE Long Term Key Request Reply Command)
再接続ペアリング

鍵を作成します．これで，「マスタもスレーブも同じ短期鍵を持つ」ことになります．

▶短期鍵を生成する関数

16バイトの短期鍵を生成するための鍵生成関数s1とその引数を，**図11-9**に示します．引数の()内の配列変数は，PICマイコンのファームウェアで使用しているものです．

▶PICマイコンのファームウェアではこうなっている

リスト11-2に，関数s1で短期鍵を求めているファームウェアの主要部分[SMP_FUNC_S1：1072]から[SMP_FUNC_S1_END：1094]を示します．**リスト11-2**中の①から④までで示したコードの意味は，次のとおりです．

①e(k, r')の計算準備

buf1[0]=0x17;とbuf1[1]=0x20;とで，LE Encrypt Command（関数eの計算命令）であることを示しています．buf1[2]=0x20;はデータ長で，buf1[3]から以降に32バイトの引数(k, r')が入るという意味です

②k, r'の設定

buf[3]以降に，k, r' = r1' || r2'の順に並べて代入します．ここで，r1'はr1の最下位8バイト，r2'はr2の最下位8バイトです．また，r1' || r2'はリトル・エンディアンなので，下位バイトから並べます．したがって，k, r2', r1'の順で並んでいます．

③e(k, r')の実行

④計算結果(Command Complete Event)を待つ

buf1[6]以降に16バイトの計算結果が入ってきます．これが短期鍵です．

■ 認証接続作業の第3相…長期鍵，Rand，EDIVを作る

● 再接続時に行われるペアリング

再接続の際，スレーブは自分で作った長期鍵を用います．

図11-10のように，スレーブがマスタに対してセキュリティ要求を行うと，マスタはスレーブに，自分の長期鍵，Rand，EDIVを用いてペアリングを要求してきます．スレーブには長期鍵要求イベントが発生するので，スレーブ自体の長期鍵で応答します．これで再接続時のペアリングが完了します．

LEのペアリングは，BD/EDRより格段に簡単で短時間で完了します．ただし，Harmonyでは長期鍵を用いたペアリングを省略できることが分かったので，PICマイコンのファームウェアでは，下記の再接続時のペアリング操作は行っていません．

● 長期鍵の作成と配布

初回接続時のペアリングに成功したら，マスタとスレーブそれぞれ独立に，任意の固定値である16バイトのER(Encryption Root)と2バイトのDIV(Diversifier：0x0002，0x0003，

0x0004など）から，多様化（Diversifying）関数d1関数を用いて長期鍵を作ります．そして，それらを相互に送りつけます．これを配布と呼びます．

マスタとスレーブとで，それぞれ16バイトのIR（Identity Root，ERと同じ値でよい）とドングルで発生させた8バイトの疑似乱数Randから，関数d1とDIVマスク生成（DIV Mask generation）関数dmを用いて，2バイトのEDIV（Encrypted Diversifier）を作成します．そして，これらEDIVとRandも互いに相手に配布します．

▶ PICマイコンのファームウェアではこうなっている

PICマイコンのファームウェア（main.c）では，長期鍵をLTK[16]なる配列に定数として設定しています．EDIVとRandは，配列EDIV_RANDOM[10]の中で，最初の2バイトとそれに続く8バイトに定数として設定しています．

長期鍵，Rand，EDIVの具体的な数値は，I/Oアダプタとパソコンを接続していく過程で，パソコン側でもそれらを作るので，それを流用しています（長期鍵，Rand，EDIVの数値は，パソコン上でUSBTraceというソフトウェア[7]でモニタすると見ることができる）．

流用した理由は，単に長期鍵，Rand，EDIVを計算するのが面倒だったからです．計算方法を知りたい方は，参考文献(2)のVol.3/Part Hの5.1と5.2節（Appendices）に詳しく書いてあります．関数c1や関数s1を理解できれば，関数d1や関数dmも簡単に理解できます．

PICマイコンのファームウェアでは，[SMP_LTK_OUT：1143] と [SMP_RANDOM1_OUT：1159]で，それぞれスレーブのLTKと（EDIV，Rand）とをマスタに送信し，[SMP_RANDOM1_IN：1175] と [SMP_LTK_IN：1182]で，それぞれマスタのLTKと（EDIV，Rand）を受信しています．

■ SMプロトコルにおけるデータ・パケットの実例

● ペアリング時のデータを見てみる

実際に，マスタとスレーブ間でやりとりされているデータ・パケットを見てみましょう．

ログ・ファイルlog.txtの43行目以降に，次のようなデータ・パケットがあります（「HCI：」で始まる行はすべて無視）．

```
SMP_PAIR_REQ:
① 2C 20 0B 00 07 00 06 00 01 01
   00 01 10 01 01
② 2C 20 0B 00 07 00 06 00 02 03
   00 01 10 01 01
```

これは，SMプロトコルによる第1相のペアリング情報の変換に相当します．PICマイコンのファームウェアでは，[SMP_PAIR_REQ：904]から[SMP_PAIR_RESP：915]での作業に相当します．

● ①のバイト列…ペアリング要求

データ・パケット①の最初の2バイトは，HCIヘッダです[図11-5(a)]．次の2バイトはACLデータ長（リトル・エンディアンで0x000B）で，これ以降11バイトのデータが続くという意味です．続く2バイトが，L2CAPデータ長（0x0007）です．その次の2バイトはチャネルIDです．チャネルIDが0x0006なので，このデータ・パケットがSMプロトコル関連のものであることが分かります．

続く7バイト（01 01 00 01 10 01 01）がprepに相当し，SMプロトコル関連のL2CAPデータです．最初の1バイト目はSM命令で0x01です．これから，参考文献(2)のVol.3/Part Hの3.5.1 節を見ると，ペアリング要求命令であることが分かります．

SMパラメータ（01 00 01 10 01 01）の最初の1バイト目は入出力に関する能力（IO Capability）を表しており，0x01はマスタがディスプレイとYES/NOを入力できるボタンをもっていることを意味しています．残りの5バイトは，大ざっぱに言えば，ペアリングに最大16バイト長の鍵を使い，長期鍵，EDIV，Randを配布するといった意味です．詳しくは，参考文献(2)を参照してください．

● ②のバイト列…ペアリング応答

L2CAPデータ（02 03 00 01 10 01 01）は，presに相当します．

最初の1バイト目は，SM命令で0x02です．参考文献(2)のVol.3/Part Hの3.5.2 節を見ると，ペアリング応答であることが分かります．

SMパラメータ（03 00 01 10 01 01）の最初の1バイト目はIO Capabilityを表しており，0x03はスレーブが入力ボタンも出力ディスプレイも持っていないということを意味します．スレーブは入力ボタンを持たないので，PINコードを入力することができません．

そこで，I/Oアダプタでは，必然的にPINコード入力が不要なJust Worksという方法を採ることになったわけです．残りの5バイトの意味は上記①と同じです．

11-6 ④ ATTプロトコル

● ATTプロトコルの役割

「11-4 ②L2CAPによる通信回線の多重化」のところで，必要な作業としてSQ「(2) I/OアダプタがUSB機器であることをパソコン側に認識される必要がある」と書きました．そのためには，HOGP（プロファイル）用のGATTデータベースを作る必要があります．

ここで，データベースについて考えてみます．例えば，入試受験者の情報をデータベース化するとします．受験者個々の情報は1レコードにまとめるのが自然です．そこで，問題となるのは，一つのレコードの中にどのような情報を盛り込むかです．

一つのレコードには，受験番号，氏名，性別，獲得点数といった複数のフィールドを設けるのがよさそうです．

次に問題となるのは，データの読み書き（ある学生の獲得点数の読み書きなど）命令，検索（男子学生のデータだけを抽出するなど）命令などをどうするかでしょう．これらは，データベースの個々のフィールドが持つことになる具体的な値とはまったく違った次元で考えておく必要があります．

GATTデータベースも，入試受験者情報データベースと事情は同じで，複数のレコードで構成されます．そして，各レコードは複数のフィールドで構成されます．GATTデータベースのレコード設計と，フィールドの内容を読んだり書いたり検索したりする命令を規定しているのがATT（ATTribute：属性）プロトコルです．

各レコードの各フィールドに入る具体的な値に関することは，ATTプロトコルではなくGATTプロファイルで決めます．以上，詳しくは参考文献(2)のVol.3/Part Fに説明されています．

● レコード設計

一つのレコードは三つのフィールドから成り立っています．

▶第1フィールド

2バイト長のレコード番号で，ハンドルと呼ばれています．ハンドルは0x0001番（0x0000番は使えない）から必要な番号まで付けられます．最大番号は0xFFFFです．

▶第2フィールド

2バイト長のアトリビュート型（以後，「型」と記述する）で，役割に応じてUUID（Universally Unique IDentifier）が割り当てられます．

▶第3フィールド

このアトリビュート型に対する任意長のアトリビュート値（以後「値」と記述する）です．

● ATT命令

レコードの内容を読んだり書いたり検索したりする命令は，ATTプロトコルで扱うデータ・パケットの中に付加されます．図11-5(c)に示すように，ATTデータ・パケットは，チャネルIDが0x0004のL2CAPデータ・パケットです．

L2CAPデータ・パケットのL2CAPデータ列（最大23バイト）に相当する場所は構造化されていて，最初の1バイト目にATT命令の種別（読み書き検索命令），その後にATTパラメータ（読み書きデータや検索する内容）が続きます．このように，SMプロトコルと同様，ATTプロトコルではL2CAP（プロトコル）で決められたデータ・パケットを基礎として利用し，その中にATT命令を付加するという構造になっています．

11-7 ⑤ GATTプロファイル

■ GATTプロファイルの役割

GATT（General ATTribute）プロファイルは，ATTプロトコルに準拠した複数のレコードをどの

ようにまとめて意味のある構成にするかを規定しています。参考文献(2)のVol.3/Part Gに詳しく説明されています。

● GATTデータベースの構成

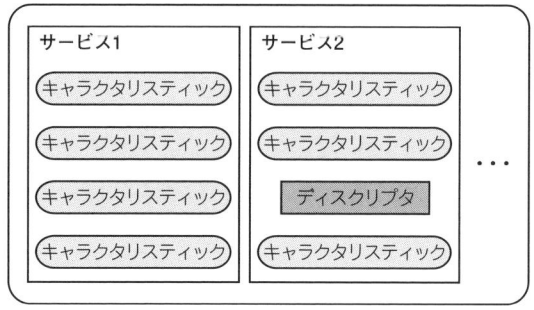

図11-11に，GATTデータベースの主な構成を示します。データベースは，複数の「サービス」で構成されます。各サービスは，複数の「キャラクタリスティック」で構成されます。必要であれば，キャラクタリスティックには「ディスクリプタ」を付加できます。

LEモードでは，低消費電力化を図るため，図11-5のようにデータ・パケットの最大長を制限しています。このため，サービス内容を一気に転送できず，小分けにして転送する必要があります。これに対処するため，「サービス」を「キャラクタリスティック」に小分けしたのだと理解しています。なお，サービス，キャラクタリスティック，ディスクリプタに関しては，文献(4)のWebサイトに整理されています。

● スレーブの持つデータベースの内容をマスタに転送

スレーブ(I/Oアダプタ)が持つGATTデータベースの内容は，基本的にマスタ(パソコン)からの要求に応答する形式で，スレーブからマスタへとATTプロトコルにしたがって転送されます。

図11-2に示したように，PICマイコンのファームウェアでは，このGATTデータベース転送を，最初の接続時には①，②，③の3段階，また再接続時には①と④の2段階で行います。GATTデータベース転送のシーケンスをすべて書き出すと，長い巻き物風になるのでここでは省略します。

ログ・ファイルlog.txtと表11-1を見比べながら，参考文献(2)のVol.3/Part Fの3.4節(Attribute Protocol PDUs)を片手に，ログ内容を解釈していけば，どのように，GATTデータベースがパソコンに転送されるかを簡単に理解できます。転送が終了すると，マスタはスレーブが持っていたGATTデータベースを完全に所有します。この作業で，I/OアダプタがUSB機器であることをパソコン側が認識します。

図11-11 GATTデータベースの構造

■ PICマイコンのファームウェアにみる実際のGATTデータベース

● データベースの構成

GATTデータベースを理解するには，USB-HIDデバイスとの通信をBluetooth 4.0 LEモードで無線化するプロファイルであるHOGP (HID Over GATT Profile)用のもの(GATTデータベース)を具体例として見ていくことが一番よい方法です。

表11-1に，今回使用したHOGPに準拠したGATTデータベースを示します。ファームウェアを作るときは，使用するプロファイルに合わせて，このようなGATTデータベースを作らなければなりません。

表11-1を見ると，ハンドルが0x0001から0x001Aまでの26個のレコードから成り立っています。各レコードは，ATTプロトコルにしたがって三つのフィールド(ハンドル，型，値)で構成されています。

● I/OアダプタのGATTデータベースは四つのサービスを持つ

HOGPでは，GATTデータベースに，

・デバイス名などを提供するGeneric Accessサービス
・送受信データの形式(バイト数など)を提供するHIDサービス
・電池残量情報を提供する電池サービス
・PnP(プラグアンドプレイ)情報を提供するデバイス情報サービス

の四つのサービスを盛り込む必要があります。どのようなサービスを盛り込むかは，使用するプロ

表11-1 今回使用したGATTデータベース（HOGPに基づく）

ハンドル(Handle)	型(UUID)	値(Value)	備　考	
0x0001	0x2800	0x1800	Generic Access サービス	⎫
0x0002	0x2803	0x0A	・読み/書き	⎪
0x0003	0x2A00	'Y','T','S','-','L','E'	デバイス名	⎬ 1番目のサービス
0x0004	0x2803	0x02	・読み	⎪
0x0005	0x2A01	0xC0 0x03	アイコン： Generic HID 0x03C0	⎭
0x0006	0x2800	0x1812	HIDサービス	⎫
0x0007	0x2803	0x12	・読み/通知	⎪
0x0008	0x2A4D		HID データ	⎪
0x0009	0x2908	0x00 0x01	リポートID 0x00 INデータ 0x01	⎪
0x000A	0x2902	0x01 0x00 (0x0001)	CCC（通知可能にする）	⎪
0x000B	0x2803	0x0E	・読み/書き/書き（応答不要）	⎪
0x000C	0x2A4D	—	HID データ	⎪
0x000D	0x2908	0x00 0x02	リポートID 0x00 OUTデータ 0x02	⎬ 2番目のサービス
0x000E	0x2803	0x02	・読み	⎪
0x000F	0x2A4B	0x06 0x00 0xFF …… 0xc0	リポート・マップ注	⎪
0x0010	0x2803	0x02	・読み	⎪
0x0011	0x2A4A	0x02 0x00 0x00 0x10	HID 情報（デバイス番号 0x0002, 国識別 0x00, フラグ0x10）	⎪
0x0012	0x2803	0x04	・書き（応答不要）	⎪
0x0013	0x2A4C		HID コントロール/ポイント	⎭
0x0014	0x2800	0x180F	電池サービス	⎫
0x0015	0x2803	0x12	・読み/通知	⎬ 3番目のサービス
0x0016	0x2A19	0x64=100%	電池残量（0～100%）	⎪
0x0017	0x2902	0x01 0x00 (0x0001)	CCC（通知可能にする）	⎭
0x0018	0x2800	0x180A	デバイス情報サービス	⎫
0x0019	0x2803	0x02	・読み	⎬ 4番目のサービス
0x001A	0x2A50	0x01 0xD8 0x04 0x3F 0x00 0x11 0x01	PnP ID（VS 0x01, VID 0x04D8, PID 0x003F, VER 1.11）	⎭

注：リスト11-3に示すHIDリポート・ディスクリプタの情報がハンドル0x000Fの値となる

トコルで決まっています.

　表11-1に戻り，サービスの始まりを示す0x2800という型（UUID）を持っているレコードに着目すると，同様のレコードが四つあります．合計四つのサービスがあるということです．

▶1番目のサービス
（ハンドル0x0001～0x0005）

　ハンドル0x0001の値は0x1800です．文献(4)のWebサイトでサービスのタグをクリックすると，0x1800はGeneric Accessサービスを意味することが分かります．つまり，1番目のサービスはGeneric Accessサービスです．

▶2番目のサービス
（ハンドル0x0006～0x0013）

　ハンドル0x0006の値が0x1812なのでHIDサービスです．

▶3番目のサービス
（ハンドル0x0014～0x0017）

　ハンドル0x0014の値が0x180Fなので電池サービスです．

▶4番目のサービス
（ハンドル0x0018～0x001A）

　ハンドル0x0018の値が0x180Aなのでデバイス情報サービスです．

　　　　　＊　　　＊　　　＊

　Generic Accessサービスに関しては，参考文献(2)のVol.3/Part Cの12節（GAP CHARACTERISTICS FOR LOW ENERGY）に説明されています．その他のサービスに関するマニュアルは，HIDS, BAS, DISという名前で，参考文献(2)のWebサイトから得ることができます．

リスト11-3 HIDリポート・ディスクリプタ

```
0x06, 0x00, 0xFF,// Usage Page = 0xFF00 (Vendor Defined Page 1)
0x09, 0x01,      // Usage (Vendor Usage 1)
0xA1, 0x01,      // Collection (Application)
0x19, 0x01,      // Usage Minimum    (0x01)
0x29, 0x13,      // Usage Maximum    (0x13)
0x15, 0x00,      // Logical Minimum (0x00)
0x26, 0xFF, 0x00,// Logical Maximum (0x00FF = unsigned 255)
0x75, 0x08,      // Report Size: 8-bit field size
0x95, 0x13,      // Report Count: Make Nineteen 8-bit fields
0x81, 0x00,      // Input (Data, Array, Abs)
0x19, 0x01,      // Usage Minimum    (0x01)
0x29, 0x13,      // Usage Maximum    (0x13)
0x91, 0x00,      // Output (Data, Array, Abs):
0xC0             // End Collection
```

● サービスの内容を詳しく見てみる
▶ 1番目：Generic Access サービス

第2フィールド（型）に0x2803という値を持っているレコードが2回現れています．これが，キャラクタリスティックの始まりを示すレコードです．つまり，Generic Accessサービスは，二つのキャラクタリスティックを持っています．キャラクタリスティックは，常に連続した二つのレコードから成り立っています．

表11-1の1番目のキャラクタリスティックを書き出すと，次のようになります．

```
0x0002   0x2803   0x0A
0x0003   0x2A00   'Y'  'T'  'S'
                  '-'  'L'  'E'
```

ハンドル0x0002の値は0x0Aですが，これはハンドル0x0003の値である（'Y' 'T' 'S' '-' 'L' 'E'）がどのように使われるかを表しています．0x0Aは，（'Y' 'T' 'S' '-' 'L' 'E'）に対して，マスタが読み書きできるという意味です．読み書きといった言葉使いは，常にマスタの立場で使用します．

ここで出てきた0x0Aのような数値に関しては，参考文献（2）のVol.3/Part Gの3.3.1.1節に定義されています．ハンドル0x0003の型は0x2A00ですから，文献（4）のWebサイトでキャラクタリスティックのタグをクリックすると，デバイス名（Device Name）であることが分かります．

以上のキャラクタリスティックの意味は，スレーブ（PICマイコン）のデバイス名がYTS-LEで，マスタ（パソコン）はその名前に対して読み書きができます．

▶ 2番目：HID サービス

HIDサービスのキャラクタリスティックは，**表11-1**の次の部分です．

```
0x0007    0x2803   0x12
0x0008    0x2A4D   HIDリポート
```

ハンドル0x0008の型が0x2A4Dなので，文献（4）のWebサイトでキャラクタリスティックのタグをクリックしてみると，その値はReport（HIDリポート）であることが分かります．HIDで扱うデータという意味です．また，ハンドル0x0007の値が0x12ですから［参考文献（2）のVol.3/PART Gの3.3.1.1節］，HIDで扱うデータに関して，それをマスタが読み込むことができるように，またスレーブ側で値が変わったらマスタへ告知（Notify）できるように設定しています．

▶ HIDサービスの1番目のキャラクタリスティックに付加されたディスクリプタ

表11-1を見ると，HIDサービスの1番目のキャラクタリスティックと2番目のキャラクタリスティックの最初のレコード（0x2803なる型を持っているハンドル0x000Bのレコード）の間に，

```
0x0009      0x2908    0x00 0x01
0x000A      0x2902    0x01 0x01
(0x0001)
```

という二つのレコードが付加されています．

これが，HIDサービスの1番目のキャラクタリスティックに付加されたディスクリプタです．文献（4）のWebサイトにおいて，ディスクリプタのタグをクリックすると，

0x2908：Report Referenceディスクリプタ
0x2902：Client Characteristic Configuration（CCC）ディスクリプタ

であることが分かります．

Report Referenceの値は，（0x00，0x01）です．文献(4)のWebサイトにおいて，Report Referenceディスクリプタのタブをクリックすると，0x00は，HIDリポートIDが0であり，0x01はHIDリポート入力（0x02ならば出力）です．したがって，ハンドル0x0008の値，すなわちHIDリポートには，マスタが入力するリポート（パソコンが受信するデータ，つまりPICマイコンが送信するデータ）が入ります．

CCCディスクリプタのアトリビュート値は（0x01，0x00）です．これは，リトル・エンディアンで0x0001を意味しますが，文献(4)のWebサイトにおいて，CCCディスクリプタのタグをクリックすると，スレーブ側でリポート値が変わったら告知できるように設定したという意味です．

11-8 マスタとスレーブ間でやりとりされる実際のデータ・パケット

マスタとスレーブ間で実際どのようなデータ・パケットをやりとりして，GATTプロファイル処理をしているのか見てみます．

● 実際のデータ・パケット（GATT_PRIMARY_SERVICE1：）

ログ・ファイルlog.txtの30行目以降にある次のデータ・パケットの意味を調べます（「HCI：」で始まる行はすべて無視）．

①2C 20 0B 00 07 00 04 00 10 01
  00 FF FF 00 28
②2C 20 18 00 14 00 04 00 11 06
  01 00 05 00 00 18 06 00 13 00
  12 18 14 00 17 00 0F 18

これは，PICマイコンのファームウェアでは，[GATT_PRIMARY_SERVICE1：751]と，それから少し飛んで[GATT_PRIMARY_SERVICE1_RESP：836]に相当します．

このデータ・パケットと図11-5を見比べてください．上記の①と②のはじめから7バイト目と8バイト目を見るといずれも0x04，0x00です．こ

れは，リトル・エンディアンで0x0004を意味しており，ATTプロトコルのチャネルIDです．

GATTプロファイルが，ATTプロトコルに準拠しています．9バイト目以降が，ATTプロトコルで使用しているL2CAPデータ列です．

▶データ・パケット①の考察

L2CAPデータ列の1バイト目はATT命令（0x10）ですから，参考文献(2)のVol.3/Part Fの3.4.4.9節からRead by Group Type Requestです．

同列2バイト目から4バイト分は（01 00 FF FF）で，ハンドルが0x0001から0xFFFFまでを探せという意味です．

残りの2バイトである（00 28）は，0x2800（前述のようにサービスを示すアトリビュート型）ですから，サービスを探せという意味です．つまり，スレーブが持つサービスの骨格を知らせてほしいとマスタが要求しています．

▶データ・パケット②の考察

L2CAPデータ列の1バイト目はATT命令（0x11）ですから，文献(2)のVol.3/Part Fの3.4.4.10節からRead by Group Type Responseです．

この0x11に続く0x06は，以後のデータが6バイトずつの組であることを示しています．すなわち，（01 00 05 00 00 18）と（06 00 13 00 12 18）と（14 00 17 00 0F 18）です．最初の組は，ハンドル0x0001から0x0005までは，0x1800というサービス（Generic Accessサービス）です．

　　　　　＊　　　　＊　　　　＊

その他の組の意味も理解できると思います．結局，GATTデータベースに含まれるサービスの骨格をマスタに答えているわけです．

ここでは，L2CAPデータ列の最大長（23バイト）制限のため，一つのデータ・パケットで，三つのサービスについてしか回答できませんが，4番目のサービスに関しては，その後でまたRead by Group Type Requestがマスタから送られてくるので，そこで答えます．

● 実際のデータ・パケット（HID_READ_DATA：）

パソコンは，I/OアダプタからGATTデータ

ベースに関する情報をすべて得ると，次にパソコンとI/Oアダプタ間でHIDデータの送受信を行います．

その送受信アダプタ・パケットを取り上げます．ログ・ファイル log.txt の238行目以降に，次のようなデータ・パケットがあります（「HCI：」で始まる行はすべて無視）．

① 2C 20 1A 00 16 00 04 00 12 0C
00 31 32 33 34 00 00 00 00 00
00 00 00 00 00 00 00 00 00 00
② 2C 20 05 00 01 00 04 00 13
③ 2C 20 1A 00 16 00 04 00 1B 08
00 32 32 33 34 00 00 00 00 00
00 00 00 00 00 00 00 00 00 00

これらはそれぞれ，ファームウェア（第10章のリスト10-1）や第10章の図10-6における各ステップに対応しており，それぞれのステップにおいて配列 buf に格納される，または格納するデータ・パケットです．

▶ データ・パケット①の考察

ATTプロトコルで使用しているL2CAPデータ列の1バイト目はATT命令（0x12）ですから，文献(2)のVol.3/Part Fの3.4.5.1節からWrite Requestです．

0x12に続く2バイト（0C 00）は，ハンドル0x000Cを意味しています．GATTデータベース（表11-1）を見ると，ハンドル0x000Cの値には，パソコンが送信する（PICマイコンが受信する）データが入ることが分かります．ハンドル以降が，そのデータ内容（アスキー文字列で言えば"1234"）です．

▶ データ・パケット②の考察

ATT命令が0x13ですから，文献(2)のVol.3/Part Fの3.4.5.2節からWrite Responseであることが分かります．スレーブがデータを無事受け取ったことをマスタに知らせているだけです．

▶ データ・パケット③の考察

ATT命令が0x1Bですから，文献(2)のVol.3/Part Fの3.4.7.1節からHandle Value Notificationであることが分かります．

0x1Bに続く2バイトは，ハンドル0x0008を意味しています．GATTデータベースを見ると，ハンドル0x0008の値には，パソコンが受信する（PICマイコンが送信する）データが入ります．ハンドル以降が，そのデータ内容（アスキー文字列で言えば"2234"）です．

● 送受信データを19バイト以下にした理由

上記①や③の例から分かるように，送受信する最大データ長を19バイトに制限しています．ATTプロトコルでのL2CAPデータ列は最大23バイトなので，ATT命令の種別の1バイトとその後に続くハンドルの2バイト（0x000Cや0x0008の2バイト）を引くと，本来，送受信するデータの最大長は20バイトです．

もし，20バイトのデータをPICマイコンやパソコンから送信すると，受信した方のドングルは，次にデータが続くかもしれないと判断して，データがない場合でも，データを要求してきます．そして，これに応答しなければいけません．当然，これらの要求と応答に時間を取られるので，結果的にデータ転送速度は遅くなります．これを避けるために，PICマイコンのファームウェアでは，送受信するデータの最大長を19バイトに制限しています．

＊

Bluetooth 2.1/3.0 + EDRのドングルを使って，電子部品/機器を無線制御するためにBluetooth-HIDプロファイルを開発してきました[1][5]．

そのような中，2012年5月から，HOGP（プロファイル）に対応しているパソコン用のBluetoothスタックを添付しているBluetooth 4.0のドングルが各社から販売され始めました．HOGPを利用すれば，これまで使用してきたパソコン上で働くHID用のアプリケーション・ソフトウェアがそのまま使用できるはずであると考え，Bluetooth 4.0 LEモード・ドングル用のファームウェアを開発し始めました．途中，Bluetoothプロトコル・スタックである"Harmony"のベンダIDとプロダクトIDに関する独特の癖に気付くのに，1週間ほどかかりましたが，どうにか開発にこぎ着けました．

ここで紹介したPICマイコンのファームウェアはまだ生まれたての赤ん坊のようなもので，まだまだ改良の余地がありますが，Bluetooth 4.0 LEモードを扱う方々に，お役に立てば嬉しく思います．

参考文献

(1) 辻見 裕史；PICの解説Webページ，
http://www.yts.rdy.jp/pic/pic.html
(2) Bluetooth Special Interest Group，Core Version 4.0,
https://www.bluetooth.com/specifications/bluetooth-core-specification/legacy-specifications
(3) SysNucleus，USBTrace,
http://www.sysnucleus.com/
(4) Bluetooth Special Interest Group，Definition Browser,
https://www.bluetooth.com/specifications/gatt
(5) 辻見 裕史；BluetoothドングルとPICで作るワイヤレスGPIB，トランジスタ技術2012年4月号，pp.160〜167，CQ出版社．

つじみ・ゆうじ

Appendix 8

第4部 Bluetoothドングル活用事例

パソコンとI/Oアダプタがやりとりするデータが見える

手作りシリアル通信チェッカ

辻見 裕史

　PICマイコンのファームウェア（プロトコルとプロファイル）を改造するとき，パソコンとI/Oアダプタの間で，どのようなシリアル・データが送受信されているかをモニタできるツールがあると短時間でデバッグできます．**写真A8-1**に示すのは，自作したシリアル通信チェッカ（RS-232-C用のレベル・コンバータ）です．ここではデバッグ・モニタと呼びます．**図A8-1**に回路図を示します．

● ステップ1

　I/Oアダプタのピン・ヘッダJ_2とデバッグ・モニタ回路のピン・ヘッダJ_1を4本の線で結びます．つまり，1番ピンは何も接続せず（No Connection），2番ピンから5番ピンまでを，それぞれ結線します．

　デバッグ・モニタ回路の9ピンのDサブ・コネクタ（CN_1）からRS-232-Cケーブルを介してパソコンのDサブ・コネクタか，**写真A8-1**のようにRS-232-C-USB変換ケーブルを介してパソコンのUSBコネクタに接続します．

● ステップ2

　PICファームウェア（main.c）の55行目にある //#define DEBUG_MODE 文のコメント "//" を削除します．そして，ファームウェアを再ビルドした後，それをPICマイコンに書き込みます．

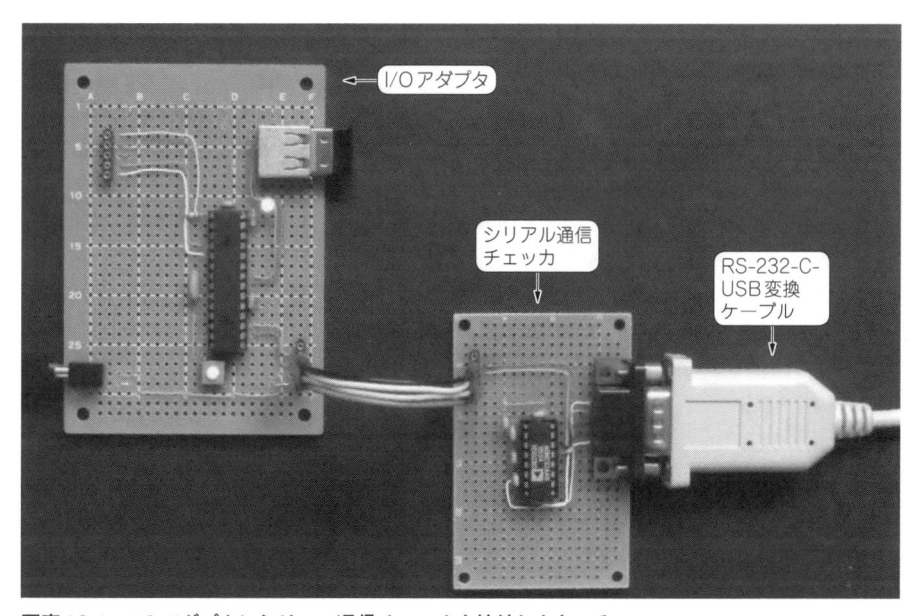

写真A8-1 I/Oアダプタにシリアル通信チェッカを接続したところ

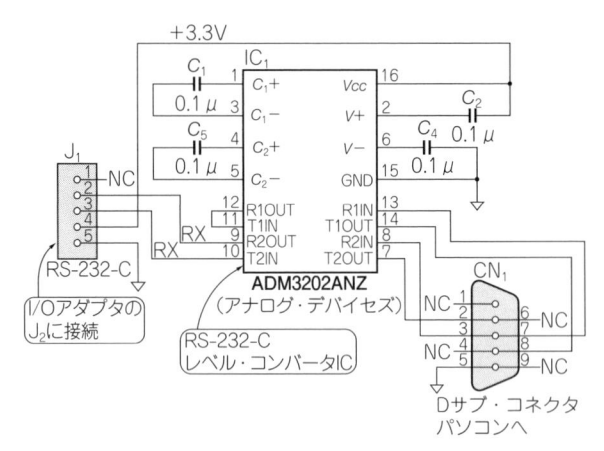

図A8-1　シリアル通信チェッカの回路

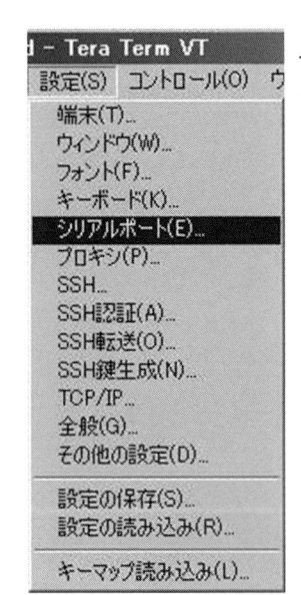

◀図A8-2
Tera Termの設定方法…「設定」メニューから「シリアルポート」を選択

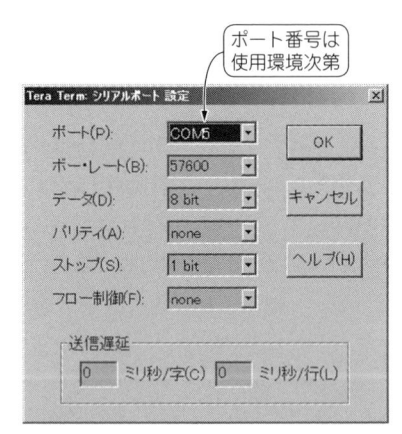

図A8-3　Tera Termをこのように設定する

● ステップ3

　ウェブサイトから"Tera Term"というフリーの通信ソフトウェアをダウンロードします．パソコン上でTera Termを起動し，その「設定」メニューから図A8-2のように「シリアルポート」を選択します．

　各種パラメータを図A8-3に示すように設定して，[OK]ボタンを押します．ただし，ポート番号はパソコンの使用している環境によるので，それに合わせて適当に設定します．

　設定した各種パラメータをファイルに保存するために，図A8-2の「設定」メニューから「設定の保存」を選択すると出てくるダイアログ・ウィンドウで[OK]ボタンを押します．これで，送受信しているデータをパソコン上で見ることができます．

　今回開発したファームウェアのログ・ファイルは，LOGフォルダの中にある log.txt です．

参考Webサイト

(1) Tera Term，http://forest.watch.impress.co.jp/library/software/utf8teraterm/

つじみ・ゆうじ

第4部 Bluetoothドングル活用事例

第12章

専用ケーブルより安価！到達距離60mで混信にも強い

BluetoothドングルとPICで作るワイヤレスGPIB

使用するプログラム：12_Sample Program

辻見 裕史

● 取り回ししにくいGPIB通信のケーブルをなくしたい

　計測器とパソコンの間をつなぐGPIB（General Purpose Interface Bus）規格はかなり古いものですが，いまでも数多くの応用機器において現役です．ただし有線ですから，遠くにGPIB機器があると，あの太いケーブルを長く引き回す必要があります．

　これを避けるため無線BluetoothドングルとPICマイコンを用いて，GPIB機器とパソコンとの間を無線接続するための装置（**写真12-1**，以降B-GPIB）を作成しました．

● システム構成…混信に強いBluetoothを使う

　システム全体としては**図12-1**のような構成になります．GPIB機器1台につきB-GPIB1台が必要です．1台のパソコンで7台までのGPIB機器を制御できます．7台までというのはBluetoothの制約です．ZigBeeでなくBluetoothを選択した理由は，混信に強いからです．さらにBluetoothドングルには，
　・ZigBeeモジュールに比べ小さくて違和感がない
　・近くの電気店ですぐ手に入る
　・安価（千円程度）である
という利点があります．

● 製作した装置の特徴
▶ GPIBケーブル1本より安価

　Bluetoothモジュールは，プロファイルを内蔵したタイプが一般的だと思います．一方，最近は**写真12-2**に示すようなプロファイルを内蔵していない安価なBluetoothドングルをPICで制御する試みがHarada氏（Android OS）と筆者（Windows

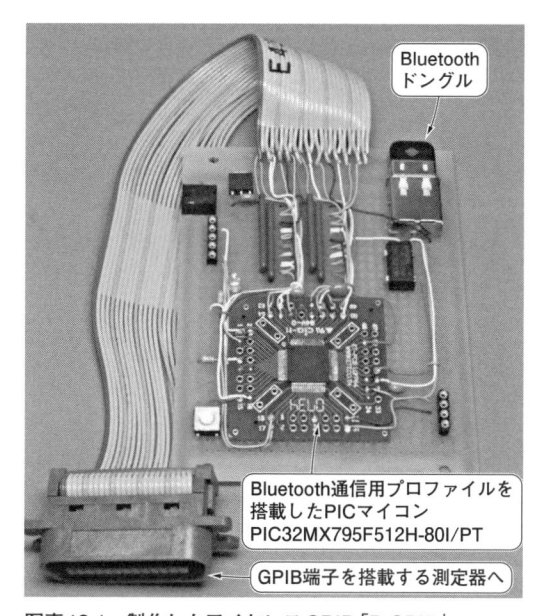

写真12-1 製作したワイヤレスGPIB「B-GPIB」
GPIB機器とパソコンを無線で接続できる

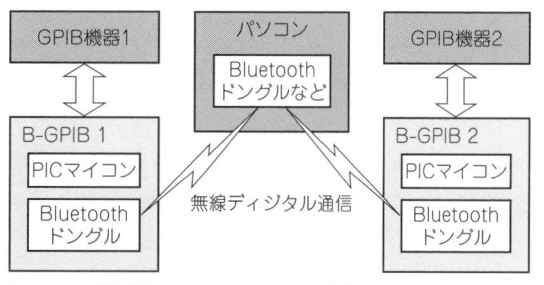

（Bluetoothドングル／Bluetooth通信用プロファイルを搭載したPICマイコン PIC32MX795F512H-80I/PT／GPIB端子を搭載する測定器へ）

図12-1 機器同士のGPIB通信を無線化するためのシステム構成
GPIB機器1台につきB-GPIB1台が必要

第4部 Bluetoothドングル活用事例

(a) BT-MicroEDR1X (b) BT-Micro3E2X (c) BT-Micro3E1X

写真12-2 入手しやすくなったBluetooth-USBドングルを使う
プロファイルを内蔵していない安価な製品

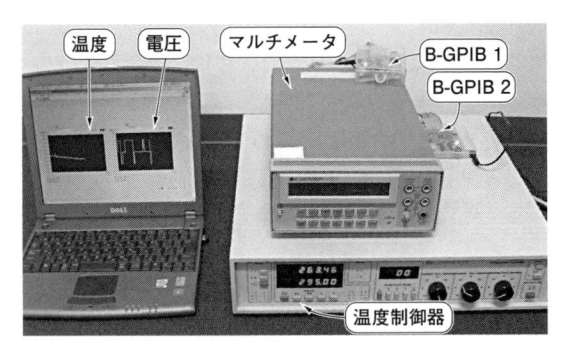

写真12-3 2台のB-GPIB機器とパソコンとの間を無線で接続
試料にレーザ光を当てて，その反射光強度の温度依存性を測定する場合を想定したGPIB機器の使用例

OS）によって個別に行われ，それぞれのウェブ・サイト(1),(2)で公開されています．ここでは後者の成果を利用し，「GPIBケーブル1本より安価」をうたい文句に，GPIBの無線化を図りました．

▶ **プログラムを本書ウェブ・ページから無償で提供します**

PICマイコンのファームウェアやパソコンからのブラウザを開発する必要はありません．筆者が読者に提供するソフトウェアを以下に示します．

(1) PIC用ファームウェア（簡易HIDプロファイルを含む）：B-GPIB
(2) パソコン用アプリケーション・ソフトウェア：Gpib_HP3478A

12-1 動かしてみる

● **反射光強度の温度特性をとる装置を例に**

写真12-3には，試料にレーザ光を当てて，その反射光強度の温度依存性を測定する場合を想定したGPIB機器の配置を示しています．

反射光強度は，反射レーザ光を電子増倍管で電圧に変換し，それをマルチメータ HP3478A（キーサイト・テクノロジー）で測定することにより得ています．また試料の温度測定とその制御には，温度制御器 DRC-91CA（LakeShore）を用いています．

写真右下の横長の機器が温度制御器で，その上の機器がマルチメータです．B-GPIBがそれぞれの機器に1台ずつ接続されている様子が分かると思います．ちょうど図12-1に示した構成です．

写真左側にはノート・パソコンがあります．そのディスプレイ画面上に，2台の機器から2秒ごとに受け取った温度と電圧をグラフ表示しています．

左側のグラフが温度に，右側のものが電圧に相当します．

● **通信距離は60m**

通信距離は障害物が何もない2本の廊下で測定しました．電波が届き難い廊下で（左右に金属扉が密に並び，天井に金属配管がむき出しで多数通っている），Class1（100mW）ドングル・ペアでは約60m，またClass2（2.5mW）ペアでは約30mでした．

電波が届きやすかった廊下では，Class1ペアでは廊下の全長70mまでは到達し，またClass2ペアでは約55mでした．次に，いろいろな装置が置かれている室内（7m×6m）で測定しました．Class2のペアで隅々まで通信可能でした．

● **センサのデータ取得には十分**

ノート・パソコンDELL X200（CPU：Pentium III 933MHz，OS：Windows XP Professional SP3）からB-GPIBへデータ・パケットを送り，その応答としてB-GPIBからノート・パソコンへデータ・パケットが返ってくるまでの時間（往復時間）は，41msから50msです．

計測にはUSBTraceというソフトウェアを使用しました．なお，1データ・パケットに乗るデータのバイト数は固定で48です．有線に比べ，かなり遅い通信レートです．

初めは，この遅さにショックを受けましたが，いまは無線化の短所であると理解しています．ただし上記システム構成の実例では2s間隔でデータ

をとっていますので，50msの応答時間は問題になりません．

12-2 GPIB機器を無線化するための5ステップ

■ ステップ1…通信の手順や規格を理解する

ステップ1ではまずGPIB機器とB-GPIBを接続するための予備知識を身に付けましょう．

● 8ビットのデータと管理信号で構成する

GPIB規格については数多くの文献で説明されているので，ここではB-GPIB 1台につなぐGPIB機器は1台だけという限定のもと，関連する部分だけを記述します．

B-GPIBとGPIB機器はフラット・ケーブル（24本のライン）でつないでいます．B-GPIBで使っている24ピンのコネクタ（プラグ）の模式図を**図12-2**に示します．信号名の上にバーが付いていることからも分かるように，GPIB信号はすべて負論理です．

$\overline{DIO1}$（LSB）から$\overline{DIO8}$（MSB）まではデータ・バスと呼ばれ，このバスを通して1度に1バイトぶんのデータが，B-GPIBとGPIB機器の間でやりとりされます．$\overline{REN}$，$\overline{EOI}$，$\overline{IFC}$，$\overline{SRQ}$，$\overline{ATN}$は管理バス・ラインです．例えばその中の$\overline{SQR}$は，GPIB機器の測定が終わったときに，そのことをほかに伝えるために使われます．

今回，B-GPIBには$\overline{SQR}$機能を持たせていません．またB-GPIBでは$\overline{REN}$を"L"に固定して，常にリモート状態に置いています．さらに$\overline{IFC}$ラインを利用してGPIBをクリアする機能をB-GPIBに持たせました．

● B-GPIBからトーカとリスナを指定する

トーカとはデータを送り出す機器で，リスナとはデータを受け取る機器を意味します．B-GPIB 1台につながるGPIB機器は1台だけですから，一方がトーカで，他方は必ずリスナになります．

B-GPIBでは，それ自身のGPIBアドレスを0番，GPIB機器のものを1番と固定しています．なぜ固定できるかについては後ほど記述します．このた

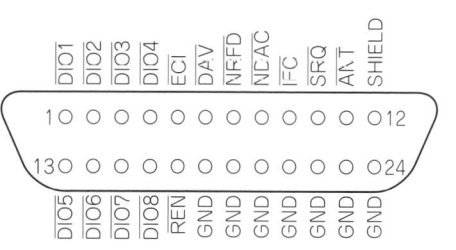

図12-2 GPIBコネクタ（プラグ）の端子配置

め，B-GPIBがGPIB機器へデータを送る状態にするには（B-GPIBがトーカでGPIB機器がリスナ），B-GPIBは$\overline{ANT}$を"L"にしたあと，' ?'（0x3f：アンリスン）と'@'+0（0x40：トーカ・アドレス）と' '+1（0x21：リスナ・アドレス）の3バイトを順にGPIB機器に送ります．

ここで，二つの'で挟まれた文字はアスキー・コードで，1バイトの数値を表します．トーカ・アドレスは'@'（0x40）にトーカとするGPIB機器のGPIBアドレスを足したもので，リスナ・アドレスは' '（空白，0x20）にリスナとするGPIB機器のGPIBアドレスを足したもので指定します．

逆にB-GPIBがGPIB機器からデータを受け取る状態にするには（B-GPIBがリスナでGPIB機器がトーカ），B-GPIBは$\overline{ANT}$を"L"にしたあと，' ?'（0x3f）と'@'+1（0x41）と' '+0（0x20）を順にGPIB機器に送ります．トーカとリスナを決めたあとは，B-GPIBは$\overline{ANT}$を"H"の状態にします．通常のデータ転送はこの状態で行います．

■ ステップ2…基板の製作

● PICと無線ドングルを接続する

B-GPIBの回路図を**図12-3**に示します．ドングルには**写真12-2**に示したPLANEX社のもの（左からBT-MicroEDR1X，BT-Micro3E2X，BT-Micro3E1X）や，Princeton社のPTM-UBT6を用いています．

使用できるドングルはHUB構造を持たないものに限ります．HUB構造を持っているか否かは，マイクロソフトが配布しているUSBVIEW.exeを実行するとすぐに判別できます．

PICマイコンにはPIC32MX795F512H-80I/PTを使っています．このPICはドングルを制御するために必要なUSBホスト機能を持っていることと，

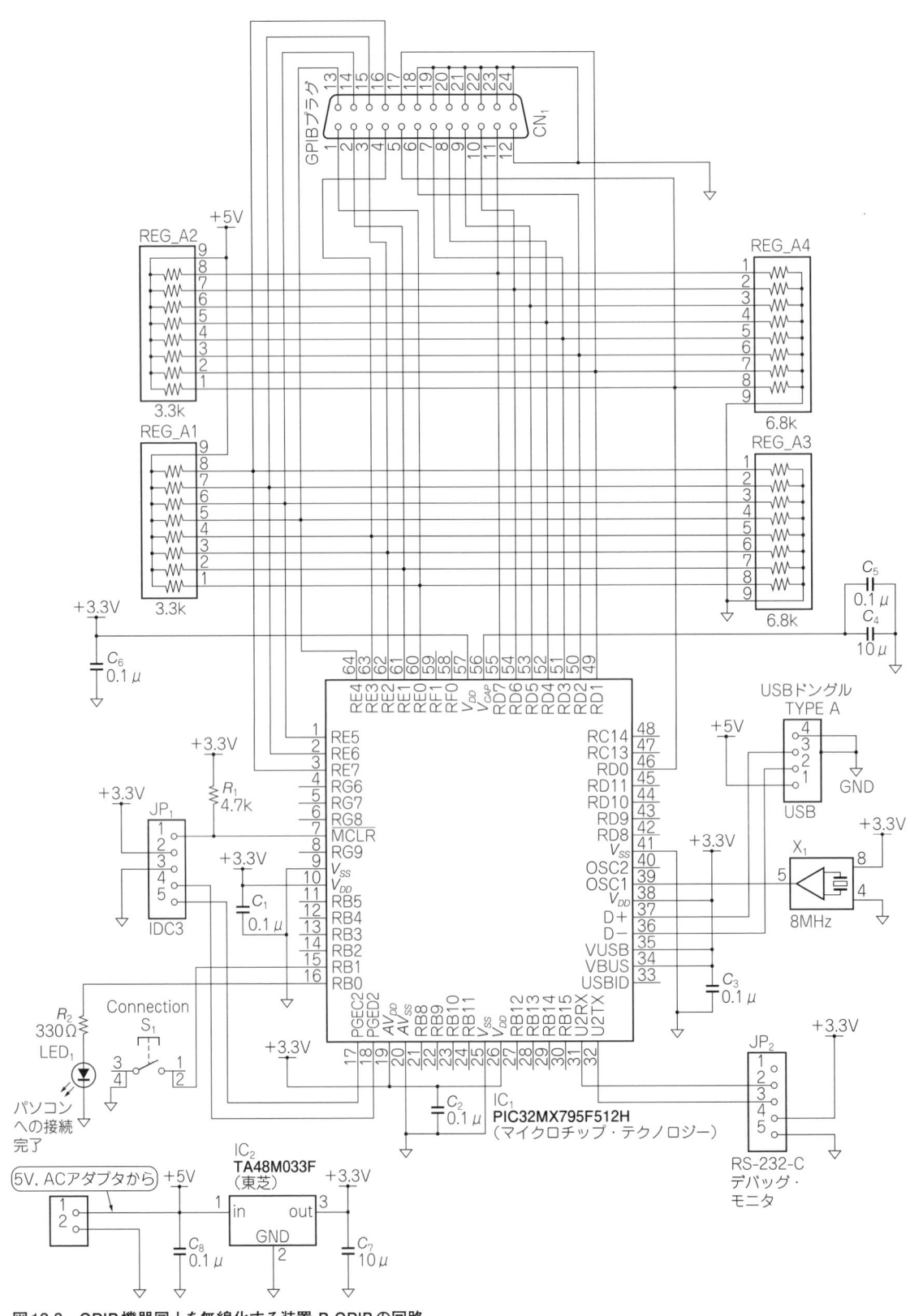

第4部　Bluetoothドングル活用事例

図12-3　GPIB機器同士を無線化する装置 B-GPIBの回路

GPIB機器の制御に必要な5V耐圧性を持った入出力ピンを2バイトぶん持っていることから選定しました．

PICはLQFP64ピン（0.5mm）変換基板にはんだ付けしています．電源には5Vの小型スイッチングACアダプタ（GFP101U-0520）を用いています．ドングルとGPIBバスにつなぐ集合抵抗（3.3kΩ，回路図でREG_A1とREG_A2）には，この5Vを直接供給しています．

そのほかの電子部品には5Vから3端子レギュレータで得た3.3Vを供給しています．また，GPIBコネクタにはGPIB機器と直結できるようにプラグ（レセプタクルではない）を使っています．

■ ステップ3…パソコンにB-GPIBを接続する

パソコンのOSがWindows XP SP3，Windows Vista Business 32bit SP2，Windows7 64bit Professionalの場合で，Bluetoothプロトコル・スタックが，これらのOSに付随しているものを使用した場合には，B-GPIBは問題なく動作します．

OSがWindows7 64bit Professionalの場合，B-GPIBをパソコンに無線接続する方法を，本書からのダウンロードで入手できるB-GPIBフォルダ中のconnect.pdfに書いておきました．

ほかのWindows OSでも似たような方法を採ります．接続が完了するとB-GPIB基板上のLED（回路図中のLED₁）が点灯します．2度目以降の接続はとても簡単で，パソコンを立ち上げておいてB-GPIBの電源を入れるだけです．LED₁が点灯すれば接続完了です．

■ ステップ4…使用する機器に合わせてパソコン上のアプリケーション・ソフトを改造する

● 筆者の用意したマルチメータ用のソフトを改造する

パソコン上で走るアプリケーション・ソフトウェアの一例が，Gpib_HP3478Aフォルダの中に入っています．このソフトウェアはマルチメータHP3478A用ですが，以下に示すようにGPIB命令を書き換えるだけで，ほかのGPIB機器にも対応可能です．

HP3478AのGPIBアドレスを1番としてB-GPIBとつなぎ，またB-GPIBとパソコンを無線接続します．HP3478Aの電源を入れてgpib_HP3478A.exeを実行すると，エディット・ボックスとOKボタンを持ったダイアログ・ウィンドウが現れます．OKボタンを押すとHP3478Aで測定された直流電圧がエディット・ボックスに表示されます．パソコンとB-GPIBとが無線接続されている状態では，gpib_HP3478A.exeを終了しても，またそれを再実行してもかまいません．

● VIDとPIDを設定する

B-GPIBではBluetooth-HIDプロファイルを使っているので，パソコンからそれを見ると単なるUSB-HID機器です．従ってUSB-HID用のアプリケーション・ソフトウェアが，そのまま利用できます．ただ，B-GPIBの持つVID（ベンダ識別）とPID（プロダクト識別）を適切に設定する必要があります．Usbhidioc.cppで，上から79行目と80行目にあるコードを**リスト12-1**に示します．ここで，B-GPIBのVIDである0x057eとPIDである0x0307を設定しています．

● パソコンとB-GPIBの間の送受信

gpib_HP3478ADlg.cppの93行目以下に**リスト12-2**で示す個所があります．ここではパソコンとB-GPIBの間でデータ・パケットの送受信を行っています．パソコンから見た場合の送信データ・パケット形式と受信データ・パケット形式を**図12-4**のように定めました．これらの形式を頭に置いて，コメント文を見ながら**リスト12-2**を読み進めれば，ソフトウェアの流れが分かると思います．なお，HP3478A以外のほかのGPIB機器の場合には，リスト中の`F1R1T3`の代わりにその機器固有のGPIB命令を入れるだけです．

▶ 送信データ・パケット形式

パケット長は48バイト（固定）で，配列`buf[]`

リスト12-1　パソコン上のアプリケーション・ソフトウェアでVIDとPIDを設定する

Usbhidioc.cppで，上から79行目と80行目にあるコード

```
const unsigned int VendorID = 0x057e;
const unsigned int ProductID = 0x0307;
```

```
buf[0]      buf[1]      buf[2]～
命令コード   データ長    データ本体(GPIB命令+LF)
```

命令コード
　1：応答がない場合
　2：応答がある場合
　3：タイムアウト設定命令
　4：IFC命令

　　　　（a）送信データ・パケット形式

```
buf[0]      buf[1]～
応答コード   応答データ(+LF：最終パケットの場合)
```

応答コード
　1：応答の最終パケットである
　2：応答の最終パケットでない
　3：タイムアウト・エラー

　　　　（b）受信データ・パケット形式

図12-4　パソコンから見た送信データ・パケット形式と受信データ・パケット形式

に送信情報を格納します．データ・パケットの1バイト目に命令コード，3バイト以降にデータ本体，2バイト目にはデータ本体の長さ（データ長）を配置します．データ本体というのは，GPIB命令+LF（0x0a）［ライン・フィード］です．LFはデータの最後を表すものでデリミタと呼ばれています．

　送信するGPIB命令に対してGPIB機器からの応答がないときには，命令コードbuf[0]を1とし，あるときには，それを2とします．例えばHP3478Aで，そのディスプレイ上に文字Aを表示するGPIB命令はD2Aですが，この命令に対してHP3478Aからの応答はないのでbuf[0]=1とします．また，直流電流を読む命令はF1R1T3ですが，この命令に対してHP3478Aから直流電圧値が応答として返ってくるのでbuf[0]=2とします．

　一方，命令コードを3とすると，それ以降の4バイトで，B-GPIBがGPIB機器からデータを読むときのタイムアウト（制限時間）が設定されます．

　gpib_HP3478ADlg.cppの53行目と54行目は**リスト13-3**のようになっていますが，ここでタイムアウトを0x00300000（約1秒に相当）としています．また，命令コードを4とすると，それ以後のデータは意味を持たず，$\overline{\text{IFC}}$ラインを約200μsだけ"L"としてGPIBラインをクリアします．

▶受信データ・パケット形式

　パケット長は48バイト（固定）です．B-GPIBは，

リスト12-2　パソコンとB-GPIBの間の送受信
gpib_HP3478ADlg.cppの93行目以下

```cpp
void CGpib_HP3478ADlg::OnOK()
{
  bool result;
  int i;
  unsigned char len;
  for(i=0;i<49;i++) buf[i]=0;
  //buf[2]以降にGPIB命令を格納
  //他のGPIB機器の場合，その機器固有のGPIB命令を使用する
  strcpy(buf+2,"F1R1T3");   //直流電圧を読む
  len=strlen(buf+2);        //GPIB命令長を計算
  buf[0]=2;                 //応答(直流電圧値)が有る場合なので2
  buf[1]=len+1;             //データ長(GPIB命令+LF)の計算
  buf[len+2]=0x0a;          //GPIB命令の後にLFを付ける
  //B-GPIBへデータパケットを送信
  USB.WriteReport ((unsigned char *)buf, 48);
  do{
    for(i=0;i<49;i++) buf[i]=0;   //バッファのクリア
    //B-GPIBからのデータパケットを受信
    result=USB.ReadReport ((unsigned char *)
    buf);
    //タイムアウトかどうかを調べる
    if (buf[0]==3) AfxMessageBox
      ("データ読み込みエラー",MB_OK,TRUE);
    SetDlgItemText( IDC_EDIT, buf+1);
    //受信データの表示
  }while(buf[0]==2);
    //GPIB機器からの応答データが終わるまで受信続行
  Beep(2000,500);
}
```

リスト12-3　B-GPIBがGPIB機器からデータを読むときのタイムアウト設定
gpib_HP3478ADlg.cppの53行目と54行目

```cpp
buf[0]=3;buf[1]=0;buf[2]=0x30;buf[3]=0;b
uf[4]=0;
USB.WriteReport ((unsigned char *)buf, 48);
```

GPIB機器から読み取るべきデータが48バイト以上の際には，いくつかのデータ・パケットに分割してパソコンに送ります．その際，一番最後のデータ・パケットであればbuf[0]を1，それ以外は2とします．いずれの場合にも応答データ本体はbuf[1]以降に格納します．一方，buf[0]=3となるのは，B-GPIBがGPIB機器からデータを読み取る際タイムアウトが生じ，その結果エラーとなったときです．

■ ステップ5…PICマイコン用ファームウェアのインストール

PICマイコン用のファームウェアは，本書付属CD-ROM中のB-GPIBフォルダに入っています．

● ファームウェアの開発環境

開発したPIC用のファームウェアは，Microchip Application Librariesに含まれているUSB Host-MCHPUSB-Generic Driver Demoをもとに作っています．また，ファームウェアをコンパイルするために，MPLAB IDEとMPLAB C Compiler for PIC24 and dsPICをパソコンにインストールしています．これらはマイクロチップ テクノロジーのウェブサイト[3]からダウンロードできます．

ファームウェアをPICに書き込むために，マイクロチップ・テクノロジーのインサーキット・デバッガICD3を使っています．ICD3は回路図中JP₁と書いたピン・ヘッダに接続します．また，同図にはJP₂と書いたピン・ヘッダもありますが，ここにはAppendixに記載した"デバッグ・モニタ"をつなぎます．ファームウェアを開発するときには必須です．

● VIDとPIDを設定する

B-GPIBではBluetooth-HIDプロファイルを使っているため，パソコンからそれを見るとUSB-HID機器です．したがってB-GPIBには固有のVIDとPIDが必要です．SDP (service discovery protocol) なるプロトコルに従って，これらを設定します．

SDPの詳しい解説は，筆者のホームページ[2]をご覧いただくとして，ここではVIDとPIDをどこで設定しているのかについてだけ説明します．フォルダの中にあるmain.cの225行目のatt5[3][5]とatt5[3][6]にそれぞれ，0x05と0x7eが入っています．これで，VID=0x57eとなります．また，同じ行のatt5[3][11]とatt5[3][12]にはそれぞれ0x03と0x07が入っています．これでPID=0x307となります．繰り返しますが，パソコンからB-GPIBを見たときにはUSB-HID機器です．したがって，個別のシステム(B-GPIB +

リスト12-4 複数台作るときはB-GPIBの名称を変更する
マイコンのファームウェアmain.cの437行目以降

```
case HCI_CMD_LOCAL_NAME:
  buf1[0]=0x13;
  buf1[1]=0x0c;
  buf1[2]=0x07;      //以後に続くデータのバイト数
  buf1[3]='B';
  buf1[4]='-';
  buf1[5]='G';
  buf1[6]='P';
  buf1[7]='I';
  buf1[8]='B';
  buf1[9]=0x00;      //最後は0x00で終わる
  data_size=10;      //以上すべてのバイト数
  DemoState = BT_STATE_WRITE_CLASS;
  HciState = HCI_CMD_LOCAL_NAME_END;
  break;
```

GPIB機器)はVIDとPIDで識別されるだけで，GPIBアドレスで識別されるわけではありません．これが，すべてのGPIB機器のアドレスを1に固定できる理由です．

● 複数台作るときはB-GPIBの名称を変更する

B-GPIBの使用が1台だけの場合は，その名称(B-GPIB)を変える必要はありませんが，複数台作る場合には，それぞれを互いに区別するための名称変更が必要です．フォルダの中にあるmain.cの437行目以降にリスト12-4に示す個所があります．コメントを入れておきましたので適宜変更してください．

● パソコンとB-GPIBの間でのデータ送受信の流れ

main.cの990行目から1061行目までをリスト12-5に示します．B-GPIBは，この部分でパソコンとGPIB機器との間でのデータ・パケットのやりとりを仲介しています．プログラム手法としては状態遷移的手法です．DemoStateとHciStateが状態遷移を表す変数です．

DemoStateに関して，パソコンからデータ・パケットを受信するときには，それにBT_STATE_READ_ACL_HCIを，またパソコンへデータ・パケットを送信するときには，それにBT_STATE_WRITE_ACLを代入します．一方，HciStateには，次に進むべき状態を代入します．

リスト 12-5　B-GPIB がパソコンと GPIB 機器との間でのデータ・パケットのやりとりを仲介

main.c の 990 行目から 1061 行目まで

```
//GPIB *******************************
case  HID_READ_DATA:        // ··················①
  strcpy(message,"HID_READ_DATA_END \r\n");
  // PCからのデータパケットを待つ
  DemoState = BT_STATE_READ_ACL_HCI;
  HciState = HID_READ_DATA_END;    //②へ進む
  break;
case HID_READ_DATA_END: // ·····················②
  //データパケットの受信完了
  HciState =HID_HANDSHAKE_SUCCESS;  //③へ進む
  break;
case  HID_HANDSHAKE_SUCCESS:  // ·············③
  //データパケットを正常に受け取ったことをPCに伝える
  //以下のbuf[]の内容は変えてはいけません
  buf[2]=0x05;
  buf[3]=0x00;
  buf[4]=0x01;
  buf[5]=0x00;
  buf[6]=src_cid1[0];
  buf[7]=src_cid1[1];
  buf[8]=0x00;
  data_size=9;
  DemoState = BT_STATE_WRITE_ACL;     //PCへ送信
  HciState = HID_GPIB;                //④へ進む
  break;
case  HID_GPIB:             // ··················④
  //命令コードによる分岐
  if(buf[10]==1){            //GPIB機器からの応答がない場合
    SetAddress(talk);        //B-GPIBをトーカにする
    WriteData();             //GPIB機器にGPIB命令を送信
    HciState = HID_READ_DATA;   //①に戻る
  }
  else if(buf[10]==2){      //GPIB機器からの応答が有る場合
    SetAddress(talk);        //B-GPIBをトーカにする
    WriteData();             //GPIB機器にGPIB命令を送信
    DelayMs(1);              //1ミリ秒待機
    SetAddress(listen);      //B-GPIBをリスンにする
    HciState =HID_WRITE_DATA;       //⑤へ進む
  }
  else if(buf[10]==3){
    SetTimeout();            //タイムアウト設定
    HciState =HID_READ_DATA;         //①に戻る
  }
  else if(buf[10]==4){
    Ifc();                   //IFCを200マイクロ秒"L"にする
    HciState =HID_READ_DATA;         //①に戻る
  }
  else HciState =HID_READ_DATA;
  break;
case  HID_WRITE_DATA://write  ·················⑤
  ReadData();              //GPIB機器からの応答を受信
  //以下の9バイトはヘッダ
  //このヘッダ内容は変えてはいけません
  buf[0]=handle[0];
  buf[1]=handle[1];
  buf[2]=0x36;
  buf[3]=0x00;
  buf[4]=0x32;
  buf[5]=0x00;
  buf[6]=src_cid[0];
  buf[7]=src_cid[1];
  buf[8]=0xa1;
  data_size=58;
  DemoState = BT_STATE_WRITE_ACL;
  //PCへデータパケットを送信
  //応答が続く場合⑥へ進み、応答が続かない場合①へ戻る
  if(buf[9]==2) HciState = HID_READ_HCI;
  else HciState = HID_READ_DATA;
  break;
case  HID_READ_HCI:  // ························⑥
  //データパケットを連続してPCに送る場合に必要な状態
  DemoState = BT_STATE_READ_HCI;
  HciState = HID_WRITE_DATA;    //応答が続く場合⑤へ戻る
  break;
```

リストのコメント文を見ながらコードを読めばプログラム内容が分かると思います．ただ，以下の4点だけ補足します．

▶データ・パケットの受信

case 文で HciState が HID_READ_DATA となる状態（リスト 12-5 の①）が起点となります．一つの処理が終わると必ずここに戻ります．

▶命令コードによる分岐

パソコンから B-GPIB に送られてくるデータ・パケットには，その前に10バイトのヘッダが付加されてきます．このため，リスト 12-5 の④のところでは buf[10] の値を用いて命令コードによる分岐処理を行っています．ヘッダの内容は無視してもかまいません．

▶データ・パケットの送信

GPIB 機器からの応答データを B-GPIB からパソコンへ送る場合，その前に9バイトのヘッダを付ける必要があります（リスト 12-5 の⑤）．ヘッダの内容は変えてはいけません．

▶ GPIB 関連の関数群

前述のステップ1で記述したことは，B-GPIB¥Gpib¥gpib.h の中で定義している SetAddress 関数（トーカとリスナの設定），WriteData 関数（GPIB 機器へデータを送る），ReadData 関数（GPIB 機器からデータを受け取る），Ifc 関数（/IFC の操作）で実現しています．なお，Set

Timeout関数はタイムアウト時間設定のためのものです．

＊　＊

　簡易Bluetooth-HIDプロファイルは，main.cの**リスト12-5**以外の部分で形成されています．したがって，**リスト12-5**の部分を書き換えるだけで，GPIBに限らず幅広い用途で無線ディジタル通信が実現できます．

　Bluetoothプロトコルの内容について"Core Version2.1 + EDR"というマニュアルがあり，Bluetooth SIGのホームページ[4]で公開されています．しかし，実際にドングルを使おうとした場合，どのようにプロトコル・スタックを構成すればよいのかという情報が少なく，石川 恭輔氏のホームページ[5]で公表されているBluetooth-RS-232-Cモジュール用のファームウェアに頼るほか方法はありませんでした．このファームウェアの解読が道を開いてくれました．感謝いたします．なお，同氏はインターフェース誌[6]にBluetooth-RS-232-Cモジュールを用いたBluetooth通信（RFCOMMプロトコル）に関する先駆的な解説記事を掲載しています．

参考文献

(1) Akinori Harada；PIC24FJ256GB106とBluetooth USBドングルを使ってモータをコントロール
https://github.com/hrdakinori/pic24f_motorcontrol

(2) 辻見 裕史；Bluetooth USBドングルを用いてサーボモータをWiiリモコンで制御
http://www.yts.rdy.jp/pic/pic.html

(3) マイクロチップのホームページ，Microchip Technology Inc.
http://www.microchip.com/

(4) Adopted Documents, Bluetooth Special Interest Groop
https://www.bluetooth.com/specifications/bluetooth-core-specification/legacy-specifications

(5) 石川恭輔；できる周波数ホッピング
http://www.asahi-net.or.jp/~qx5k-iskw/robot/blue.html

(6) 石川恭輔；マイコン用Bluetoothプロトコル・スタック製作記，インターフェース2007年2月号，pp.62～75，CQ出版㈱．

索 引

【数字・アルファベット】

- 8DPSK ... 26

A
- A2DP ... 161
- ACL リンク ... 43
- AD5932 ... 68
- AD8310 ... 72
- AFH ... 21, 23
- ANP ... 34
- ANS ... 34
- ANT ... 30
- ATT ... 190, 200
- autocall ... 168
- AVRCP ... 161

B
- BAS ... 34
- BL600 シリーズ ... 16
- BLE112 ... 16
- BLE113 ... 16
- BLED112 ... 16
- BLESerial ... 16
- BLP ... 34
- BLS ... 34
- BlueMaster ... 14
- Bluetooth ... 19, 22
- Bluetooth 3.0 + HS ... 31
- Bluetooth 4.0 ... 31
- Bluetooth 4.0 LE ... 30, 177
- BluetoothAdapter ... 81
- BluetoothDevice ... 81
- BluetoothSocket ... 81
- BQTF ... 19
- BR ... 178
- Broadcast ... 36
- BSBT4D09BK ... 179
- BSHSBD08BK ... 16
- BT-Micro4 ... 16
- BT-Micro4-H ... 16
- BTX022D ... 14
- BTX047B ... 14

C
- Class 1 ... 21
- Class 2 ... 21
- Class 3 ... 21
- CSMA/CA ... 22
- CTS ... 34

D
- DDS ... 68
- DIS ... 34
- DQPSK ... 26

E
- Eclipse + Android SDK ... 80, 129
- EDR ... 31, 178
- eSCO ... 26, 43

F
- FAT ファイル・システム ... 149
- FB155BC ... 14
- FH ... 20
- FMP ... 34

G
- GATT ... 189, 200
- Get ... 36
- GFSK ... 26
- GH-BHDA42 ... 16
- GPIB ... 209

H
- HCI ... 41, 187, 190
- HCI ACL データ・パケット ... 193
- HFP ... 161
- HID ... 161
- HIDS ... 34
- HOGP ... 34, 178, 189
- HRM1017BLE モジュール ... 16
- HRP ... 34
- IIRS ... 34
- HTP ... 34

219

I	IAS	34	**R**	RBT-001		14
J	Just Works	194		RFCOMM		37
K	KBT-1	14		RN-41		54
L	L2CAP	37, 190, 193		RN-42		14, 45, 54
	LBT-UAN04C1BK	16		RN-42-EK		97
	LBT-UAN04C2BK	16		RN-42-SM		57, 97, 117
	LE	31		RN-52		137
	LEモード	24		RN41XV		14
	LLS	34		RN42XV		14
M	MCP3424	117		ROBOBA003		14
	MDDファイル・システム	149		ROBOBA004		14
	MM-BTUD43	16		ROBOBA005		14
	MM-BTUD44	16		ROBOBA006		14
	MP3	137		RTUS		34
	MUXモード	172	**S**	S9648-100		101
N	NDCS	34		SBDBT		16
	Numeric Comparison	194		SBRBT-R		16
O	OBEX	37		SBRBT-S		16
	Out of Band	194		SBXBT		16
P	PAN	22		SC1000		101
	ParaniESD1000	14		SCO		25
	ParaniESD100V2	14		SCOリンク		43
	ParaniESD110V2	14		ScPP		34
	ParaniESD200	14		ScPS		34
	PASP	34		SDP		37
	PASS	34		Set		36
	Passkey Entry	194		SHT11		101
	PDU	34		SM		190, 194
	PIC16F1827	57		Sniff Subrating		31
	PIC24FJ64GA002	99, 117, 138		SPP		161
	PIC24FJ64GB002-I/SP	179	**T**	TIP		34
	PID	183		TPS		34
	PTM-UBT7	179	**V**	VID		183
	Pull	36		VS-BT001		14
	Push	36		VS1011e		138
	PXP	34	**W**	WCA-009		14, 164

索 引

Wi-Fi	22, 30
WT32	161
Z ZEAL-C02	14
ZEAL-S01	14
ZIG-100B	14
ZigBee	22, 30

【あ行】

アイソクロナス通信方式	43
明るさ	97
アドバタイズメント	192
アナログ信号処理基板	65
温湿度センサ	101
温度	97

【か行】

外部アンテナ	21
気圧	97
気圧センサ	102
キャラクタリスティック	33, 201
クラス	21, 81

【さ行】

サービス	33, 201
実効通信速度	25
湿度	97
周波数帯域	24
周波数ホッピング	20
使用周波数	34
照度センサ	102
シリアル通信チェッカ	207
信号発生機能	65
スキャタ・ネット	27
スレーブ	19, 190

【た行】

短期鍵	195
チャネル	24
ディスクリプタ	201
データ・ロガー	117
同報通信方式	43
ドングル	186
トーカ	211

【は行】

パケット	41
パケット構成	34
パケット構造	25
ピコネット	26
非同期通信方式	43
フレネル・ゾーン	22
プロダクトID	183
プロトコル	37
プロトコル・スタック	187
プロファイル	33, 37
ペアリング	194
ベンダID	183

【ま行】

マスタ	19, 190
無線LAN	22, 30
モジュール	186

【ら行】

リスナ	211
リンク・レイヤ	34
レベル測定機能	65
ログ・アンプ	72
ロゴ・マーク	33

初出一覧

本書の各記事は『トランジスタ技術』と『Interface』誌に掲載された記事を再編集したものです．
初出誌は以下の通りです．

● イントロダクション
Interface，2013年5月号，イントロダクション，Interface編集部，誰でもカンタン！みなワイヤレスの時代が来た!!
● Appendix 1
Interface，2013年5月号，Appendix 1，田中 邦夫，紅林 薫，Bluetoothモジュール写真館
● Appendix 2
Interface，2013年5月号，Appendix 2，武田 洋一，電波法OK！1個から買えるBluetoothモジュール
● 第1章
Interface，2013年5月号，第1部 第1章，紅林 薫，入門！Bluetoothのミッション
● Appendix 3
Interface，2013年5月号，第1部 Appendix 1，紅林 薫，完成度も実績も十分！Bluetoothの生い立ち
● Appendix 4
Interface，2013年5月号，第1部 Appendix 2，田中 邦夫，何が違うの2.4GHz帯無線？Bluetooth 4.0/Wi-Fi/ZigBee/ANT
● 第2章
Interface，2013年5月号，第1部 第2章，田中 邦夫，道蔦 聡美，最新規格 Bluetooth4.0のLEモード
● Appendix 5
Interface，2013年5月号，第1部 Appendix 3，紅林 薫，Bluetoothのしくみ「プロファイル」
● Appendix 6
Interface，2013年5月号，第3部 Appendix 1，紅林 薫，パソコン-Bluetoothモジュール間でやりとりするHCIパケット
● Appendix 7
Interface，2013年5月号，第1部 Appendix 4，紅林 薫，マスタとスレーブが使う二つの通信チャネル ACLリンクとSCOリンク
● 第3章
Interface，2013年5月号，第2部 第1章，後閑 哲也，30ドル・キットですぐにできる！はじめてのBluetooth通信
● 第4章
Interface，2013年5月号，第2部 第2章，後閑 哲也，タブレットとつながる！カンタンI/O実験ボードの製作
● 第5章
Interface，2013年5月号，第2部 第3章，後閑 哲也，回路や部品の性能チェックに！ポータブル周波数特性アナライザ
● 第6章
トランジスタ技術，2013年6月号，第2特集 第2章，後閑 哲也，Bluetoothワイヤレス百葉箱の製作
● 第7章
トランジスタ技術，2013年6月号，第2特集 第3章，後閑 哲也，Bouetoothポータブル・データ・ロガー
● 第8章
トランジスタ技術，2014年2月号，後閑 哲也，タブレットで再生＆操作！MP3オーディオ・ステーション
● 第9章
トランジスタ技術，2013年8月号，大野 俊治，Myスマホとつなぐ！Bluetoothコードレス電話機 実験ボードの製作
● 第10章
Interface，2013年5月号，辻見 裕史，第3部 第1章，最新4.0 Low Energy対応！即席I/Oアダプタ基板＆ファームウェア
● 第11章
Interface，2013年5月号，辻見 裕史，第3部 第2章，Bluetoothドングルを制御するマイコン・プログラムの全容
● Appendix 8
Interface，2013年5月号，第3部 Appendix 2，辻見 裕史，手作りシリアル通信チェッカ
● 第12章
トランジスタ技術，2012年4月号，辻見 裕史，BluetoothドングルとPICで作るワイヤレスGPIB

- ●本書記載の社名，製品名について —— 本書に記載されている社名および製品名は，一般に開発メーカの登録商標または商標です．なお，本文中では™，®，©の各表示を明記していません．
- ●本書掲載記事の利用についてのご注意 —— 本書掲載記事は著作権法により保護され，また産業財産権が確立されている場合があります．したがって，記事として掲載された技術情報をもとに製品化をするには，著作権者および産業財産権者の許可が必要です．また，掲載された技術情報を利用することにより発生した損害などに関して，CQ出版社および著作権者ならびに産業財産権者は責任を負いかねますのでご了承ください．
- ●本書付属のCD-ROMについてのご注意 —— 本書付属のCD-ROMに収録したプログラムやデータなどは著作権法により保護されています．したがって，特別の表記がない限り，本書付属のCD-ROMの貸与または改変，個人で使用する場合を除いて複写複製（コピー）はできません．また，本書付属のCD-ROMに収録したプログラムやデータなどを利用することにより発生した損害などに関して，CQ出版社および著作権者は責任を負いかねますのでご了承ください．
- ●本書に関するご質問について —— 文章，数式などの記述上の不明点についてのご質問は，必ず往復はがきか返信用封筒を同封した封書でお願いいたします．ご質問は著者に回送し直接回答していただきますので，多少時間がかかります．また，本書の記載範囲を越えるご質問には応じられませんので，ご了承ください．
- ●本書の複製等について —— 本書のコピー，スキャン，デジタル化等の無断複製は著作権法上での例外を除き禁じられています．本書を代行業者等の第三者に依頼してスキャンやデジタル化することは，たとえ個人や家庭内の利用でも認められておりません．

JCOPY 〈（社）出版者著作権管理機構委託出版物〉
本書の全部または一部を無断で複写複製（コピー）することは，著作権法上での例外を除き，禁じられています．本書からの複製を希望される場合は，（社）出版者著作権管理機構（TEL：03-3513-6969）にご連絡ください．

Bluetooth無線でワイヤレスI/O　CD-ROM付き

2015年 4 月 1 日　初版発行
2017年10月 1 日　第3版発行

© CQ出版株式会社 2015

編集　トランジスタ技術編集部
発行人　寺　前　裕　司
発行所　ＣＱ出版株式会社
　〒112-8619　東京都文京区千石4-29-14
　電話　編集　03-5395-2123
　　　　販売　03-5395-2141

ISBN978-4-7898-4134-4
定価はカバーに表示してあります

無断転載を禁じます
乱丁，落丁本はお取り替えします
Printed in Japan

編集担当　高橋　舞
イラスト　神崎　真理子／米田　裕
DTP　クニメディア株式会社
印刷・製本　三晃印刷株式会社